Umweltschutz in China

T0316496

Internationale Märkte

Herausgegeben von
Prof. Dr. Herbert Strunz

Band 9

PETER LANG
Frankfurt am Main · Berlin · Bern · Bruxelles · New York · Oxford · Wien

Susanne Klein

Umweltschutz
in China

PETER LANG

Europäischer Verlag der Wissenschaften

Bibliografische Information Der Deutschen Bibliothek
Die Deutsche Bibliothek verzeichnet diese Publikation in der
Deutschen Nationalbibliografie; detaillierte bibliografische
Daten sind im Internet über <http://dnb.ddb.de> abrufbar.

Gedruckt mit Förderung des Bundesministeriums für
Bildung, Wissenschaft und Kultur in Wien.

Umschlagfotos:
Skyline von Pudong (Shanghai),
Pagode in Xiamen
und Teil der Huangshan (Gelben Berge).
© Susanne Klein

Gedruckt auf alterungsbeständigem,
säurefreiem Papier.

ISSN 1435-473X
ISBN 3-631-52269-X

© Peter Lang GmbH
Europäischer Verlag der Wissenschaften
Frankfurt am Main 2004
Alle Rechte vorbehalten.

Printed in Germany 1 2 4 5 6 7

www.peterlang.de

Vorwort

"I believe in the importance of public participation. I believe in the role of Non-Governmental Organizations (NGOs) in community mobilization. I believe in the partnership between Government and the people. I am glad to have dedicated the last nine years' work in China to transfer the NGO experience, which could serve as an useful reference for the budding green movement in Mainland China. The high level official support and endorsement of the 'Earth Award' and capacity building projects we launched in China is a clear demonstration of the mutual trust and respect between the policy maker and an environmental group. It is encouraging to witness the establishment of increasing numbers of school and individual environmental groups around the country in the last five years. I see myself as a green seed sower. It is very meaningful and worthwhile."

Mei Ng, Direktorin der Umweltschutz-NGO Friends of the Earth Hongkong[1]

Wie auch an anderen Stellen meiner Arbeit überlasse ich die einführenden Worte einer Persönlichkeit, die mit der Thematik sehr vertraut ist. Nachdem ich die chinesische Umweltsituation mit eigenen Augen gesehen hatte und das Verhalten von Chinesen im Umgang mit der Umwelt beobachten konnte, interessierte ich mich für die Frage, wie China wohl versucht seine Umweltprobleme in den Griff zu bekommen. Ich entschied mich dafür, dies im Rahmen einer wissenschaftlichen Arbeit näher zu untersuchen. Dabei stieß ich auf die besonderen politischen Bedingungen in China für den Umweltschutz, sowie die chinesische Geschichte und Kultur in ihrem Umgang mit der Natur. Das neue Konzept der Nichtregierungsorganisationen in China ist gleichzeitig auch ein Ansatz der chinesischen Gesellschaft Umweltschutz zu praktizieren. Einige wenige Beispiele aus meiner eigenen Erfahrung sind in die Arbeit mit eingeflossen. Da ich sie zu einem Zeitpunkt gemacht habe, als ich noch nicht an das Verfassen einer wissenschaftlichen Arbeit dachte, sollen sie nicht als wissen-

---

[1] Ng, Mei: Message from Mei Ng, Director of Friends of the Earth (HK), www.foe.org.hk, 11.06.2002

schaftliche Aussagen betrachtet werden, sondern dazu dienen, andere Aussagen zu illustrieren.

Ich möchte Herrn Professor Strunz und Frau Dorsch herzlich für ihre wertvollen Hinweise und motivierenden Unterstützung bei der Erstellung der Arbeit danken. Des weiteren bin ich meiner Familie und meinen Freunden zu Dank verpflichtet, die mich mit manch sinnvollem Gedanken vor Betriebsblindheit bewahrten und für jedes Problem Gehör fanden.

Während ich diese Arbeit schrieb, gaben mir die Geschehnisse in Deutschland als auch in China die Gewissheit, dass mein Thema von großer Bedeutung und hoch aktuell ist. Die wahrscheinlich durch die klimatischen Veränderungen hervorgerufene „Jahrhundertflut" in Deutschland fand quasi vor meiner eigenen Haustür statt. In ihrem Ausmaß entsprach die deutsche Flutkatastrophe jedoch nur zu einem Bruchteil dem, was inzwischen in China am Yangtze-Fluss geschah.

Indem ich diese Arbeit verfasst habe, möchte ich auch gern meine Hoffnung auf eine grüne Zukunft zum Ausdruck bringen. Ich wünsche mir, dass weltweit auf allen Ebenen erkannt wird, welche Bedeutung die Umwelt für das Leben auf diesem Planeten hat. Ich ziehe den Hut vor Menschen, wie den chinesischen Gründern von Umweltschutz-NGOs, die sich als kleine Minderheit nicht nur auf politisch nicht ungefährlichem Terrain bewegen, sondern auch die Hoffnung und Kraft nicht verlieren, wenn es darum geht, ein Fünftel der Menschheit von einer Idee zu überzeugen, die Umweltschutz heißt.

Inhalt

1 Aufbau der Arbeit und Vorstellung der Thesen

Im ersten Abschnitt der Arbeit werden zunächst Chinas Umweltprobleme überblickartig erläutert, um dem Leser einen Eindruck von der Situation zu vermitteln. Im gleichen Kapitel finden sich einige Zukunftsszenarien. Im Anschluss daran erläutert ein weiterer Gliederungspunkt warum sich die Umsetzung des Umweltschutzes in einem Entwicklungsland besonders schwierig gestaltet. Zur Einordnung der chinesischen Umweltbewegung an anderer Stelle folgt ein Kapitel zur Entstehung der Umweltbewegung weltweit. In diesem Gliederungspunkt geht es wiederum auch um die verschiedenen Sichtweisen der Industrie- und Entwicklungsländer.

Das vierte Kapitel beschäftigt sich mit der ersten These: Chinas Kultur ist nicht umweltfreundlich. Anhand verschiedener Gesichtspunkte wird gezeigt, wie die Kultur das Umweltverhalten beeinflusst. Daran schließt sich das Kapitel, in dem es um Chinas Geschichte geht und um die Frage, wie in verschiedenen Phasen mit der Umwelt umgegangen wurde. Die gestellte These lautet: China hat eine lange Geschichte der Umweltzerstörung. Diesem Abschnitt folgt auch chronologisch der nächste zum Thema chinesische Umweltpolitik. China beteiligt sich politisch am weltweiten Trend der Umweltbewegung. heißt die These hier. Der nächste Abschnitt „Presse und Propaganda" scheint teilweise ein Exkurs zu sein, hat jedoch auch viel mit der Thematik an sich zu tun: In ihm werden u.a. der Umgang der chinesischen Regierung mit problematischen Nachrichten und die Behandlung von Kritikern besprochen. Die chinesische Gesellschaft ist auf dem Weg zum „Grünwerden". zeigt das nächste Kapitel zum Umweltbewusstsein der Chinesen.

Wiederum als Ausgangspunkt für spätere Kapitel gedacht, ist der Abschnitt zu den Nichtregierungsorganisationen, ihrer Entstehung und Bedeutung weltweit. Im Anschluss daran soll die Charakterisierung der chinesischen Umweltbewegung teilweise die folgende These belegen: Die politische Situation der NGOs hat große Auswirkungen auf ihre Entstehung und Arbeitsweise. Dieser These gewidmet ist auch das folgende Kapitel zum politischen Umfeld der Nichtregierungsorganisationen in China. Ein Blick zurück in die DDR, einem ehemaligen sozialistischen und ebenso autoritär regierten Staat, soll zeigen, wie sehr sich die Bilder gleichen, wenn der politische Rahmen übereinstimmt. Im anschließenden Kapitel wird Taiwans Umweltbewegung unter dem Gesichtspunkt eines veränderten politischen Umfeldes seit 1987 bei gleichem kulturellen Hintergrund wie auf dem Festland Chinas betrachtet.

Die letzten beiden Kapitel stellen zwei bekannte nationale Umweltschutz-NGOs Friends of Nature und Global Village Beijing, sowie die beiden wohl berühmtesten internationalen Umweltschutzorganisationen Greenpeace und World Wide Fund for Nature vor. Anhand dieser Abschnitte soll u.a. deutlich werden, welchen Einfluss diese Organisationen haben, je nach dem, ob sie sich den besonderen Gegebenheiten in China angepasst haben oder nicht.

Die Schlussbetrachtung fasst die Ergebnisse noch einmal kurz zusammen.

2 Chinas Umweltprobleme

„Confronting China's environmental problems is like counting fish in a river – it's hard to know where to start and impossible to end."[2]

Um den Einstieg in die Thematik zu schaffen soll es in diesem Kapitel um Chinas aktuelle Umweltprobleme gehen. Dabei werden verschiedene Problembereiche wie z. B. Wasser- und Luftverschmutzung sowie ihre Folgen für die Gesundheit angesprochen. Außerdem werden am Ende mögliche Umweltszenarien für Chinas Zukunft vorgestellt.

2.1 China – Daten und Fakten

Die Volksrepublik China ist ein sozialistischer Staat in Zentralasien, an dessen Spitze die Kommunistische Partei Chinas steht. Präsident ab März 2003 ist Hu Jintao, Premierminister Wen Jiabao. Die Wirtschaftsform ist Planwirtschaft mit marktwirtschaftlichen Zügen, gerade wird der 10. Fünfjahresplan in die Tat umgesetzt. Die Regierung Chinas bezeichnet die derzeitige Staatsform als „zentralistische Demokratie".

China erstreckt sich auf rund 9,6 Millionen Quadratkilometer Fläche und beheimatet eine Bevölkerung von ca. 1,3 Milliarden Menschen. Gerade 7% dieser Fläche sind für den Ackerbau geeignet, ein sehr geringer Anteil, um etwa 20% der Weltbevölkerung zu ernähren.[3] Es herrscht ein starkes Ungleichgewicht zwischen Ressourcen und der Bevölkerung, die sich besonders im Osten an den Küstenregionen konzentriert.

---

[2] vgl. McCarthy, Terry; Florcruz, Jaime A.: World Tibet Network News, (01.03.1999), www.tibet.ca, 19.03.2002
[3] vgl. Bechert, Stefanie: Die Volksrepublik China in internationalen Umweltregimen – Mitgliedschaft und Mitverantwortung in regional und global arbeitenden Organisationen der Vereinten Nationen, Münster 1995, 22ff

2.2   Chinas Umweltzerstörung in globalem und lokalen Maßstab

32% des Staatsgebietes Chinas weisen einen geringen von Menschen-
hand verursachten Zerstörungsgrad auf, 35% sind mittelmäßig zerstört
und 33% hoch.[4] China trägt zu allen globalen Umweltproblemen bei,
d.h. zur Klimaveränderung, der Zerstörung der Ozonschicht, der Ausbeutung von Ressourcen und der Artenvernichtung. Die Klimaveränderung wird besonders durch den Ausstoß von Kohlendioxid durch Kohleverbrennung vorangetrieben. Daneben gelangen Methangas aus der
Landwirtschaft, genauer dem Nassreisanbau und Stickstoffoxide durch
irrationale Nutzung von Pestiziden und Düngemitteln in die Atmosphä-
re.[5] Die Weltbank hat in ihrem Bericht von 1997 eine Verdreifachung
des Ausstoßes an Grünhausgasen bis 2020 auf 2,38 Millionen Tonnen
vorausgesagt, wenn China bis dahin nichts unternimmt.[6] Chinas relativ
geringe Bestände tropischer Primärwälder sind wichtig für das Welt-
klima, ihre Bedeutung für den Treibhauseffekt liegt bei 15%.[7]

2.2.1   Wasser

Die Angaben zur Wasserverschmutzung auf der Website des chinesischen Umweltschutzministeriums SEPA sind leider nicht sehr aussage-
kräftig. Zu sehr entsteht der Eindruck, dass die Daten schön geschrieben werden, durch unklare Formulierungen und Attribute, die sich nicht
vergleichen lassen. Auf diese Positivfärbung der Situation wird im Ab-

---

[4] vgl. o.V.: China: Environmental and Social Data, (Angabe des World Resource
Institute von 1994), www.animalinfo.org, 04.06.2002
[5] vgl. Bechert, Stefanie: Die Volksrepublik China in internationalen Umweltregimen – Mitgliedschaft und Mitverantwortung in regional und global arbeitenden
Organisationen der Vereinten Nationen, Münster 1995, 83
[6] vgl. Johnson, Todd M.; Liu, Feng; Newfarmer, Richard: Clear Water, Blue Skies
– China's Environment in the New Century, The World Bank, Washington D.C.
1997, 34
[7] vgl. Bechert, Stefanie: Die Volksrepublik China in internationalen Umweltregimen – Mitgliedschaft und Mitverantwortung in regional und global arbeitenden
Organisationen der Vereinten Nationen, Münster 1995, 86

schnitt Presse und Propaganda noch näher eingegangen.[8] Die gesamte wissenschaftliche Überwachung der Umwelt ist noch nicht ausgereift. Bis 2000 gab es 40 automatische Wasserüberprüfungssysteme in China, Ziel der Regierung ist es bis 2005 98 Stationen zu betreiben.[9] Chinas Wasserreserven sind relativ unabhängig von anderen Ländern, viele Flüsse entspringen im Westen im Himalaja. Die stärkste Verschmutzung der Flüsse liegt im Osten und an der Küste vor, wo sich die Bevölkerung konzentriert.[10] Der Norden Chinas ist besonders wasserarm, die Grundwasserressourcen im Süden sind mehr als viermal höher.[11] 70% aller Wasserwege sind am Austrocknen oder so verschmutzt, dass es keine Fische in ihnen gibt.[12] Schon 1988 stellte eine Studie fest, dass von 532 untersuchten Flüssen 436 schwer verschmutzt sind.[13] Eine andere Quelle spricht davon, dass 90% der städtischen Flüsse nicht für den Kontakt mit Menschen geeignet sind.[14] Die Wasserstände der wichtigsten chinesischen Flüsse Yangtze, Huanghe und Perlfluss sind enorm gesunken.[15] Die Wasserverschmutzung der städtischen Flussteile gefährdet die Trinkwasserqualität von Millionen von Menschen. Trinkwasser aus der Leitung nutzen in chinesischen Städten nur die, die sich den Konsum von sauberem Wasser zum Trinken und Kochen aus

---

[8] So ist von „guter", „vertretbar guter", „verbesserter" oder „gleichgebliebener" Wasserqualität die Rede; vgl.: Mao, Yang: The Present State of the Environment, („Trans-Century Environmental Protection in China" SEPA 1998), www.oneworld.org , 11.06.2002

[9] vgl. o.V.: China's Year 2000 "State of the Environment" Report – A June Report from U.S. Embassy Beijing, www.usembassy-china.org.cn , 25.06.2002

[10] vgl. Bechert, Stefanie: Die Volksrepublik China in internationalen Umweltregimen – Mitgliedschaft und Mitverantwortung in regional und global arbeitenden Organisationen der Vereinten Nationen, Münster 1995, 86

[11] vgl. o.V.: Overview Water Pollution, www.wri.org , 15.08.2002

[12] vgl. McCarthy, Terry; Florcruz, Jaime A.: World Tibet Network News, (01.03.1999), www.tibet.ca , 19.03.2002

[13] vgl. Jun, Jing: Environmental Protest in Rural China, in: Perry, Elizabeth J.; Selden, Mark (Ed.): Chinese Society: Change, Conflict and Resistance, London 2000, 145

[14] vgl. o.V.: Protecting the Environment: Defining Priorities and Taking Action, www.weforum.org , 20.04.2002

[15] vgl. o.V.: Chinas Ströme – Chinas Zukunft, www.zdf.de , 30.08.02

Wasserbereitern bzw. Wasserkanistern nicht leisten können.[16] Selbst
durch Abkochen können Teile der toxischen Bestandteile nicht beseitigt werden. Auf dem Land verfügen die meisten Haushalte noch nicht
über Leitungswasser. Die Menschen decken stattdessen ihren Wasser-
bedarf mit Hilfe von Brunnen oder Pumpen oder direkt aus den Gewäs-
sern.[17] Mehr als die Hälfte von Chinas 600 Städten verfügt über keine
ausreichende Wasserversorgung, 108 leiden sogar unter ernsthaftem
Wassermangel.[18] Zhu Guangyao, Vizeminister des Umweltministeri-
ums erklärte in einem Bericht 2001, dass alle sieben großen Flusssys-
teme Chinas durch Abwässer und toxische Chemikalien verunreinigt
sind und Flüsse in der Nähe von Städten am stärksten betroffen sind.[19]
Die Fabriken und Städte der Küstenregionen leiten jährlich ca. 10 Milliarden Tonnen Abwässer ungeklärt ins Meer.[20]

2.2.2   Saurer Regen

Saurer Regen fällt vor allem in den Regionen, wo sehr schwefelhaltige
Kohle verbrannt wird. Im Süden und Südwesten Chinas, wo er über
90% der Städte niedergeht, bedroht er ca. 10% der Landfläche und hat
die Produktivität von Wald und Ackerland wahrscheinlich schon um

---

[16] vgl. He, Sheng: Lighting a path to cleaner air, www.1chinadaily.com.cn,
22.05.2002
[17] vgl. o.V.: Health Implications: Access to Safe Drinking Water is Key to Protecting Public Health, www.wri.org, 15.08.2002
[18] vgl. o.V.: China's Environmental Problems Threaten World's Future,
(27.08.1999), http://archive.greenpeace.org, 28.03.2002
[19] vgl. o.V.: China: State of the Environment 2001, http://greennature.com,
25.06.2002
[20] vgl. o.V.: China's Environmental Problems Threaten World's Future,
(27.08.1999), http://archive.greenpeace.org, 28.03.2002

3% verringert.[21] Insgesamt betroffen vom sauren Regen sind über 40% von Chinas Landfläche.[22]

2.2.3 Luftverschmutzung

Auf dem China Business Summit 2002 wurde bekannt gegeben, das 16 der 20 am stärksten verschmutzten Städte der Welt in China liegen.[23] 20% der Todesfälle dort sind direkt oder indirekt Folgen der Verschmutzung.[24] Von 341 chinesischen Großstädten, deren Luftqualität ständig überwacht wird, erreichten 2001 nur zehn eine ausgezeichnete Bewertung, nur ein Drittel eine gute.[25] 1997 emittierte China fast 10% des weltweit schlimmsten Treibhausgases Kohlendioxid und hat somit einen großen Anteil an der globalen Erwärmung. Dank Kohlekraftwerken und Verkehr ist China der zweitgrößte Treibhausgasemittent nach den USA und wird wohl bald den Spitzenplatz einnehmen.[26] Die Abgasnormen für Fahrzeuge entsprechen den Standards der entwickelten Welt der 70er Jahre.[27] Eine Quelle von diesem Jahr (2002) beziffert die Kosten von Luft- und Wasserverschmutzung auf ca. 3,5% des chinesischen Bruttosozialprodukts.[28]

---

[21] vgl. Johnson, Todd M.; Liu, Feng; Newfarmer, Richard: Clear Water, Blue Skies – China's Environment in the New Century, The World Bank, Washington D.C. 1997, 2

[22] vgl. Dunn, Seth: King coal's weakening grip on power, World Watch, 09-10/1999, 10f

[23] vgl. o.V.: Protecting the Environment: Defining Priorities and Taking Action, www.weforum.org, 20.04.2002; die Angaben dazu schwanken von Artikel zu Artikel, immer jedoch liegt der überwiegende Teil der am stärksten verschmutzten Städte der Welt in China

[24] vgl. ebd.

[25] vgl. o.V.: China veröffentlicht Umweltjahresbericht, www.china.org.cn, 04.06.02

[26] vgl. o.V.: China's Environmental Problems Threaten World's Future, (27.08.1999), http://archive.greenpeace.org, 28.03.2002

[27] vgl. o.V.: Poor Amient Air Quality Prevails, www.wri.org, 15.08.2002

[28] vgl. o.V.: Protecting the Environment: Defining Priorities and Taking Action, www.weforum.org, 20.04.2002

Energieineffizienz führt dazu, dass China, um einen US$ BSP zu produzieren, sieben mal mehr Energie benötigt als in der entwickelten Welt.[29] In der Energiegewinnung will China zukünftig vermehrt auf die Atomkraft setzen. Die Entsorgung des radioaktiven Materials wird dann auch zum Problem, das wohl damit „gelöst" werden wird, die alten Brennstäbe ins Hinterland zu transportieren.

2.2.4 Gefährdung der Artenvielfalt

China befindet sich auf der „megadiversity list", da es einen großen Prozentsatz[30] des weltweiten Artenreichtums beheimatet.[31] Es verfügt über die größte Artenvielfalt der Nördlichen Hemisphäre. Etwa die Hälfte dieser Pflanzen und Tiere findet man in der Provinz Yunnan. Dort liegt die größte Konzentration in Xishuangbanna, einer Region, die Heim für 12 nationale Minderheiten ist, die nachhaltige Entwicklung praktizieren. Ein paar Teile dieser Region haben wahrscheinlich nicht die Eiszeit erlebt, so dass einige Spezies bis auf Millionen Jahre zurückgehen.[32] 394 Arten von Säugetieren gibt es in China, davon sind 77 endemisch[33] und 81 bedroht.[34] Die wohl bekannteste vom Aussterben bedrohte Spezies Chinas ist der Pandabär, von dem heute ungefähr 1000 Tiere in freier Wildbahn und 100 in Gefangenschaft leben.[35]

---

[29] vgl. o.V.: China's Environmental Problems Threaten World's Future, (27.08.1999), http://archive.greenpeace.org, 28.03.2002

[30] Fast 25% (156 von 640) vgl. o.V.: China in the Grip – Pollution, Deforestation, Desertification, (04/2000), www.satyamag.com, 28.06.2002

[31] vgl. Maffi, Luisa E.: Linking Language and Environment. A Coevolutionary Perspective, in: Crumley, Carole L.: New Directions in Anthropology and Environment Intersections, Oxford 2001, 26

[32] vgl. Shapiro, Judith: Mao's War Against Nature, Cambridge u.a. 2001, 169

[33] „Endemisch" bedeutet, dass diese Tierarten nur in China vorkommen.

[34] vgl. o.V.: China: Environmental and Social Data, (Angabe des World Resource Institute von 1994), www.animalinfo.org, 04.06.2002

[35] vgl. Shapiro, Judith: Mao's War Against Nature, Cambridge u.a. 2001, 109

2.2.5 Lärmbelästigung

Besonders in den Ballungszentren, den chinesischen Millionenstädten, kommt es zu einer immer höheren Lärmbelästigung durch den Verkehr. Wer China selbst erlebt hat, weiß, dass neben dem Motorengeräusch die Warnung der anderen Verkehrsteilnehmer durch Hupen äußerst wichtig ist, da das Befolgen der Verkehrsregeln nur im Beisein eines Polizisten und selbst dann nur teilweise gewährleistet ist.

2.2.6 Müllproblem

Auch wenn Qu Geping, ehemaliger Chef des Environmental Protection Bureau in einem Buch von 1984 schreibt, dass städtischer Müll schon immer ein großes Problem für die Regierung gewesen sei und inzwischen Recyclingsysteme eingeführt worden sind, entspricht vor allem letzteres nicht der Realität.[36] Jährlich fallen 155 Millionen Tonnen städtischer Müll an – zuviel für das unterentwickelte Recyclingsystem.[37] Weniger als 20% des Mülls in Städten wird behandelt.[38] Dazu kommen legale und illegale Müllimporte aus dem Ausland. In den Städten spricht man von der „Weißen Pest", einer Flut von Styroporverpackungen, die dafür verwendet werden, auf der Straße feilgebotene Snacks zu verpacken.[39] Mehr als 600 Quadratkilometer von Chinas Landfläche werden als Mülldeponien verwendet.[40]

---

[36] vgl. Qu, Geping, Lee, Woyen (Ed.): Managing the Environment in China, Dublin 1984, 6

[37] vgl. o.V.: Environmental fruits of ‚green' efforts now seen, (30.10.2000), www.1chinadaily.com.cn, 25.06.2002; wobei „unterentwickeltes Recyclingsystem" noch übertrieben klingt, allein in Beijing ist die Rede von einem wirklichen Recyclingsystem, das durch die Arbeit der NGO Beijing Global Village vorangetrieben wurde

[38] vgl. o.V.: China in the Grip – Pollution, Deforestation, Desertification, (04/2000), www.satyamag.com, 28.06.2002

[39] vgl. Mao, Yang: The Present State of the Environment („Trans-Century Environmental Protection in China" SEPA 1998), www.oneworld.org, 11.06.2002

[40] vgl. o.V.: Protecting the Environment: Defining Priorities and Taking Action, www.weforum.org, 20.04.2002

2.2.7 Abholzung und ihre Folgen

Trotz der Bemühungen der Regierung, große ehemalige Waldgebiete wieder aufzuforsten, sind derzeit 24.000 Dörfer und Kleinstädte von Verwüstung bedroht.[41] Etwa 38% von Chinas Gebiet sind Wüste oder bereits im Prozess der Verwüstung.[42] 2,42 Millionen Quadratkilometer sind bereits Wüste, jährlich kommen 3.000 dazu. 18 Sandstürme, die etwa 45 Tage ausmachten, jagten im Jahr 2001 über das Land hinweg.[43]

Die Häufigkeit der Überflutungen am Yangtze-Fluss hat sich von alle sechs Jahre zwischen 1920 und 1970 auf alle zwei bis drei Jahre zwischen 1980 und 1990 vergrößert. Allein in der Provinz Sichuan, wo der Oberlauf des Yangtze liegt, hat sich der Waldbestand von 1948 bis zu den 80er Jahren von 20% auf 12% verringert.[44] 135 Millionen Hektar Land sind bereits zu Wüste erodiert und 90% des Graslandes geschädigt.[45] Jedes Jahr werden 5.000 Quadratkilometer unberührten Waldes durch illegales Abholzen und Landgewinnung für die Landwirtschaft vernichtet.[46]

2.2.8 Gentechnologie

In China wird eine Art genetisch veränderter Baumwolle angebaut und an der Entwicklung eines GM-Reises gearbeitet. Die genannte Baumwollart macht 35% von Chinas Ernte aus und schädigt die Umwelt trotz

---

[41] vgl. Kampmann, Achim: Reportage Deutschland (2000), www.arte-tv.com, 07.02.2001

[42] o.V.: He Qinglian on Population, the Economy and Resources, www.usembassy-china.org.cn, 28.05.2002

[43] vgl. o.V.: Report on the State of the Environment 2001, www.1chinadaily.com.cn, 01.06.2002

[44] vgl. o.V.: China's Environmental Problems Threaten World's Future, (27.08.1999), http://archive.greenpeace.org, 28.03.2002

[45] vgl. o.V.: China: State of the Environment 2001, http://greennature.com, 25.06.2002

[46] vgl. o.V.: China in the Grip – Pollution, Deforestation, Desertification, (04/2000), www.satyamag.com, 28.06.2002

der erfolgreichen Abwehr der Larve des Eulenfalters („bollworm").
Auch andere Insekten meiden die Pflanzen jetzt, so dass die Gefahr
von Plagen durch wieder andere besteht, die dadurch ihre natürlichen
Feinde verlieren. Abgesehen davon wäre es möglich, dass in einigen
Jahren die Larven des Eulenfalters resistent gegen die genetisch behan-
delte Pflanze sind. China ist Heimat für eine Vielfalt verschiedener
Pflanzen wie der Sojabohne und hat das Problem, die originalen Gene
vor importierten GM-Produkten zu schützen, schreibt die Xinhua-
Nachrichtenagentur.[47]

2.3 Folgen für die Gesundheit

„The house is new, the money is enough, but the water is foul and the life is short."

Sprichwort der entwickelten östlichen Region Chinas[48]

Männer sollten mehr auf ihre Gesundheit achten und Sport treiben,
warnt ein Artikel der China Daily, in dem es um die gestiegenen sexu-
ellen Erkrankungen bei Männern geht. Doch nicht die Passivität der
Männer ist schuld – so heißt es später im Artikel: „Serious environmental pollution is also seen as a major reason for the increase." 20 bis
30% der erwachsenen Männer in China leiden unter den folgenden
Problemen: Sterilität, Erektiler Dysfunktion (ED) und Prostata Hyper-
plasia (Steigerung um 15% in den letzten Jahren).[49]

Männer und Frauen leiden in China in gleichem Ausmaß an Atem-
wegserkrankungen. Dies ist umso erstaunlicher, da der Großteil der
chinesischen Raucher männlich ist. Bei den Frauen spielt neben der
starken Luftverschmutzung im Freien, die innerhalb von Gebäuden eine
entscheidende Rolle. In einer EPA-Studie der USA wurde der Zusam-

---

[47] vgl. o.V.: GM cotton damages environment, (04.06.2002), www.1chinadaily.
com.cn, 25.06.2002
[48] o.V.: Overview, www.wri.org, 15.08.2002
[49] vgl. o.V.: Male sex problems rising, experts warn, (28.10.2000), www.1china-
daily.com.cn, 25.06.2002

menhang zwischen dem Auftreten von Lungenkrebs bei chinesischen
Frauen und der Zeit, die sie (mit Kohle) kochend in der Küche ver-
brachten.[50] Die Luftverschmutzung innerhalb von Gebäuden forderte
1997 111.000 Todesfälle auf dem Land durch arsenische und fluorine
Vergiftung sowie unzählige Fälle von Lungenkrebs. 7,4 Millionen Ar-
beitsjahre gehen jedes Jahr wegen Schäden durch Luftverschmutzung
verloren. Kinder in Shenyang, Shanghai und anderen großen Städten
weisen durchschnittlich 80% höhere Bleiwerte im Blut auf als bereits
als gefährlich für die geistige Entwicklung erachtete Mengen. Die Lun-
gen der Kinder in Lanzhou sehen dank einer Ölraffinerie und eines
Heizwerkes aus als rauchten sie zwei Schachteln Zigaretten am Tag.[51]
Durch die schlechte Wasserqualität waren in den letzten beiden Jahrzehnten Durchfallerkrankungen und viröse Hepatitis die am weitesten
verbreiteten Ansteckungskrankheiten in China. Leber- und Magenkrebs
sind Erkrankungen, die ebenfalls durch organische und anorganische
Chemikalien im Wasser hervorgerufen werden. Die Bewässerung mit
industriell verschmutztem Wasser hatte den Eintritt von Schwermetal-
len, organischen Verschmutzungen und Karzinogenen in die Nahrungs-
kette zur Folge, woraufhin die Anzahl der Krebserkrankungen, Todesfälle und Fehlgeburten stieg.[52] Luft- und Wasserverschmutzung und der
Schaden für die Gesundheit wird mit mindestens 54 Mrd. US$ pro Jahr
berechnet, was ca. 8% des BSP Chinas für 1995 ausmacht.[53]

---

[50] vgl. o.V.: Health Effects from Ambient and Indoor Air Pollution, www.wri.org,
15.08.2002
[51] vgl. o.V.: Chinas Ströme – Chinas Zukunft, www.zdf.de, 30.08.2002
[52] vgl. o.V.: Health Implications: Access to Safe Drinking Water is Key to Protecting Public Health, www.wri.org, 15.08.2002
[53] vgl. Johnson, Todd M.; Liu, Feng; Newfarmer, Richard: Clear Water, Blue Skies
– China's Environment in the New Century, The World Bank, Washington D.C.
1997, 2

Gesundheitliche Beeinträchtigung durch Luftverschmutzung in der Umgebung und innerhalb von Gebäuden (Schätzungen von Atemwegserkrankungen, die vermieden werden könnten, wenn man Luftqualitätsstandard Klasse 2 in China erreichen würde)	
Problem	Anzahl der vermeidbaren Fälle
Städtische Luftverschmutzung	
Vorzeitiger Tod	178.000
Krankenhausaufenthalte wegen Atemwegserkrankungen	346.000
Arztbesuche	6.779.000
Leichtere Atemwegserkrankungen/Kinderasthma	661.000
Asthmaanfälle	75.107.000
Chronische Bronchitis	1.762.000
Symptome von Atemwegserkrankungen	5.270.175.000
Erholungstage (Jahr)	4.537.000
Luftverschmutzung in Gebäuden	
Vorzeitiger Tod	111.000
Krankenhausaufenthalte wegen Atemwegserkrankungen	220.000
Arztbesuche	4.310.000
Leichtere Atemwegserkrankungen/Kinderasthma	420.000
Asthmaanfälle	47.755
Chronische Bronchitis	1.121.000
Symptome von Atemwegserkrankungen	3.322.631.000
Erholungstage (Jahr)	2.885.000

Tabelle 2-1 Gesundheitliche Beeinträchtigung durch Luftverschmutzung (vgl. Johnson, Liu u. Newfarmer (1997), 19)

2.4 Zukunftsprognosen

„Our rivers are black, our lakes are running dry, and our skies are dark."

(Liang Congjie, Umweltschutz-NGO Friends of Nature)[54]

---

[54] Gluckmann, Ron: Nature's Friend, (04.04.2000), www.asiaweek.com, 05.09.2002

Zukunftsprognosen, verknüpft mit dem Gedanken des WTO-Beitritts Chinas fallen sehr unterschiedlich aus. Während die Mehrzahl ausländischer Beobachter ein düsteres Bild von der Entwicklung Chinas zeichnet, wagt die Weltbank in ihrem Bericht von 1997 eine positive Prognose. Unter der Bedingung, dass die Umweltbildung zunehme, steige der Bedarf an einer gesunden Umwelt und die aktive Beteiligung der Bevölkerung an umweltpolitischen Entscheidungen. Bis zum Jahre 2020 könnten gut organisierte Städte mit einem ausgebauten öffentlichen Nahverkehrssystem halb so viele Automobile auf ihren Straßen haben als schlecht geführte Städte ohne öffentlichen Personennahverkehr. Investitionen in die Verschmutzungskontrolle müssten sich verdoppeln, was etwa 1% des Bruttosozialprodukts ausmachen würde.[55] Diese Investition wäre dennoch schwindend gering gegenüber den bisherigen Kosten durch Umweltverschmutzung und zukünftigen „Aufräumarbeiten". Wenn China weiterhin ein Wirtschaftswachstum von 6-7% jährlich realisieren könnte, so würde seine Bevölkerung 2020 Einkommen ähnlich derer in Portugal genießen können. Neue politische Entscheidungen und vorsichtige Investitionen würden klares Wasser und blauen Himmel für Chinas Kinder und Enkelkinder bedeuten.[56]

Weniger positiv sieht es Greenpeace China: im chinesischen Umweltbericht der Organisation heißt es im August 1999, dass innerhalb der nächsten Jahre Naturkatastrophen Kosten von 20 Milliarden Yuan (US$ 2,5 Mrd.) verursachen werden. Die meisten davon werden Überflutungen sein, dank Abholzung und abnormal starken Regenfällen.

---

[55] Andere Quellen sprechen davon, dass 1% des BSP wohl kaum ausreichen kann, in einigen Städten Chinas wird bereits auch wesentlich mehr vom BSP in den Umweltschutz investiert – so z.B. in Shanghai 3% des BSP sollen bis 2005 jährlich in den Umweltschutz investiert werden; vgl. Schmitt, Stefanie: Politics and Plans and Laws: Shanghai hält auch 2002 an ökonomischer Vorreiterrolle für China fest – Geldgeber für zahlreiche Infrastrukturprojekte gesucht/Transport und Umweltschutz im Vordergrund, bfai Shanghai, (01/2001)

[56] vgl. Johnson, Todd M.; Liu, Feng; Newfarmer, Richard: Clear Water, Blue Skies – China's Environment in the New Century, The World Bank, Washington D.C. 1997, 3

Die Globalisierung wird die Entstehung der Zivilgesellschaft und die NGO-Teilnahme am politischen Geschehen fördern und die Nachfrage nach grünen Produkten steigern, so sieht es Liao Xiaoyi von der chinesischen Umweltschutz-NGO Global Village Beijing. Negativ wird sich ihrer Meinung nach allerdings die Globalisierung des westlichen Konsumstils auf Chinas Umwelt auswirken.[57]

Ein Autor der China Daily ist der Meinung, dass Chinas Eintritt in die WTO positive Effekte wie den Anstieg des Umweltbewusstseins sowie des Technologiestandards haben wird. Des weiteren werden Chinas Unternehmen gezwungen sein, die globale Welle des Umweltschutzes mitzumachen. Problematisch für China könnten seine laxen Umweltbestimmungen sein, die auch schon ausländische Unternehmen angezogen haben, die stark verschmutzende Projekte nach China transferieren. Weitere Gesetze und Restriktionen für den Schutz natürlicher Ressourcen und der Umwelt müssen eingeführt und durchgesetzt werden. Ausländische Projekte, die viel Geld bringen, aber die Umwelt verschmutzen, sollten nicht erlaubt werden.[58]

Edgar Edrukaitis, Autor eines Artikels der China Contact über die möglichen Folgen des WTO-Beitritts Chinas für seine Umwelt betont wie wichtig die Beteiligung Chinas an der Klimapolitik ist.[59] Des weiteren entwirft er folgende Szenarien:

Wasser – Durch gesteigerte Importe werden Getreideanbau, Eisen- und Stahlindustrie in ihrem Umfang abnehmen, daher gibt es weniger Wasserverschmutzung in China. Viehzucht, Textilindustrie und Dienstleistungen werden jedoch an Bedeutung gewinnen, was mehr Wasserverschmutzung bedeutet. Die privaten Haushalte werden einen

---

[57] vgl. o.V.: Through a Green Light: Environmental Activism Puts Down Roots of China, Interview mit Sheri Xiaoyi Liao, (04/2000), www.satyamag.com, 28.06.2002

[58] vgl. o.V.: Environment key to future survival, (29.05.2000), www.1chinadaily.com.cn, 25.06.2002

[59] Der Energieverbrauch von 600 Millionen Tonnen Kohle 1980 stieg auf 1,36 Billionen Tonnen bis 1998.

erhöhten Wasserverbrauch haben. Insgesamt werden die Wasserressourcen Chinas etwas weniger belastet als bisher.

Luft – Im Energiesektor wird es Subventionskürzungen durch die Regierung geben, was die teilweise Substitution von Kohle durch saubere-
re Energieträger wie Erdgas, Erdöl und regenerative Energien zur Folge
haben dürfte. Insgesamt sinkt die Kohlenutzung mittel- bis langfristig,
was kombiniert mit moderner Technik, d.h. besseren Filteranlagen, zu
einer Verbesserung der Luftqualität führt. Schlechter wird die Luft in
Ballungsgebieten und dort, wo starker Verkehr herrscht.

Müll – Der Industriemüll verringert sich durch rationellere Rohstoff-
verwertung, neue Technologien und Recycling, der Hausmüll jedoch
nimmt durch steigenden Konsum und Verstädterung beträchtlich zu.

Natürliche Umwelt – Agrar- und Holzimporte werden steigen, womit
die eigene Umwelt geschont wird.

Umweltindustrie – Die Anfänge scheinen Erfolg versprechend. Wichtig sind induzierter Strukturwandel statt Nachrüstung, eine integrative
Politik und das Zusammenwirken von Gesetzen, marktwirtschaftlichen
Instrumenten und freiwilligen Verpflichtungen unter dem Motto: „Was
ökologisch effektiv ist, ist auch ökonomisch effizient."[60]

Aus diesem Kapitel, das überblickartig Chinas wichtigste Umweltprobleme beschrieben hat, ergibt sich ein großer Handlungsbedarf für Chinas Umweltschützer. Warum die Realisierung von Umweltschutzmaßnahmen für ein Land wie China besonders schwierig ist, soll im nächsten Kapitel geklärt werden.

---

[60] vgl. Endrukaitis, Edgar: „Lang ersehnter Beitritt mit Folgen – Segen oder Fluch
für die Umwelt?", China Contact, 12/2001, 11ff

3 Problematik Umweltschutz in China

> *„China ist Weltmacht, Industrienation und Entwicklungsland in einem.“*[61]

Umweltschutz in China ist in vielerlei Hinsicht viel problematischer als beispielsweise in Deutschland. Aus welchen Gründen das so ist, soll in diesem Kapitel erörtert werden.

China ist ein riesiges Land mit sehr unterschiedlichen Landschaften, Bevölkerungsgruppen und örtlichem Entwicklungsstand. Für die Zentralregierung wird es deshalb immer problematisch sein nachzuvollziehen und zu kontrollieren, was auf provinzieller, regionaler, lokaler, ganz zu schweigen von Dorf- und Stadt-Ebene vor sich geht.[62] Auch wenn es in den Küstenmetropolen nicht mehr danach aussieht, ist China nach wie vor ein Entwicklungsland, dass sich noch dazu im wirtschaftlichen Wandel befindet. Es ist außerdem eines der letzten kommunistischen Länder dieser Welt mit einer sehr bewegten Geschichte im letzten Jahrhundert.

Der Status eines Entwicklungslandes bringt viele Probleme mit sich. Gezeichnet sind diese Länder u.a. von einem Mangel an Kapital, einem geringen Bildungsstand des Großteils der Bevölkerung, rückständigen Technologien und einem daraus resultierenden Bedürfnis nach Entwicklung und Wirtschaftswachstum. Der Glaube der Entwicklungsländer, Verschmutzung sei der Preis für Modernisierung und Fortschritt, ist typisch. Doch selbst Großprojekte, die von riesigen westlich orientierten internationalen Organisationen wie der Weltbank unterstützt werden, schließen erst seit kurzer Zeit Umweltfragen in ihren Machbarkeitsstudien ein. Umweltprobleme sind in ihrem Ausmaß in Ländern der Dritten Welt oft am schlimmsten, die Unterentwicklung und wirt-

---

[61] o.V.: China wünscht sich denkende Bürger – Stures Pauken und Frontalunterricht passé, www.3sat.de, 05.02.2002

[62] vgl. Gan, Lin: World Bank Policies, Energy Conservation and Emissions Reduction, in: Cannon, Terry (Ed.): Chinas Economic Growth – The Impact of Regions, Migration and the Environment, London 2000, 191

schaftliche Abhängigkeit von ausländischen TNCs[63] sind dabei wichtige Einflussfaktoren.[64] Die Beseitigung von Umweltproblemen ist häufig mit sozialen Problemen verbunden, da die Lebensgrundlage vieler Menschen gefährdet wird.

3.1 Wirtschaftliche Situation im Überblick

Im Jahr 2000 betrug das Bruttosozialprodukt Chinas 8.940,4 Milliarden Yuan (1.079 Milliarden US$), das Pro-Kopf-BSP erreichte mehr als 800 US$. Ein Stadtbewohner hatte durchschnittlich 6.280 Yuan (US$ 758) jährlich an Einkommen zur Verfügung, ein Dorfbewohner Chinas ca. 2.253 Yuan (US$ 272). Die Landbevölkerung macht jedoch noch einen Anteil von ca. 80% an der Gesamtbevölkerung Chinas aus.[65] Das Netto-Einkommen pro Bauer in den 592 ärmsten Regionen Chinas stieg von 648 Yuan (US$ 78) 1994 auf 1.348 Yuan (US$ 163) im Jahr 2000.

Auf 100 Stadtbewohner kamen 2000 39 Telefone, auf 80% der Dörfer auf dem Lande gab es Telefonservice, während über 22.5 Millionen Chinesen das Internet nutzten.[66] Diese Daten einer chinesischen Quelle zeigen, dass im Lebensstandard von Stadt- und Landbewohnern noch sehr große Unterschiede bestehen. Und so kapitalistisch manche Stadt auch scheinen mag, die aktuelle Wirtschaftsform Chinas ist die Planwirtschaft – wenn auch mit spezifisch chinesischer Charakteristik. Chinas wirtschaftliche Entwicklung der letzten zwanzig Jahre lässt sich

---

[63] = Transnational Corporations

[64] vgl. Yearley, Steven: The Green Cace – A sociology of environmental issues, arguments and politics, London 1991, 149

[65] Die Angaben zum Anteil der Landbevölkerung Chinas schwanken. Durch Landflucht hat sich der Anteil der Landbevölkerung möglicherweise bereits auf 60-70% reduziert; siehe dazu Cannon, Terry (Ed.): China's Economic Growth – The Impact of Regions, Migration and the Environment, London 2000, 6

[66] vgl. o.V.: Nation makes progress on human rights, Bericht des Informationsbüros des Staatsrats „Progress in China's Human Rights Cause in 2000", (10.04.2001), www.1chinadaily.com.cn, 25.06.2002

daher auch nicht ohne weiteres mit der von Singapur und Taiwan[67] vergleichen.

3.2 Chinas Wirtschaftsreformen seit 1978

In der Zeit von 1958 bis 1978 waren alle Ressourcen in der Landwirtschaft, der Forstwirtschaft, Industrie usw. Eigentum der lokalen, provinziellen oder nationalen Staatsvertreter. Unter Deng Xiaoping gab es einen Gesinnungswandel von Kollektivismus zu Profitmaximierung und individueller Eigeninitiative. Liao Xiaoyi, Leiterin und Gründerin der Umweltschutzorganisation Global Village Beijing, bezeichnet die Umwandlung der Staatsbetriebe in private Unternehmen als Chinas größtes Umweltproblem.[68] In den frühen 80er Jahren wurde auch auf dem Lande eine Bodenreform durchgeführt und ehemalige Kollektiveinheiten unter den Familien der Kommunen aufgeteilt.[69] Außenpolitisch sorgte die Politik der ‚Offenen Tür' für einen Boom im Außenhandel und an ausländischen Investitionen. Dank des neuen, an privatem Unternehmertum orientierten Marktsystems wuchs die Wirtschaft in den 80er und 90er Jahren besonders in den Küstenregionen und Sonderwirtschaftszonen.[70] Doch spätestens 1989 mit dem Vorfall auf dem Tiananmen-Platz in Beijing wurden die Konflikte zwischen Regierung und Volk deutlich. Proteste wurden unterdrückt und isoliert. Es zeigte sich, dass die Entwicklung nicht nur Gewinner kannte. Dies hatte Auswirkungen auf die Migrationsprozesse im Land, auf regionalen und lokalen Fortschritt. Damit einher ging ein Verlust an sozialer Sicherheit. Auch

---

[67] Taiwan sollte, trotz seiner Zugehörigkeit zur VR China auch im weiteren Verlaufe der Arbeit als selbständiger Staat verstanden werden, da es sich durch seine Regierungs- und Wirtschaftsform sowie seine Entwicklung in den letzten Jahren stark vom chinesischen Festland abhob.

[68] vgl. o.V.: Through a Green Light: Environmental Activism Puts Down Roots of China, (04/2000), www.satyamag.com,28.06.2002

[69] vgl. Cannon, Terry (Ed.): China's Economic Growth – The Impact of Regions, Migration and the Environment, London 2000, 1ff

[70] vgl. Kalland, Arne; Persoon, Gerard (Hrsg.): Environmental Movements in Asia, Richmond 1998, 9

heute befindet sich die ländliche Bevölkerung noch in einer tiefen sozialen Veränderung, einer Phase der Individualisierung. Viele lokale Unternehmen werden von ehemaligen Regierungsvertretern und Köpfen der Kommunistischen Partei geführt, die dementsprechend Macht auf dem Land ausüben. Diese Macht wird nicht selten missbraucht: „Down to this day there are many places in China where power is above the law, where leaders do what they like and the environmental departments don't dare to speak out. Moreover the operations of government are opaque and so it is impossible for the people and the media to supervise them."[71]

Im Gegensatz zu Russland und Osteuropa machte China insgesamt den Eindruck, dass seine Wirtschaftsreformen erfolgreich verlaufen sind. Seine Entwicklung widerspricht sogar der Annahme, dass politische Reformen mit Veränderungen in der Wirtschaft einher gehen müssen.[72] Inzwischen gibt es aber Hinweise darauf, dass die ohnehin problematische Größe des Wirtschaftswachstums in China in den letzten Jahren nicht annähernd so hoch war wie von offizieller Seite behauptet.

3.3 Kritischer Faktor Wirtschaftswachstum

Dass es lange Fehleinschätzungen und Überbewertungen der wirtschaftlichen Situation der Reformära nach dem Tode Mao Zedongs gab, behauptet Thomas Rawski, amerikanischer Wirtschaftswissenschaftler. Demnach sei Chinas Wirtschaft seit 1998 gar nicht mehr gewachsen – ganz im Gegensatz zu den von staatlicher Seite veröffentlichten 7% jährlich. Dies schien Zhu Rongji, Chinas Premierminister, in einer Rede im März zu bestätigen – ohne staatliche Hilfe, so meinte er, wäre Chinas Wirtschaft 1998 zusammengebrochen. Die Erfahrung aus den ehemaligen Ostblockstaaten zeigt, dass der langfristige Profit und

---

[71] vgl. Shapiro, Judith: Mao's War Against Nature, Cambridge 2001, 205 zitiert nach Yuan, Weishi: Why did the Chinese environment get so badly messed up?, Nanfang Zhoumo (Southern Weekend), 25.02.00, 13
[72] Cannon, Terry (Ed.): China's Economic Growth – The Impact of Regions, Migration and the Environment, London 2000, 1ff

nicht die Anzahl der Investitionen der Weg zu einer nachhaltigen Wirt-
schaftsentwicklung ist. Rawski begründet seine Behauptung u.a. mit
dem Hinweis darauf, dass das ausländische Investment in China zwar
nach wie vor hoch ist, dies allein jedoch über die Einnahmen in den
folgenden ein oder zwei Dekaden nichts aussagt. Das System, in dem
ausländische Investoren immer noch Privilegien genießen[73], schrecke
chinesisches Unternehmertum ab.[74] Ein weiteres Problem ist der un-
profitable staatliche Sektor, der stark verschuldet ist. Arbeitslosigkeit in
den Städten und dort, wo Staatsbetriebe geschlossen und privatisiert
werden, ist eine andere Frage, die der chinesischen Regierung Kopf-
schmerzen bereiten dürfte. Schon lange ist der Staat nicht mehr in der
Lage für soziale Belange der Bevölkerung vollständig aufzukommen.[75]
Teure Prestigeprojekte wie die Entwicklung des supermodernen Stadt-
teils Pudong in Shanghai, die Olympischen Spiele in Beijing 2008, der
Drei-Schluchten-Staudamm, Aufrüstungs- und Raumprogramme stehen
im Gegensatz zu sozialem Notstand an anderer Stelle.[76]

Die Wahrheit über das chinesische Wirtschaftswachstum liegt wohl in
der Mitte zwischen kritischen Einschätzungen wie etwa Rawskis und
Veröffentlichungen der chinesischen Regierung. Warum der Faktor
Wirtschaftswachstum generell schwierig einzuschätzen ist, beschreibt
Cannon anhand von vier Problemfeldern, namentlich

1) dem Verteilungsproblem („Distribution Problem"),

2) dem Prioritätenproblem („Priority Problem"),

---

[73] Das Dritte-Welt-Phänomen laxer Umweltbestimmungen und weniger strenger
Gesundheitsvorschriften (siehe dazu Yearley, Steven: The Green Cace – A sociology of environmental issues, arguments and politics, London 1991, 157) dürfte
dank der Umweltpolitik der vergangenen Jahre in China jedoch keine Investoren
mehr anlocken.
[74] vgl. o.V.: China's disguised failure, (Shanghai InfoFlash 07/2002), www.ahk-
china.org.cn, 05.08.2002
[75] vgl. Knup, Elizabeth: Environmental NGOs in China: An Overview, (Herbst
1997), http://ecsp.si.edu, 16.05.2002
[76] vgl. o.V.: China's disguised failure, (Shanghai InfoFlash 07/2002), www.ahk-
china.org.cn, 05.08.2002

3) dem Geschlechterproblem („Gender Problem") und

4) dem Nachhaltigkeitsproblem („Sustainability Problem").[77]

Unter dem Verteilungsproblem versteht er, dass Wirtschaftswachstum nicht zwangsläufig bedeutet, dass alle Menschen einer Volkswirtschaft auch von ihm profitieren. Bezogen auf China gibt es ein großes Ungleichgewicht in der Verteilung von Ressourcen und Wohlstand und ein großes Einkommensungleichgewicht zwischen Stadt- und Landbevölkerung[78], Küstenregionen und Hinterland. „Fortschritt" im Sinne des Wirtschaftswachstums bringt eine Produktionsorganisation mit sich, die sich nicht unbedingt an dem ausrichtet, was wirklich von der Mehrheit dringend benötigt wird – dies wäre das Prioritätenproblem. Das Geschlechtsproblem beschreibt die ungleiche Stellung von Mann und Frau in der Gesellschaft als Teil des wirtschaftlichen Prozesses. Die negativen Folgen für die Umwelt reduzieren das Wohlbefinden der Menschen und gefährden das Leben zukünftiger Generationen, von Cannon Nachhaltigkeitsproblem benannt. Die wirtschaftliche Entwicklung der letzten Jahrzehnte hatte enorme Auswirkungen auf die Umwelt. So beispielsweise eine veränderte und intensivierte Ressourcennutzung für die Produktion, die Zerstörung und Vergiftung von Land, Boden, Luft, Oberflächen- und Grundwasser. Eine weitere Folge ist die Verhärtung des Wettbewerbs um einige Ressourcen. Emissionen und Abwässer durch Unternehmen haben zugenommen und es gibt eine gestiegene Anzahl von Unternehmen, die keine Erfahrung mit Umweltkontrollen haben. Diese größeren Belastungen für die Umweltschutzagenturen kamen zeitgleich mit Einschnitten in deren Budget durch die Zentral- und Lokalregierungen.[79]

---

[77] vgl. Cannon, Terry (Ed.): China's Economic Growth – The Impact of Regions, Migration and the Environment, London 2000, 12

[78] vgl. o.V.: „Grenzen der Machbarkeit", Internationale Wirtschaft, 10/2001, 12 – noch 900 Millionen Menschen leben direkt oder indirekt von der Landwirtschaft

[79] vgl. Cannon, Terry (Ed.): China's Economic Growth – The Impact of Regions, Migration and the Environment, London 2000, 26

3.4 Priorität Wachstum und Luxus Umweltschutz

> *„(I)t is worth wasting some resources and destroying some of the environment in exchange for wealth of the people and economic development."*[80]

So lautet die Meinung eines lokalen Regierungsvertreters in einem Artikel der China Environment News vom Dezember 1996. Die zusätzliche Trennung von wirtschaftlicher Entwicklung und Umwelt im Management und die vorherrschende Devise „zuerst Quantität, dann Qualität" trägt zur industriellen Umweltzerstörung in China zusätzlich bei.[81] Umweltschutz im großen Maßstab ist immer noch eine Sache, die als Luxus betrachtet wird und die sich das Land im Moment nicht leisten kann.[82] Damit scheint China die Wohlstands- oder Postmaterialismusthese zu bestätigen, laut der sich nur die Bürger der reichen Länder das „Luxusgut" Umwelt leisten (können).[83] Diese These unterstützt ebenfalls eine Studie der Weltbank, in der nachgewiesen wurde, das chinesische Städte mit höheren Pro-Kopf-Einkommen weniger verschmutzt sind als Städte mit niedrigerem Einkommen.[84]

Eine Anzahl von Studien in Entwicklungsländern belegt, dass die Durchsetzung von Umweltregulationen dort oft nicht effektiv ist, da die meisten Umwelteinrichtungen schwach und von niedrigem bürokratischem Status sind und das erklärte Ziel der meisten Regierungen, Wirt-

---

[80] vgl. Dai, Qing; Vermeer, Eduard B.: Do Good Work, But Do Not Offend the „Old Communists" – Recent Acitivities of China's Non-governmental Environmental Protection Organizations and Individuals, in: Ash, Robert; Draguhn, Werner (Ed.): Chinas Economic Security, Richmond, 1999, 144

[81] vgl. Li, Xia: China Should Take the Road of Sustainable Development, China Today, 08/1997, 14 zitiert nach: Deng Nan, Tocher von Deng Xiaoping und Vorsitzende der führenden Gruppe für die Agenda 21 in China

[82] vgl. Shapiro, Judith: Mao's War Against Nature, Cambridge 2001, 206

[83] vgl. Diekmann, Andreas; Preisendörfer, Peter (Hrsg.): Umweltsoziologie – Eine Einführung, Hamburg 2001, 97

[84] vgl. Johnson, Todd M.; Liu, Feng; Newfarmer, Richard: Clear Water, Blue Skies – China's Environment in the New Century, The World Bank, Washington D.C. 1997, 13

schaftswachstum, in Widerspruch steht mit dem Schutz der Umwelt.[85] Chinas staatliche Umweltinstitutionen sind inzwischen auf Ministerialebene zu finden und haben wesentlich mehr Macht als früher. Dennoch trifft obige Aussage zumindest anteilig noch auf die chinesischen Umweltschutzinstitutionen zu, was im Kapitel zur chinesischen Umweltpolitik deutlicher werden wird. Umweltschützer werden noch als Newcomer betrachtet und damit weniger respektiert. So unterlaufen andere Regierungsinstitutionen immer wieder erfolgreich die Bestimmungen des Umweltschutzes. Dies geschieht in China teilweise auch dank des gesetzlichen Rahmens wie im Falle des Drei-Schluchten-Staudamms.[86] Doch auch Privatunternehmen gelingt es dank mangelnder Autorität der Regierung, aufgrund wirtschaftlicher Probleme[87] und kurzfristiger Zielorientierung die jetzigen Bestimmungen zu umgehen[88]. Und dies alles trotz der Versuche der Regierung z.B. durch verschärfte Kontrollen die Einhaltung der Gesetze zu überwachen.

3.5   Soziales Problem Umweltschutz

„(...) it is here (environmental problems) that rapid exonomic development – seen as desirable and essential – conflicts directly with

---

[85] Kay Milton macht zu dieser Problematik eine interessante Bemerkung: Umweltschutz wird im allgemeinen als eine sehr emotionale Sache abgetan, während der Drang nach wirtschaftlicher Entwicklung und Industrialisierung ohne Rücksicht auf die Umwelt als rational und „normal" angesehen wird. Wie rational aber kann es sein, wenn sich der Mensch nach und nach seiner eigenen Lebensgrundlagen beraubt? vgl. Milton, Kay: Loving Nature – Towards an Ecology of Emotion, London 2002, 1

[86] Der Artikel 12 des Umweltschutzgesetzes schließt die Überprüfung von bestimmten umweltpolitisch relevanten Entscheidungen aus.

[87] – allerdings auch, weil sie keine Möglichkeit zur Gegenwehr mit politischen Mitteln haben, siehe dazu Bechert, Stefanie: Die Volksrepublik China in inernationalen Umweltregimen – Mitgliedschaft und Mitverantwortung in regional und global arbeitenden Organisationen der Vereinten Nationen, Münster 1995,19

[88] vgl. Shapiro, Judith: Mao's War Against Nature, Cambridge 2001, 204

other social needs which it finds difficult to address efficiently on its own.[89]

Konflikte durch knappe Ressourcen gibt es zumeist zwischen Zentrum und Peripherie – z.b. zwischen dem Großteil der Bevölkerung und den Minderheiten, den Autoritäten, die Devisen benötigen und der lokalen Bevölkerung, die um physisches und kulturelles Überleben kämpft, ein Konflikt zwischen denen, die die Natur als Quelle von Profit sehen und denen, die sich selbst als Teil der Natur erachten.

Wenn immer die chinesische Regierung einschneidende Maßnahmen zum Umweltschutz beschließt, wie beispielsweise einen plötzlichen Rodungsstopp am Yangtze-Fluss nach der Überflutung von 1998, sind die Lebensgrundlagen vieler Menschen in Gefahr. In diesem konkreten Falle die Zehntausender Holzfäller, ganz abgesehen von dem dadurch entstehenden Mangel an Holz in der Region als Bau- und Brennmaterial.[90] Auch daher rühren die vielen Verstöße gegen gesetzliche Vorschriften – im Kampf ums Überleben schwindet die Angst vor den strafrechtlichen Konsequenzen. Die chinesische Regierung bemüht sich diesen Verlust an Lebensgrundlagen zu kompensieren. So versucht sie etwa mit der Einrichtung von Nationalparks in ehemaligen Jagd- und Holzschlaggebieten den Ökotourismus zu fördern und so den Einwohnern der betroffenen Regionen wieder Arbeit zu verschaffen.[91] Finanzpolitische Maßnahmen, wie die Verteuerung von Wasser beispielsweise, das bis heute sehr stark subventioniert wird[92], trifft die Armen am härtesten und sie sind in der Mehrzahl. Aus Befürchtung vor sozialen Unruhen der Massen hat die chinesische Regierung ihre Subventi-

---

[89] Knup, Elizabeth: Environmental NGOs in China: An Overview, (Herbst 1997), http://ecsp.si.edu, 16.05.2002
[90] vgl. o.V.: Umweltsensibilisierung in China. Zukunftsweisende Ansätze zum Naturschutz, www.3sat.de, 11.06.2002
[91] vgl. Morell, Virginia: Chinas Hengduan-Gebirge, National Geographic, 04/2002, 155ff
[92] Bis jetzt wurden Energie- als auch Wasserpreise so stark subventioniert, dass sie weitaus niedriger ausfielen als die tatsächlichen Kosten.

onspolitik noch nicht aufgegeben, die andererseits Verschwendung in den Städten und der Industrie fördert.

3.6 Bildungsstand

> *„The situation is grim. We have to educate 1.2 billion people – about everything."*
>
> John Liu, Mitarbeiter beim Television Trust for the Environment[93]

Unter der Bevölkerung Chinas herrsche eine weitverbreitete Ignoranz, so die Umweltschützerin Liao Xiaoyi, Chefin der Umweltschutz-NGO Global Village Beijing, dazu käme der Glaube der Menschen, dass der westliche Lebensstil, besonders der US-amerikanische, modern und vorteilhaft ist.[94] Trotz großer politischer Macht, so auch Shapiro, hat es die Regierung bis jetzt nicht geschafft, ‚von oben' Einfluss auf das Umweltverhalten der Bevölkerung zu nehmen.[95] Noch ist der Großteil der Bevölkerung „Analphabet" auf dem Gebiet der Ökologie: nur wenige Chinesen verstehen die Zusammenhänge von Wasserreserven, Nahrungsketten und toxischen Materialien, die sie nicht sehen, riechen oder schmecken können, ganz abgesehen von überstaatlichen Problemen wie Ozonloch und Klimaveränderung. Mehr dazu im Kapitel Chinesisches Umweltbewusstsein.

Bevor es um den chinesischen Umgang mit der Umwelt geht, befasst sich das nächste Kapitel mit der Entstehung und Entwicklung der Umweltbewegung weltweit.

---

[93] McCarthy, Terry; Florcruz, Jaime A.: World Tibet Network News, (01.03.1999), www.tibet.ca, 19.03.2002
[94] vgl. o.V.: Individuals Changing the World, Beijing Review, 14.08.00, 18
[95] vgl. Shapiro, Judith: Mao's War Against Nature, Cambridge 2001, 211

4 Die grüne Bewegung weltweit

> *„Today's ecology is about saving nothing less than the planet. "*
> Wolfgang Sachs[96]

In diesem Abschnitt werden die Geschichte der Umweltbewegung, ihre verschiedenen Strömungen sowie Unterschiede aus Sicht der entwickelten Staaten und der Dritten Welt beleuchtet.

4.1 Die Geschichte der Umweltbewegung

> *„(T)he Green phenomenon is here to stay. "*
> Johan Galtung[97]

Die grüne Bewegung hat eine längere Geschichte als oft angenommen und entstand nicht erst nach der Industrialisierung. Die Spannung zwischen Natur und Kultur reicht zurück bis in die Anfänge des Christentums und ins klassischen Griechenland. Philosophen wie Rousseau begannen damit die anthropozentrische Sichtweise zu hinterfragen.[98] Erst seit dem 17. Und 18. Jahrhundert gibt es die Begriffe „Natur" und „natürlich" in der Bedeutung unberührter Orte, Pflanzen und Tiere. Umweltpolitische Maßnahmen gab es in Europas Geschichte in Form von Jagdschonzeiten, Brachejahren und Kanalisation schon früh.[99] Auch *direct action* oder Konsumentenboykotts sind keine Erfindung

---

[96] vgl. Milton, Kay: Environmentalism and Cultural Theory – Exploring the role of anthropology in environmental discourse, London 1996, 175 zitiert nach: Sachs, Wolfgang: Global Ecology and the Shadow of ‚Development', Global Ecology: A New Arena of Political Conflict, London 1993, 17

[97] Galtung, Johan: The Green Movement: A Socio-Historical Exploration, (1986), in: Redclift, Michael; Woodgate, Graham (Ed.): The Sociology of the Environment Volume 1, Hants (UK) 1995, 365

[98] vgl. Kalland, Arne; Persoon, Gerard (Hrsg.): Environmental Movements in Asia, Richmond 1998, 86ff

[99] vgl. Weizsäcker, Ernst Ulrich von: Erdpolitik; ökologische Realpolitik an der Schwelle zum Jahrhundert der Umwelt, Darmstadt 1992, 14ff

der Neuzeit oder Greenpeace, sondern existierten in ähnlicher Form schon vor Jahrhunderten.[100] Sogar die „ökozentrischen" Ideen haben eine lange Geschichte, so Sutton, die bis zur Romantik zurückverfolgt werden kann.[101] Dennoch markierte die Industrialisierung den großen Wendepunkt und wurde als Grundübel der Umweltzerstörung erkannt. Es glaubte allerdings lange Zeit niemand daran, dass man sie rückgängig machen könnte, weshalb es auch keine Forderungen in dieser Hinsicht gab. Laut Sutton spielte die Beziehung zwischen Mensch und Natur eine Rolle in der frühen Bewegung der Arbeiterklasse und des Sozialismus.[102] Auch andere Autoren[103] unterstützen die Aussage, dass viele Bestandteile der grünen Bewegung nicht neu sind, sondern auf sozialistische Programme zurückgehen. Insgesamt waren die sozialistischen Grünen im 19. Jahrhundert jedoch anthropozentrischer eingestellt als heute. Doch weder Befürworter der „Conservationists" noch der „Preservationists", die häufig aus den Eliten der Oberklasse stammten, schafften es die Entwicklung der industriellen Gesellschaft wirksam zu beeinflussen.[104]

Erst im 20. Jahrhundert wurde die Grüne Bewegung systematischer.[105] Teilbereiche wie die Luftverschmutzung waren lange vernachlässigt worden, was sich änderte, als es Todesopfer zu beklagen gab.[106] Anfang der 60er Jahre schrieb die US-Amerikanerin Rachel Carson den Bestseller „Der stumme Frühling" („The Silent Spring"). Darin deckte sie die Verseuchung der Natur durch Chemikalien, insbesondere land-

---

[100] vgl. Sutton, Philip W.: Explaining Environmentalism – In Search of a New Social Movement, Ashgate, Aldershot 2000, 104f
[101] ebd. 127ff
[102] ebd. 106ff
[103] siehe dazu z.B. Galtung, Johan: The Green Movement: A Socio-Historical Exploration, (1986), in: Redclift, Michael; Woodgate, Graham (Ed.): The Sociology of the Environment Volume 1, Hants (UK) 1995, 352ff
[104] vgl. Sutton, Philip W.: Explaining Environmentalism – In Search of a New Social Movement, Ashgate, Aldershot 2000, 118
[105] Allerdings war während der Weltkriege immer wieder Funkstille.
[106] In London starben 1952 Tausende aufgrund eines Wintersmogs durch die Verbrennung schwefelhaltiger Kohle.

wirtschaftliche Pestizide auf. Motiviert durch Umweltzerstörung in ihrem unmittelbaren Lebensumfeld bildeten Amerikaner erste Bürgerinitiativen und die Chemiekonzerne wurden zurückgedrängt. Vorgänger des World Wildlife Fund und anderer Organisationen wie Friends of the Earth entstanden.[107] Es folgten die ersten Umweltgesetze in den USA.[108] Ebenfalls in den USA wurde 1970 durch die Einrichtung der Environmental Protection Agency (EPA) die Möglichkeit der Prozessführung gegen Umweltsünder eingeräumt. 1971 veröffentlichte der Club of Rome seinen Bericht „Grenzen des Wachstums"[109], worin erstmals die Größen Bevölkerungszahl, Industrieproduktion, Nahrungsmittel, Rohstoffvorräte und Umweltverschmutzung miteinander in Beziehung gesetzt wurden.[110] Auf Initiative von USA und Skandinavien hin beschloss die UNO-Generalversammlung im Sommer 1972 in Stockholm eine Konferenz zur menschlichen Umwelt abzuhalten. Saurer Regen über Schweden „motivierte" diese Bemühungen. Westeuropa und Japan[111] hatten zu diesem Zeitpunkt die Notwendigkeit zum Umweltschutz bereits erkannt, die Entwicklungsländer jedoch nahmen die Bedenken anfangs weniger ernst, weil sie zunächst an ihre eigene ökonomische Entwicklung denken mussten. Der Ostblock, wie auch China, erklärte die Umweltzerstörung zum Problem des Westens und des industriellen Kapitalismus und Imperialismus. Auf der Konferenz von Stockholm wurde schließlich die Einrichtung eines Umweltprogramms beschlossen. Das United Nations Environmental Programme (UNEP) arbeitet seitdem mit Hauptsitz in Nairobi, der symbolisch als ein Signal an die Entwicklungsländer gewählt wurde. 1979 gab es die erste Weltklimakonferenz.

---

[107] Wenige Organisationen existierten bereits seit dem 19. Jahrhundert, z.B. der Sierra Club in den USA.

[108] z.B. 1970 Clean Air Act, 1972 Clean Water Act

[109] Von Kritikern wurde der Bericht als zu pessimistisch bzw. malthusianisch abgetan, dennoch förderte er die Entwicklung eines weltweiten Umweltbewusstseins.

[110] vgl. Weizsäcker, Ernst Ulrich von: Erdpolitik; ökologische Realpolitik an der Schwelle zum Jahrhundert der Umwelt, Darmstadt 1992, 50ff

[111] In Japan gab es ein Umdenken nach Massenvergiftungen durch Kadmium und Quecksilber und angesichts der schlechten Luftqualität.

Seit den 80er Jahren entwickelte sich die Umweltbewegung von der reformistischen Elitebewegung von Insidern zu einer populären radikalen Massenbewegung, die die unkonventionelle Kampagne-Form der „direct action"[112] bevorzugt und sich von lokalen auf fundamentale Ziele verlegt hat. Organisationen wie Greenpeace[113], Friends of the Earth und der WWF stehen für diese Entwicklung.[114] Diese NGOs hatten keinen unbedeutenden Anteil am Umdenken in der Politik und verhalfen zusätzlich zu neuen wissenschaftlichen Erkenntnissen im Umweltbereich.[115] Die politischen Bemühungen der Länder waren von verschiedenen Faktoren abhängig. Durch den Kalten Krieg kam es wieder zu einer Funkstille. Dank der UNO wurden die Bemühungen jedoch am Leben erhalten. Die seit den 70ern von Wissenschaftlern befürchtete Ausdünnung der Ozonschicht wurde 1985 erstmals bestätigt. Globale Probleme wie dieses wurden vermehrt auf zwischenstaatlichen Konferenzen geklärt, darunter Rio de Janeiro (1992), Kyoto (1997), Buenos Aires (1998).[116] Im August 2002 fand der Erdgipfel in Johannesburg statt.

In London wurde 1988 als Reaktion auf die Klimaveränderung das Intergovernmental Panel on Climate Change (IPCC) gegründet. Der Energiebedarf und die Gefährdung tropischer Wälder wurden zu Themen, die die ganze Welt bewegten.[117] 1990 wurde die Globale Um-

---

[112] „Direct action" ist eine Form der Nutzung des Potentials der Medien und muss kein charakteristisches Beispiel für die neuen Arten von sozialen Bewegungen sein. siehe dazu Sutton, Philip W.: Explaining Environmentalism – In Search of a New Social Movement, Ashgate, Aldershot 2000, 124ff

[113] Auch wenn nur eine geringe Anzahl der Greenpeacemitglieder jemals aktiv war und sein wird und es Greenpeace mehr auf Medienaufmerksamkeit als hohe Mitgliederzahlen ankommt.

[114] vgl. Sutton, Philip W.: Explaining Environmentalism – In Search of a New Social Movement, Ashgate, Aldershot 2000, 120ff

[115] vgl. Weizsäcker, Ernst Ulrich von: Erdpolitik; ökologische Realpolitik an der Schwelle zum Jahrhundert der Umwelt, Darmstadt 1992, 14ff

[116] vgl. UNEP-Informationsstelle für Übereinkommen (Hrsg.): Finanzierung der in der Konvention vorgesehenen Maßnahmen, 07/1999, 17f

[117] vgl. Diekmann, Andreas; Preisendörfer, Peter (Hrsg.): Umweltsoziologie – Eine Einführung, Hamburg 2001, 41ff

weltfazilität (GEF) geschaffen. Sie dient als internationaler Mechanismus zur Unterstützung von Projekten, die der globalen Umwelt zugute kommen.[118] Bis Ende der 80er Jahre wurde dem Umweltschutz in den meisten industrialisierten Ländern Priorität eingeräumt, seit Anfang der 90er gibt es wieder einen Rückgang in den Bemühungen.[119]

Heute sind Unternehmen Sponsoren von Umweltschutz-NGOs,[120] Universitäten haben Zentren für Umweltstudien errichtet und neue Bildungsprogramme in ihre Lehrpläne integriert, während die Nationalregierungen Ministerien eingerichtet, Umweltgesetze verfasst und Nationalparks geschaffen haben. Neu ist auch die Rolle der internationalen Geldgeber wie Weltbank oder Asiatischer Entwicklungsbank bei der Unterstützung von Umweltprojekten bzw. der Einbeziehung von Umweltaspekten in Machbarkeitsstudien von Entwicklungsprojekten.[121] Doch trotz der positiven Entwicklungen in den industrialisierten Ländern gibt es nach wie vor viele Umweltprobleme. Besonders in den südlichen Teilen der Welt existiert inzwischen das Phänomen der Umweltflüchtlinge. Um das Ungleichgewicht in Entwicklung und Umweltzerstörung soll es im nächsten Abschnitt gehen.

---

[118] vgl. UNEP-Informationsstelle für Übereinkommen (Hrsg.): Finanzierung der in der Konvention vorgesehenen Maßnahmen, 07/1999, 28

[119] Diekmann, Andreas; Preisendörfer, Peter (Hrsg.): Umweltsoziologie – Eine Einführung, Hamburg 2001, 96f übereinstimmend: Bundesministeriums für Umwelt, Naturschutz und Reaktorsicherheit: „Umweltbewusstsein in Deutschland 2000", Berlin 2000

[120] Einige mit ernstem Hintergrund, einige scheinbar nur für PR-Zwecke.

[121] vgl. Kalland, Arne; Persoon, Gerard (Hrsg.): Environmental Movements in Asia, Richmond 1998, 19ff

4.2 Umweltschutz und Entwicklung – Nord-Süd-Perspektiven[122]

> *„If you are not part of the solution, you are part of the problem.“*
> Alexander Cockburn[123]

Nach der Veröffentlichung des Club of Rome-Berichts „Grenzen des Wachstums" protestierten die Entwicklungsländer auf der Umweltkonferenz von Stockholm: „Erst bereichert ihr euch im Norden durch ungezügeltes Wachstum zu Lasten des Südens, und wenn ihr das Wohlstandsziel erreicht habt, dann erklärt ihr die Grenzen des Wachstums für gekommen."[124] Umweltprobleme im Norden waren vor allem durch zu schnelle Industrialisierung und Verstädterung aufgetreten, in den Entwicklungsländern jedoch durch das Zusammenspiel von Armut und Bevölkerungswachstum[125] sowie wirtschaftlicher Abhängigkeit dank hoher Verschuldung. Fest steht, dass der Großteil der Umweltzerstörung in der Dritten Welt stattfindet:[126] Dort findet man ca. 90% des Artensterbens, der Bodenerosion, der Waldvernichtung und der Wüstenbildung. Dafür gibt es verschiedene Gründe:

- Dank der klimatischen Verhältnisse ist die Artenvielfalt im Süden viel größer.

---

[122] Unter „Norden" sollen die entwickelten Staaten Nordamerikas und Westeuropas verstanden werden, unter „Süden" die armen, unterentwickelten Länder der Erde. Die Autorin ist sich dabei bewusst, dass diese Unterteilung in Nord und Süd wissenschaftlich problematisch ist, da entwickelte Staaten wie Australien auch im Süden liegen. Diese Bezeichnung wurde auch wegen der sprachlichen Ausdrucksweise gewählt.

[123] vgl. Cockburn, Alexander: The Green Racket, New Statesman and Society, 1990, 22-3

[124] vgl. Diekmann, Andreas; Preisendörfer, Peter (Hrsg.): Umweltsoziologie – Eine Einführung, Hamburg 2001, 52

[125] vgl. Bechert, Stefanie: Die Volksrepublik China in inernationalen Umweltregimen – Mitgliedschaft und Mitverantwortung in regional und global arbeitenden Organisationen der Vereinten Nationen, Münster 1995, 48

[126] Der Westen ist nichtsdestotrotz Hauptverursacher einiger Umweltprobleme, z.B. des CO_2-Ausstoßes. Dies wird besonder deutlich, wenn Pro-Kopf-Messungen zu Rate gezogen werden.

- Die Entwicklungsländer liegen in Klimazonen, in denen Wind und Wasser fruchtbaren Boden schnell abtragen.

- Eine Konsequenz der Armut ist das starke Bevölkerungswachstum, dass die Umwelt belastet, eine andere sind mangelnde Investitionen in Umweltschutzmaßnahmen.

- Der Handel zwischen Entwicklungsländern und Industrieländern in Bezug auf ökologisch relevante Güter ist äußerst asymmetrisch, d.h. das Verhältnis ist sogar wesentlich schlimmer als zu Kolonialzeiten.[127]

Trotz der Konzentration auf Entwicklung und Wirtschaftswachstum kommt man in den Entwicklungsländern auch langsam zu der Erkenntnis, dass die Umweltzerstörung dem Wohlstand im Wege stehen kann. Die Umweltbewegung dort ist nur teilweise auf die Bemühungen von Eliten zurückzuführen (wie im Norden), sondern häufig ein Engagement der Ärmsten der Armen, die um ihre Existenz kämpfen und das oft gegen die Maßnahmen von Entwicklungsprojekten.[128] Die Globalisierung, die der ganzen Welt Wohlstand bringen sollte, scheint die Kluft zwischen armen und reichen Ländern zu vergrößern, oder wie es der uruguayische Historiker Eduardo Galeano ausdrückt: „Die Weltarbeitsteilung besteht darin, daß einige sich im Gewinnen spezialisieren und andere im Verlieren."[129] Die Entwicklungshilfe des Nordens war und ist fraglich und oft nur hilfreich bei der noch schnelleren Ausbeutung der Naturressourcen. Kein Wunder, dass Caldwell den Westen als „overdeveloped" charakterisiert.[130] In dem Bericht „Our Common Future" der 1983 zur Kontrolle der UNEP eingerichteten Umweltkommission unter der Leitung von Dr. med Gro Harlem Brundtland von 1987 ist schließlich zum ersten Mal die Rede von „nachhaltiger Entwick-

---

[127] vgl. Weizsäcker, Ernst Ulrich von: Erdpolitik; ökologische Realpolitik an der Schwelle zum Jahrhundert der Umwelt, Darmstadt 1992, 111ff

[128] z.B. die Chipko-Bewegung in Indien

[129] vgl. Weizsäcker, Ernst Ulrich von: Erdpolitik; ökologische Realpolitik an der Schwelle zum Jahrhundert der Umwelt, Darmstadt 1992, 116 zitiert nach: State of the World 1990, Worldwatch Institute, W.W. Norton, New York 1990, 140

[130] Caldwell, Malcom: The Wealth of Some Nations, London 1977, 98ff

lung" („sustainable development"), die langfristig umweltverträglich sein sollte. Man glaubt sie durch drei große Maßnahmen erreichen zu können:

1) Produktions- und Konsummuster besonders im entwickelten Norden sollen sich verändern.

2) Die internationale Wirtschaft soll auf gerechtere Bahnen gelenkt werden.

3) Umweltfreundliche Technologien sollen entwickelt und weit verbreitet werden.

Diese Ansichten unterstützen die These, dass die Umwelt am besten durch mehr Globalisierung geschützt werden kann.[131] Nach dem Bericht wurde eine Konferenz für Umwelt und Entwicklung (UNCED) abgehalten, die die 800 Seiten umfassende Agenda 21 hervorbrachte, die in Rio de Janeiro 1992 beschlossen wurde. Rund 600 Milliarden US-Dollar würde die Erfüllung kosten, besonders um den Anteil der entwickelten Länder von 125 Milliarden wurde dabei diskutiert. Für die Verwirklichung der Agenda 21 wurde eine neue UNO-Kommission gegründet: die Commission for Sustainable Development. Was vom Norden an multilateralen Geldmitteln zur Verfügung gestellt wird, wird nun über die Global Environmental Facility (GEF) der Weltbank abgewickelt.[132] Beim Erdgipfel von Rio de Janeiro, dem Nachfolger von Stockholm, sollten 1992 nur noch die Unterschriften unter Klima- und Artenschutzkonvention gesetzt werden. Im Vorfeld gab es jedoch große Diskrepanzen zwischen Norden und Süden. Letztlich waren es jedoch die USA, die die Artenschutzkonvention nicht unterzeichneten und damit eine „Trotzreaktion" einer Entwicklungsländer hervorzurufen schienen, die daraufhin ihre Zustimmung gaben.[133] Die unter-

---

[131] Milton, Kay: Environmentalism and Cultural Theory – Exploring the role of anthropology in environmental discourse, London 1996, 184
[132] Weizsäcker, Ernst Ulrich von: Erdpolitik; ökologische Realpolitik an der Schwelle zum Jahrhundert der Umwelt, Darmstadt 1992, 114ff
[133] ebd. 205ff

schiedlichen Ansichten der industrialisierten Länder und der Entwicklungsländer in Kurzform verdeutlicht die Tabelle.

	Diagnose	Therapie
Sichtweise des Südens	Die Umweltkrise ist Folge der Armut des Südens und der Verschwendung im Norden.	Wachstum im Süden, Entschuldung, kostenloser Technologietransfer
Sichtweise des Nordens	Die Umweltkrise ist Folge der Überbevölkerung und des Mangels an Technik.	Geburtenkontrolle, „grüne Konditionalität" bei Entschuldung, Umwelttechnologietransfer

Tabelle 4-1 Nord-Süd-Perspektiven (vgl. Weizsäcker (1992), S.204)

4.3 Vielfalt in der Umweltbewegung

Der Begriff „Umweltbewegung" wird oft als eine Kategorie für Organisationen oder Gruppen von Menschen herangezogen, die für eine bessere Umwelt kämpfen – diese unterscheiden sich jedoch nicht nur wesentlich in Hintergrund, Geschichte, Ideologien, Strategien sondern auch in ihrer Definition einer besseren Umwelt. Einige von ihnen beschäftigen sich nur mit dem Schutz einzelner Spezies oder Ökosysteme und sprechen „stellvertretend für die Natur". Andere sehen Umweltschutz als den Schutz ihrer Lebensgrundlage. Inzwischen ist es sogar möglich, dass eine Kampagne mehr von der Macht einer Gruppe abhängt, und deren Fähigkeit, Menschen von der Existenz eines Umweltproblems zu überzeugen als von der objektiven Existenz dieses Problems selbst.[134] Viel hängt ab von der Analyse der derzeitigen Situation, wem die Schuld zugewiesen wird, wie die lokale Bevölkerung Möglichkeiten zur Verbesserung einschätzt, wem sie diese Veränderungen zutraut durchzuführen und wer die Früchte dieser Verbesserung ernten wird. Oft wird Umweltschutz auch benutzt um Widerstand zu erzeugen – insbesondere gegen autoritäre Regime; er wird auch benutzt als kulturelle Kritik und ist besonders nach dem Kollaps der politischen

---

[134] Ein Beispiel wären Anti-Walfangkampagnen (auch auf Initiative von Greenpeace) wobei teilweise nicht vom Aussterben bedrohte Wale geschützt werden, während man tatsächlich bedrohte Arten vernachlässigt.

Ideologien des Kommunismus „attraktiv" geworden. Schwierig wird
es, die Umweltbewegung im politischen Spektrum einzuordnen, da die
Grünen sowohl den Kommunismus als auch den Kapitalismus als unfä-
hig für den Umgang mit Umweltproblemen erklärt haben.[135] Die Umwelt scheint jedoch in Demokratien[136] besser aufgehoben. Autoritäre
Systeme waren in den letzten Jahren die größten Feinde der Umwelt.[137]
Die Umweltbewegung gibt es in einem größeren Kontext und sie ist
häufig verbunden mit anderen politischen Interessen wie Gleichberechtigung, Demokratie, Befreiung, nationalistischen Tendenzen usw. –
daraus ergibt sich die unterschiedliche Einstellung von Autoritäten gegenüber Umweltschutzorganisationen von Land zu Land.[138]

4.4 Ideologische Richtungen

Unterscheiden kann man zwei Hauptströmungen im Umweltschutz, von
Sutton als „environmentalism" und „radical ecology" bezeichnet, wobei das eine die eher „althergebrachten" Ideen des Naturschutzes in die
Tat umzusetzen sucht während letzteres eine grundlegende Umstruktu-
rierung des Lebensstils moderner Gesellschaften fordert.[139] „Environmentalism" steht dabei für die Beziehung zur Natur, die den Nutzen
des Menschen betont und vor allem technische Lösungen für Umweltprobleme sieht, also Naturschutz für die Gesellschaft ohne soziale Veränderungen. „Radical ecology" hingegen versteht die Natur nicht als
Wert für Gott[140] oder die Menschheit, stattdessen sind ihre Vertreter

---

[135] Milton, Kay: Environmentalism and Cultural Theory – Exploring the role of
anthropology in environmental discourse, London 1996, 93
[136] „Demokratien" definiert als politische Systeme, die Interessen und Meinungen
der Öffentlichkeit mit einbeziehen
[137] Khondker, Habibul Haque: Environment and the Global Civil Society, Asian
Journal of Social Science, 2001, 59
[138] Kalland, Arne; Persoon, Gerard (Hrsg.): Environmental Movements in Asia,
Richmond 1998, 34ff
[139] Sutton, Philip W.: Explaining Environmentalism – In Search of a New Social
Movement, Ashgate, Aldershot 2000, 1ff
[140] Dafür existiert der Fachbegriff „theozentrisch".

überzeugt, dass Probleme nicht innerhalb der jetzigen sozio-ökonomischen und politischen Situation mit technischen Mitteln gelöst werden können. „Radical ecology" ist eine Kritik an der modernen Gesellschaft selbst und eine Herausforderung an die westliche Kultur. Andere Begriffspaare wurden von anderen Wissenschaftlern geprägt, die Bedeutung weicht allerdings kaum vom erstgenannten ab. Milton schreibt von den historisch ersten Konkurrenten, den „Conservationists", die die Natur als Ressource *für* den Menschen schützen und den „Preservationists", die die Natur um ihrer selbst willen *vor* dem Menschen schützen. „Conservative" und „radical environmentalism" sind Begriffe, die Milbrath prägte, von O'Riordan stammt das Begriffspaar „technozentrisch" und „ökozentrisch", immer häufiger in der jetzigen Debatte vernimmt man Eckersleys Begriffe „anthropocentric" und „ecocentric". Von Goodin kommen die Bezeichnungen „shallow" und „deep ecology". Mitunter ist auch von „alten" und „neuen sozialen Bewegungen" die Rede[141] oder von „first generation environmentalism" und „second generation environmentalism".[142]

4.5 Globalisierung im Umweltschutz – Umweltschutz in der Globalisierung

Die gesamte Welt als ein großes Ökosystem zu betrachten, ist eine neue Entwicklung in wissenschaftlichen Betrachtungen. Laut Sachs hat sich der Fokus von der Forschung an einzelnen und isolierten Ökosystemen auf das Studium der gesamten Biosphäre verschoben.[143] Gleichzeitig ist im Globalisierungsprozess die Gemeinschaft mehr und mehr

---

[141] Milton, Kay: Environmentalism and Cultural Theory – Exploring the role of anthropology in environmental discourse, London 1996, 74ff

[142] Hsiao, Hsin-Huang Michael, Milbrath, Lester W. u. Weller, Robert P.: Antecedents of an Environmental Movement in Taiwan, Capitalism. Nature. Socialism. A Journal of Socialist Ecology, September 1995, 92

[143] Milton, Kay: Environmentalism and Cultural Theory – Exploring the role of anthropology in environmental discourse, London 1996, 175 zitiert nach: Sachs, Wolfgang: Global Ecology and the Shadow of ‚Development', Global Ecology: A New Arena of Political Conflict, London 1993, 18

als die gesamte Menschheit definiert worden. Diese beiden Vorstellungen treffen sich in dem Konzept des „global human environment". Die Definition von Umweltproblemen als „global" macht ihre Lösung besonders schwierig und platziert sie außerhalb des Handlungsvermögens eines Individuums. Sie erzeugt gleichzeitig aber das Pflichtbewusstsein, sich an ihr zu beteiligen. Hilflosigkeit und Pflicht des Einzelnen erfordern schließlich Mechanismen, Politik und Programme, die ihm das Gefühl geben, an den Anstrengungen zur Rettung des Planeten beteiligt zu sein – diese Anforderungen können beispielsweise NGOs erfüllen.[144] Diese NGOs sind nicht nur ein Teil der globalen zivilen Gesellschaft, sondern helfen auch bei ihrer Entwicklung, besonders in Entwicklungsländern, in denen dieses Konzept noch sehr fremd ist. Damit treiben sie politisches Engagement voran. Dass die Umweltbewegung auch vom Status der Zivilgesellschaft und der Akzeptanz dieser durch lokale politische Normen abhängt, zeigt eine Studie der Umweltbewegungen in verschiedenen Teilen der Welt.[145]

Der Prozess der Globalisierung hat nicht nur Anhänger. Die Befürworter erachten Entwicklung als natürlich und menschlich und weil sie natürlich ist, ist sie auch richtig. Unter der Annahme, dass Armut durch Entwicklungsrückstand Hauptursache für Umweltprobleme ist, wird die Priorität der Entwicklung legitimiert durch das Argument, dass mehr Globalisierung und Entwicklung auch mehr Umweltschutz bringen.[146] Die Gegner der Globalisierung sehen Entwicklung als eine Aktivität des reicheren Nordens, durch die er mehr Macht über die ärmeren Sektoren erlangt und sich durch sie bereichert. Globalisierungsbefürworter schieben die Verantwortung für Umweltschäden nicht auf Menschen, sondern auf schlechte Managementpraxis, unangemessene Technologien und unzureichendes Wissen. Die Globalisierungsgegner hingegen sehen im Norden den Hauptverantwortlichen, unter den Re-

---

[144] Milton, Kay: Environmentalism and Cultural Theory – Exploring the role of anthropology in environmental discourse, London 1996, 176ff
[145] Khondker, Habibul Haque: Environment and the Global Civil Society, Asian Journal of Social Science, 2001, 53f
[146] Milton, Kay: Environmentalism and Cultural Theory – Exploring the role of anthropology in environmental discourse, London 1996, 182ff

gierungen und großen Unternehmen und in jedem, der auf Kosten der Umwelt Profite macht.[147] Die Grundeinstellung der Globalisierungsbefürworter ist konservativ, die der Globalisierungsgegner hingegen scheint radikal.[148] Genau wie die Anhänger des „Ecocentrism" kritisieren letztere die Industrialisierung und verlangen radikale Veränderungen.[149] Da die Globalisierung einen starken Einfluss auf die Kulturen dieser Welt hat und die weltweite Umweltbewegung ein Teilprozess von ihr ist, bezeichnet Milton sie nicht nur als überstaatlich sondern als „transcultural".[150] Organisationen wie der WWF, Greenpeace und Friends of the Earth verkörpern diese Entwicklung.[151] Doch wie bereits angedeutet, bestimmt nicht nur die Globalisierung die Umweltbewegung, auch die Umweltbewegung hat Einfluss auf die Globalisierung, denn viele ihrer Vertreter sind nicht „nur" grün.

4.6 Grüne sind nicht nur grün

Vertreter der Friedens-, Frauen- und grünen Bewegung sind ideologisch miteinander verbunden.[152] Unter den Grünen findet man oft Kritiker des Kapitalismus, des Marktes und des Wirtschaftswachstums um jeden Preis.[153] Warum das so ist, dafür hat Galtung[154] folgende Erklärung: Die grüne Bewegung ist eine Reaktion auf die Fehlfunktionen der westlichen sozialen Formation. Mit Hilfe einer historischen Betrach-

---

[147] vgl. Milton, Kay: Environmentalism and Cultural Theory – Exploring the role of anthropology in environmental discourse, London 1996, 187ff
[148] ebd. 205
[149] ebd. 210
[150] ebd. 170
[151] vgl. Sutton Philip W.: Explaining Environmentalism – In Search of a New Social Movement, Ashgate, Aldershot 2000, 124ff
[152] ebd. 129
[153] vgl. Ryle, Martin: Socialism in an Ecological Perspective, (1988), in: Redclift Michael; Woodgate, Graham (Ed.): The Sociology of the Environment Volume 1, Hants (UK) 1995, 537
[154] Galtung, Johan: The Green Movement: A Socio-Historical Exploration (1986), in: Redclift u. Woodgate (1995), 356f

tung der klassischen europäischen sozialen Kategorisierung nach dem Mittelalter, bestehend aus dem Klerus an der Spitze, der Aristokratie, den Kaufleuten, den Bauern und einigen Arbeitern und schließlich den Randgruppen wie Zigeunern, Juden, Arabern, Frauen, stellt er folgende Veränderungen fest: In Europa gab es zunächst den Sturz des Klerus durch die Aristokratie, dann setzten sich die Kaufleute gegen den Adel durch, schließlich fand die Revolte der Arbeiter gegen das Bürgertum statt. Die vierte Veränderung ist das Aufbegehren der benachteiligten Randgruppen[155] gegen die restlichen Vertreter der Gesellschaft – ein Teil davon ist die heutige grüne Bewegung. Galtung selbst stellt fest, dass die am schlimmsten von Umweltproblemen betroffenen Menschen außerhalb der ersten Welt und somit auch außerhalb von Europa zu finden sind.[156] Die oben beschriebene Entwicklung in Europa auf den Rest der Welt zu übertragen (da es offensichtlich einen weltweite Umweltbewegung gibt), ist aufgrund dieser Tatsache nicht möglich. Dennoch mag Galtung in dem Punkt recht haben, dass der grünen Bewegung eine holistische Denkweise zu eigen ist, die andere soziale Probleme mit einbezieht. Das von Galtung identifizierte Merkmal der Gewaltfreiheit der grünen Bewegung[157] trifft heute nicht mehr auf alle Gruppen zu.[158]

Nach diesem Einblick in die Geschichte der Umweltbewegung weltweit, geht es im nächsten Kapitel zurück nach China. Inwiefern chinesische Kultur und Umweltschutz miteinander korrelieren, soll dort untersucht werden.

---

[155] Natürlich waren nicht immer alle Mitglieder einer Gruppe am Umformungsprozess beteiligt und immer waren einige Vertreter aus den übrigen Gruppen auch aktiv.

[156] vgl. Galtung, Johan: The Green Movement: A Socio-Historical Exploration (1986), in: Redclift, Michael; Woodgate, Graham (Ed.): The Sociology of the Environment Volume 1, Hants (UK) 1995, 359

[157] ebd. 362f

[158] Die „Sea Shepherd Conservation Society" ist beispielsweise eine Umweltschutzorganisation, die auch Mittel der Gewalt einsetzt um ihre Ziele zu erreichen.

5 Chinesische Kultur und Umwelt

> *„You hear about how the Chinese live in harmony with nature, but that's all words without real meaning."* *„Chinese people don't have much understanding about ecology."*
>
> Liang Congjie, Umweltschutz-NGO Friends of Nature[159]

These: Die chinesische Kultur ist nicht umweltfreundlich.

Das hierzulande bekannte chinesische Harmoniebedürfnis mit der Natur[160] lässt sich schlecht vereinbaren mit Chinas derzeitigen Umweltproblemen. Das Verhältnis von Kultur und Umweltschutz kann unter vielen verschiedenen Gesichtspunkte betrachtet werden. Dies und die Frage, inwiefern die Beziehung Denken und Handeln sowie die Wertvorstellungen eines Volkes beeinflusst, sollen Inhalt des folgenden Kapitels sein. Zunächst geht es dabei um das allgemeine Verhältnis zwischen Umwelt und Kultur.

5.1 Umweltschutz und Kultur

Kay Milton versucht in ihrem Buch „Environmentalism and Cultural Theory" diesem Zusammenhang auf den Grund zu gehen. Umweltschutz ist Ausdruck dafür wie die Menschen die Welt verstehen und sich in ihr platzieren. Er gehört zu einer Sphäre, die die Gefühle, Gedanken, Interpretationen, Wissen, Ideologien, Werte usw. der Menschen einbezieht. Es ergibt sich ein reziprokes Verhältnis: Umweltschutz gehört zur Kultur und wird von der Kultur beeinflusst. Für Milton ist er eine „kulturelle Perspektive"[161], in der die Sorge um den

---

[159] Gluckmann, Ron: Nature's Friend, (04.04.2000), www.asiaweek.com, 05.09.2002

[160] z.B. Yau, Oliver H.M.: Chinese Cultural Values: Their Dimensions and Marketing Implications, in: Yau, Oliver H.M.; Steele, Henry C. (Ed.): China Business: Challenges in the 21st Century, Hongkong 2000, 133 ff

[161] vgl. Milton, Kay: Environmentalism and Cultural Theory – Exploring the role of anthropology in environmental discourse, London u.a. 1996, 33

Schutz der Umwelt durch menschliche Verantwortung das zentrale Leitprinzip darstellt.[162] Durch die Untersuchung des Verhältnisses von Kulturen[163] und den ökologischen Auswirkungen ihrer Aktivitäten kann man möglicherweise herausfinden, welche Kulturen und Bestandteile von Kulturen ökologisch nachhaltig sind und welche nicht.[164] Im Verlaufe ihrer Arbeit kommt Milton zu dem Schluss, dass sowohl der Mythos der primitiven ökologischen Weisheit wie auch die Annahme, außerhalb der industrialisierten Welt gebe es keine umweltfreundlichen Kulturen falsch ist. Vielmehr können viele andere Faktoren die Auswirkung der menschlichen Besiedlung auf Ökosysteme reduzieren.[165] Aus anthropologischer Sicht gibt es keine natürliche Neigung der Menschen ihre Umwelt zu schützen und nachhaltig zu leben. Daher ist auch die Annahme, dass einige Kulturen natürlicher sind als andere falsch und sollte entkräftet werden. Sie schafft nur unnötige Vorurteile und erzeugt den irreführenden Eindruck, dass ein nachhaltiger Lebensstil durch ein „going back" erreicht werden könnte. Wenn man jedoch die Natur als ein „all-encompassing scheme of things to which all human cultures and practices, as well as non-human species and physical processes belong." sieht[166], liegt die Lösung in der kulturellen Vielfalt. Darin sind sich sowohl die Anhänger der Umweltbewegung als auch Anthropologen einig.[167] Wenn tatsächlich keine menschliche Kultur existiert[168], die den Schlüssel zur ökologischen Weisheit hat, dann ist

---

[162] vgl. Milton, Kay: Environmentalism and Cultural Theory – Exploring the role of anthropology in environmental discourse, London u.a. 1996, 68

[163] Unter Kultur versteht Milton (vgl. ebd. 66f): 1. Kultur existiert in den Köpfen der Menschen und wird ausgedrückt durch das, was sie tun und sagen, 2. Kultur besteht aus Empfindungen und Interpretationen und 3. Kultur ist der Mechanismus, durch den Menschen mit ihrer Umwelt in Interaktion treten.

[164] vgl. ebd. 66f

[165] z.B. geographische Isolation, geringe Bevölkerungsdichte und beschränkte Technologie

[166] Milton, Kay: Environmentalism and Cultural Theory – Exploring the role of anthropology in environmental discourse, London u.a. 1996, 222ff

[167] vgl. ebd. 196

[168] Der Irrglaube des Westens, Asien verfüge über mehr „ökologische Weisheit" hat in letzter Zeit dazu geführt, dass er sich an Asien gewandt hat auf der Suche

es wichtig, die größtmögliche Anzahl von Lösungen, mit der Umwelt umzugehen, zu erhalten. Damit könnten die Menschen laut Milton zumindest ihre Überlebenschance und die der anderen Lebewesen auf dem Planeten maximieren.[169] Wer die Umwelt schützen möchte, muss also auch die kulturelle Vielfalt schützen, wenn man davon ausgeht, dass Umwelt und kulturelle Vielfalt nicht nur Ressource, sondern Lebensgrundlage für die Menschen sind. Der Prozess der Globalisierung allerdings stellt eine Bedrohung für die kulturelle Vielfalt dar. Globalisierungsgegner können das Überleben der kulturellen Vielfalt nicht garantieren, aber sie versuchen zumindest Bedingungen zu schaffen, unter denen sie überleben kann.[170]

Das Problem in Miltons Argument ist, versucht man es auf Umweltschutzorganisationen zu übertragen, dass diese ein Teil des Globalisierungsprozesses sind. Durch ihre Herkunft oder ihre Arbeit, die sehr stark westlich beeinflusst ist, wirken sie „transcultural". Miltons Ansichten zu unterstützen scheint jedoch eine relativ neue Erkenntnis im Social Marketing, nämlich die, dass kulturell angepasstes Social Marketing wesentlich erfolgsversprechender ist. Culturally-adapted Social Marketing (CASM) orientiert sich trotz der Parallelen zum kommerziellen Marketing stärker an den Bedürfnissen der Zielgruppen und sucht nach Lösungen innerhalb ihrer traditionellen Kultur.[171] Nur Lösungen dieser Art, so zeigt die Erfahrung von Social Marketers, sind einerseits schnell zu implementieren und andererseits nachhaltig in ihrer Wirkung.

---

nach Lösungen für die westliche Umweltkrise (unter der Annahme, dass asiatische Umweltprobleme ein Produkt der „Westernization" sind). vgl. Kalland u. Persoon-Kalland, Arne; Persoon, Gerard (Hrsg.): Environmental Movements in Asia, Richmond 1998, 3ff

[169] vgl. Milton Milton, Kay: Environmentalism and Cultural Theory – Exploring the role of anthropology in environmental discourse, London u.a. 1996, 225

[170] vgl. ebd. 203

[171] vgl. Epstein, T. Scarlett (Ed.): A Manual for Culturally-adapted Social Marketing – Health and Population, London u.a., 48

5.2 Individuum und Umweltschutz

Ein neues Buch von Milton namens „Loving Nature – Towards an Ecology of Emotion" befasst sich weniger mit Kulturen, sondern mit der Frage, warum Menschen unterschiedlich über die Natur denken, sie empfinden und sich ihr gegenüber verhalten.[172] Demnach spielen Emotionen eine große Rolle im Kampf für die Natur, denn die Sorge um sie ist das Ergebnis von Emotionen. In der wissenschaftlichen Theorie werden Emotionen zum einen als „biologischer Natur" und andererseits als Ergebnis der Kultur angesehen. Emotionen sind teils Vorgänge im Inneren eines Individuums, treten aber besonders dann zu Tage, wenn Individuen mit anderen interagieren. Sie entstehen durch soziale Beziehungen und tragen gleichzeitig zu ihrer Entstehung bei. Milton versucht in ihrem Buch die Bedeutung der Emotionen als Reaktion auf die Umwelt eines Individuums, nicht zwischen Individuen allein, anzusehen, wobei unter Umwelt alle uns umgebenden Dinge zu verstehen sind. Laut Milton wird unser Handeln jedoch nicht nur von Emotionen, sondern auch von Wissen und Denken bestimmt. Trotz ihres Ansatzes, dass jedes Individuum eine andere Beziehung zur Natur hat, gesteht Milton zu, dass in unterschiedlichen Ländern und Regionen die Einstellung zur Umwelt auch von Gesetzen, politischen Strukturen und kulturellen Traditionen geprägt ist. Schafft man es, die Gefühle eines Menschen zu verändern, so der Lösungsansatz von Milton, schafft man es auch, sein Verhalten zu ändern. Dort sollte das Marketing der Umweltschutz-NGOs angreifen, wobei den besonderen historischen, politischen und kulturellen Bedingungen eines Landes Beachtung geschenkt werden muss.

5.3 Umweltbegriff und Umweltschutz in der chinesischen Sprache

In den Jahrtausende alten philosophischen Denkschulen Chinas gab es völlig andere Begriffe für das, was heute „Umwelt" genannt wird, dar-

---

[172] vgl. Milton, Kay: Loving Nature – Towards an Ecology of Emotion, London u.a. 2002, 1ff

unter *tian* (Himmel), *tian-di* (Himmel und Erde), *wan-wu* (alle Dinge), oder das *dao* (Weg) des Daoismus.[173]

Es ist schwierig, eine Übersetzung des Wortes „Natur" im Chinesischen vor dem späten 19. Jahrhundert zu finden. Dem Begriff am nächsten kam *tiandi* (Himmel und Erde). *Ziran* (heute: Natur) tauchte zwar im klassischen Chinesisch auf, jedoch nur als Begriff für Spontaneität, nie im Kontrast zu den vom Menschen geschaffenen Dingen. Der Begriff *da ziran* (große Natur) fand über die japanische Wissenschaft und Philosophie aus dem Westen nach China.[174]

Die modernen chinesischen Worte für „natürlich" und „Natur" betonen den Aspekt, dass die Natur „nicht vom Menschen geformt" sondern ursprünglich und „selbst geformt" ist: *ziran, ziranjie, ziran huanjing, ziran jingguan, daziran* und *tianran*.[175] Der Begriff *huanjing* beschreibt sowohl natürliche Landschaft als auch Kulturlandschaft und entspricht so dem deutschen Umweltbegriff. Als wissenschaftlicher Begriff ist er eher anthropozentrisch zu verstehen. *Ziran baohu* bedeutet Naturschutz, also den Schutz der natürlichen Umwelt *ziran huanjing*, bedeutet aber nicht das Streben nach Unberührtheit der Natur, sondern schließt die Umformung zum Nutzen des Menschen mit ein. Naturreservate, *ziran baohuqu*, sollen durch rationelle Nutzung, *heli liyong*, dazu beitragen. *Huanjing baohu* (Umweltschutz) bezieht sich auf die vom Menschen bereits geformte Welt, die vor destruktiver Veränderung geschützt werden soll. Umweltverschmutzung, *huanjing wuran*, wird im Chinesischen selten als Verallgemeinerung gebraucht – eher drückt man sich konkreter aus und spricht von Luftverschmutzung,

---

[173] vgl. Bechert, Stefanie: Die Volksrepublik China in internationalen Umweltregimen – Mitgliedschaft und Mitverantwortung in regional und global arbeitenden Organisationen der Vereinten Nationen, Münster 1995, 13

[174] vgl. Kalland, Arne; Persoon, Gerard (Hrsg.): Environmental Movements in Asia, Richmond 1998, 87ff

[175] vgl. Bechert, Stefanie: Die Volksrepublik China in internationalen Umweltregimen – Mitgliedschaft und Mitverantwortung in regional und global arbeitenden Organisationen der Vereinten Nationen, Münster 1995, 14: zitiert nach Shanghai cishu chubanshe (Hrsg.), Cihai, Shanghai 1989, Bd. 2, 3209 und Bd. 3, 4953, Bianji weiyuanhui (Hrsg.) Huanjing kexue dacidian, 869

kongqi wuran, oder atmosphärischer Verschmutzung, *daqi wuran,* bzw. Gewässerverschmutzung, *shui wuran,* etc.[176]

5.4 Ein Mythos – Asiatische Harmonie mit der Natur

„I am sorry to say that the idea of environmental protection is a Western concept. The more I learn, the more I see traditional Chinese culture is so unfriendly to nature."

Liang Congjie, Umweltschutz-NGO Friends of Nature[177]

„Kaum etwas hat das Bild von der chinesischen Kultur im Ausland so nachhaltig geprägt wie die „chinesische Naturverbundenheit" [...]."[178] Die Gesamtheit der Asiaten werden im Westen oft als mit der Natur in Harmonie lebende Völker dargestellt, denen Naturschutz und die nachhaltige Nutzung von Naturreserven am Herzen liegt. Dennoch gibt es in Asien offensichtlich viele Umweltprobleme.[179] In China reicht die Tradition stimmungsvoller Naturlyrik[180] bis ins 3. und 4. Jahrhundert zurück, die der Landschaftsmalerei bis ins 7. oder 8. Jahrhundert.[181] „Doch das innige Verhältnis zur Natur, das sich in so vielen chinesischen Versen und Anekdoten offenbart, war insgesamt nicht typisch für die chinesische Gesellschaft." Chen begründet das damit, dass nur eine kleine Minderheit der Bevölkerung Dichter, Maler und Philosophen waren. Für den Großteil der Bevölkerung war die Natur eine Herausforderung an ihre Überlebensfähigkeit, sie holzten die Wälder ab um Reisfelder anzulegen. Jeder Zivilisationsschub brachte neue Umwelt-

---

[176] vgl. Bechert, Stefanie: Die Volksrepublik China in internationalen Umweltregimen – Mitgliedschaft und Mitverantwortung in regional und global arbeitenden Organisationen der Vereinten Nationen, Münster 1995, 14f

[177] McCarthy, Terry; Florcruz, Jaime A.: World Tibet Network News, (01.03.1999), www.tibet.ca, 19.03.2002

[178] Chen, Hanne: Kulturschock China, 4. Aufl., Bielefeld 2001, 188

[179] vgl. Kalland, Arne; Persoon, Gerard (Hrsg.): Environmental Movements in Asia, Richmond 1998, 1ff

[180] Dazu trugen u.a. berühmte Dichter wie Li Bai und Tao Yuanming bei.

[181] vgl. Chen, Hanne: Kulturschock China, 4. Aufl., Bielefeld 2001, 188

zerstörung. Und so stellt Chen fest, dass „Kaum ein anderes Land [...] eine so lange kontinuierliche Geschichte zivilisatorischer Naturzerstörung wie gerade China [hat]." „Grünen" Protest gab es daher schon im 1. oder 2. Jahrhundert auf Seiten der Daoisten, den „Ökozentrikern" der damaligen chinesischen Gesellschaft.[182]

Eine systematische Studie der chinesischen Ansichten zum Thema Natur enthüllt ein sehr weites Spektrum.[183] Ein Teil davon, wie die soeben erwähnten Daoisten, verlangte hauptsächlich innerhalb religiöser Bahnen nach Respekt für die Natur. Der asketische Lebensweg ist besonders für die asiatischen Religionen Buddhismus, Daoismus und Hinduismus charakteristisch.[184] In China dominierte jedoch der anthropozentrische Konfuzianismus. Konfuzianische Tradition versuchte aktiv, die Natur zu managen, zu kontrollieren und auszunutzen.[185] Den anderen Denkschulen bzw. Religionen gelang es kaum auf die Umweltsituation Chinas Einfluss zu nehmen. Einer dieser Ausnahmefälle ist ein Teil des Hengduan-Gebirges, im Süden Chinas, in dem es viele endemische Tier- und Pflanzenarten gibt, in dem „[l]ange vor den Anfängen der Umweltbewegung [...] die buddhistische Hochachtung vor dem Leben dazu bei[trug], [...] [diese] [...] zu erhalten."[186]

Andere Gründe, warum der Westen die Situation in Asien nicht idealisieren sollte, nennen Kalland und Persoon:

1) Es gibt keine asiatische Empfindung der Natur.

2) Eine enge Beziehung mit der Natur bedeutet nicht unbedingt, dass die Asiaten eine ökozentrische Sichtweise haben, die sich von der westlichen anthropozentrischen unterscheidet. Im Gegenteil, die Sichtweise ist vielleicht gerade anthropozentrischen Charakters,

---

[182] Chen, Hanne: Kulturschock China, 4. Aufl., Bielefeld 2001, 189

[183] vgl. Elvin, Mark: The Environmental Legacy of Imperial China, in: Edmonds, Richard Louis (Ed.): Managing the Chinese Environment, Oxford u.a. 2000, 30

[184] vgl. Kalland, Arne; Persoon, Gerard (Hrsg.): Environmental Movements in Asia, Richmond 1998, 3ff

[185] vgl. Shapiro, Judith: Mao's War Against Nature, Cambridge u.a. 2001, 213

[186] Morell, Virginia: Chinas Hengduan-Gebirge, National Geographic, 04/2002, 152

weil es in China und Japan beispielsweise keine so scharfe Trennung zwischen den Begriffen Natur und Kultur gibt.

3) Dass Asiaten in Harmonie mit der Natur leben, bedeutet nicht, dass die Natur geschützt wird. Die in Ostasien bedeutende Balance zwischen Yin und Yang kann auch bedeuten, dass so lange die kosmische Balance nicht gestört wird, Menschen frei sind, die Komposition von Flora und Fauna in innovativer Art und Weise zu verändern – sogar durch die Ersetzung einer Spezies durch eine andere.

Mit anderen Worten: „[...] there is nothing in Asian perceptions that prepares people for a more environmentally friendly behaviour than elsewhere." Selten gibt es eine uneingeschränkt positive Auffassung der Natur, vielmehr existiert eine kulturell unterschiedlich empfundener, selektiver Respekt für sie.[187]

5.5 Chinesische Empfindungen der Natur

In der chinesischen Kultur steht der Mensch und die von ihm erschaffenen Dinge im Mittelpunkt. Tiere, Pflanzen, Himmel und Erde sind ihm unterstellt. Dass innerhalb dieser Ordnung Tiere wichtiger sind als Pflanzen[188] bestätigt Chiou Wenliang, Wissenschaftler im Forschungsinstitut für Forstwesen der Provinzregierung Taiwan: „Pflanzenschutz wird durch die traditionelle chinesische Denkweise nicht gerade begünstigt. Es heißt, wir dürfen nicht töten, weil jedes Leben gleich viel wert ist – gemeint ist jedes *Tier*leben".[189] Doch selbst Tiere haben einen schweren Stand in der chinesischen Gesellschaft: „Das Wissen über Tiere ist so minimal wie das Einfühlungsvermögen.", so Chen. Den Beruf des Tierarztes umgibt immer noch eine „Aura peinlicher Lächerlichkeit". Eine chinesische Ansicht über die „Westler" und ihr Verhältnis zur Tierwelt: „Ihr seid so gut zu den Tieren [...], weil eure mensch-

---

[187] vgl. Kalland, Arne; Persoon, Gerard (Hrsg.): Environmental Movements in Asia, Richmond 1998, 4ff

[188] vgl. Eberhard, Wolfram: Lexikon chinesischer Symbole – Geheime Sinnbilder in Kunst und Literatur, Leben und Denken der Chinesen, Köln 1983, 10

[189] Hwang, Jim: Es grünt so grün, www.gio.gov.tw, 30.01.2002

lichen Beziehungen kalt und kaputt sind. Wir jedenfalls brauchen keine Tiere als Ersatz für die Menschen."[190]

Im Lexikon chinesischer Symbole findet man unter dem Stichwort Wald, *lin,* sinngemäß folgende Bemerkungen: Zwar finden heilige Wälder am Hang heiliger Berge in der chinesischen Kultur vielfach Erwähnung. Im großen und ganzen aber wird der Wald als unheimlich und voll von Gefahren angesehen. In den Wäldern Südchinas war der Tiger zu Hause, auch Banditen hausten dort, die darum die „Leute der grünen Wälder" hießen. Typisch für eine Vielzahl von Bäumen zeigender chinesische Bilder ist, dass man immer auch Gebäude, Wege oder Menschen auf ihnen findet – die „gebändigte Natur" und nicht die „echte" Wildnis.[191] Unter dem Stichwort Wildnis, *ye,* entdeckt man die chinesische Konnotation mit „unzivilisiert". Auch hier taucht auf Bildern immer wieder der Mensch auf – selbst die Flüsse sind nicht einsam: auf ihnen zeigen Fischer und Boote an, dass sie dem Menschen dienen. Eberhard beschreibt chinesische Reisebeschreibungen als „eintönig": was den chinesischen Reisenden am meisten interessiere, seien Spuren menschlicher Tätigkeit wie etwa Klöster, Tempel, Profanbauten und Wege. Die Schönheit der Landschaft hingegen werde meist in mehr oder weniger „stereotypen" Worten beschrieben.[192] Ein weiteres Phänomen der alten chinesischen Kultur ist die künstliche Nachahmung der Natur z.B. für die Errichtung der berühmten Gärten von Suzhou. So wurden Felsformationen, die vom Meer ausgespült schienen, aus Beton nachgebaut. Dass man es lieber „kultiviert" mochte, beweist auch die Vorliebe für Papageien unter den Vögeln, schließlich konnte man ihnen das Sprechen beibringen.[193]

Inzwischen jedoch scheint es einen Wertewandel zu geben. So berichtet ein chinesischer Dolmetscher: „Früher sind die Leute nur in den

---

[190] Chen, Hanne: Kulturschock China, 4. Aufl., Bielefeld 2001, 194f
[191] vlg. Eberhard, Wolfram: Lexikon chinesischer Symbole – Geheime Sinnbilder in Kunst und Literatur, Leben und Denken der Chinesen, Köln 1983, 295
[192] vgl. ebd. 304
[193] vgl. Clunas, Craig: Superfluous Things – Material Culture and Social Status in Early Modern China, Cambridge 1991, 41

Wald gegangen, wenn es dort Tempel und buddhistische Klöster gab. [...] Das hat bei uns Tradition. Heute fahren wir einfach nur deshalb zum Hailuogou-Gletscher, um die Schönheit der Berge und der Wälder zu genießen. Das ist neu für uns." Dieser Wertewandel geht teilweise auf die Bemühungen der Zentralregierung zurück die wachsende Mittelschicht davon zu überzeugen einen Teil ihres Einkommens für Reisen auszugeben und so die chinesische Tourismusindustrie anzukurbeln.[194]

5.6 Traditionelle chinesische Werte – Die konfuzianische Gesellschaft

Typisch für den Konfuzianismus ist die Suche nach stabiler politischer Ordnung auf der Grundlage von moralischen Prinzipien.[195] Bedeutend im Konfuzianismus ist die Autorität, beschrieben in den Verhältnissen zwischen Herrscher und Untertan, Vater und Sohn, Ehemann und Ehefrau. Weder kindliche Pietät noch Gehorsam der Ehefrau schließen jedoch berechtigte Kritik aus. Im Falle des Fehlverhaltens von Elternteil oder Ehemann sind sie sogar dazu verpflichtet Kritik zu üben. Kreative Reziprozität bestimmt das Verhältnis. Dieser Aussage scheint Liang Congjie, Direktor der Umweltschutz-NGO Friends of Nature zu widersprechen, indem er das Verhältnis der Gruppe zur Regierung charakterisiert: „In traditional Chinese culture ‚children' should never criticize their ‚parents'. They're only allowed to help by doing some housework."[196]

Auch heute noch unterstützen relativ liberale Regimes wie in Taiwan Gesetze, die kindliche Pietät fordern – auf Taiwan wie auch in den meisten ostasiatischen Ländern sind Kinder gesetzlich dazu verpflich-

---

[194] vgl. Morell, Virginia: Chinas Hengduan-Gebirge, National Geographic, 04/2002, 165

[195] vgl. Madsen, Richard: Confucian Conceptions of Civil Society, in: Chambers, Simone; Kymlicka, Will (Ed.): Alternative Conceptions of Civil Society, Princeton 2002, 190

[196] Bessoff, Noah: One Quiet Step at a Time, (03/2000), www.beijingscene.com, 02.09.2002

tet, für ihre alternden Eltern zu sorgen.[197] Die konfuzianische Ordnung erlegt aber auch den Eltern die Pflicht auf, für ihre Kinder und damit für die Zukunft der Gesellschaft zu sorgen.

Das konfuzianische Konzept erfordert Kultivierung auf allen Ebenen. In den Schulen sollen den Kindern nicht nur Wissen, sondern auch Werte vermittelt werden. Das Lernen kann dabei auch Formen von Indoktrination annehmen.[198] Folgende Eigenschaften sind für den Konfuzianer wünschenswert: „filial piety and being conservative, authoritative, dependent, obedient, courteous, modest prudent, diligent, thrifty, patient, law-abiding"[199].

5.7 Neokonfuzianismus

Die Ansichten des Neo-Konfuzianismus sind relativ liberal. Fei Xiaotong, Chinas berühmtester Anthropologe, beschreibt westliche Gesellschaften als sehr klar strukturiert. Die chinesische Gesellschaft jedoch umschreibt er als die Interaktion von Ringen die auf der Oberfläche erscheinen, wenn man einen Stein ins Wasser wirft. Jedes Individuum ist das Zentrum dieser Ringe und wohin diese Ringe sich vergrößern, dort taucht Zugehörigkeit auf – prinzipiell können sie überall hin reichen.[200] Die neo-konfuzianische Vision ist holistisch – wie es Tu Wei-Ming charakterisiert: [S]elf, community, nature, and Heaven are inte-

---

[197] vgl. Madsen, Richard: Confucian Conceptions of Civil Society, in: Chambers, Simone; Kymlicka, Will (Ed.): Alternative Conceptions of Civil Society, Princeton 2002, 194f
[198] vgl. ebd. 196ff
[199] Lau, Stephen Shek-lam: Changing Consumer Value in a New Business Environment zitiert nach: Far Eastern Economic Review, 1993, in: Yau, Oliver H.M.; Steele, Henry C. (Ed.): China Business: Challenges in the 21st Century, Hongkong 2000, 153
[200] vgl. Madsen, Richard: Confucian Conceptions of Civil Society,, in: Chambers, Simone; Kymlicka, Will (Ed.): Alternative Conceptions of Civil Society, Princeton 2002, 190f

grated in an anthropocosmic vision."[201] Im Neo-Konfuzianismus bedeutet Freiheit nicht „die Freiheit zu wählen". Sogar freiwillige Organisationen sollten wie Familien sein und der Austritt aus ihnen schwierig. Freiheit bedeutet eher auf kreative Weise die Verpflichtungen des Schicksals zu verbinden.[202] Die Worte *gong* und *si*, „öffentlich" und „privat" lassen sich in China auch nicht so verstehen wie im Westen, vielmehr ist ihre Bedeutung sehr relativ. Ebenso verhält es sich mit den Termini „freiwillig" und „unfreiwillig". Die Logik des Konfuzianismus macht es schwierig, klare Unterscheidungen zwischen verschiedenen Arten der Zusammenschlüsse zu treffen.[203] Wenn das Wort *minjian shehui* verwendet wird, um die Zivilgesellschaft zu beschreiben, bedeutet das nicht zwangsläufig, dass es keine Interaktion mit dem Staat gibt, weil man davon ausgeht, dass eine zivile Gruppe ohne allgemeine Erlaubnis, Führung und Beaufsichtigung des Staates gar nicht existieren kann.

Diese Erkenntnisse sind wichtig für den Status von Nicht-Regierungsorganisationen in China: das Konzept der NGOs, wie es im Westen bekannt ist, ist Chinesen nicht vertraut. Die Beziehungen der NGOs zur Regierung sind wichtig für deren Überleben und ihre Effektivität. Dass sie mit der Regierung kooperieren, muss zwangsläufig nicht bedeuten, dass sie dadurch „abhängiger" und weniger aktiv sind. Mehr zu diesem Phänomen im Abschnitt zur Charakteristik chinesischer NGOs.

Das größte Risiko des Neo-Konfuzianismus heute ist sein „exzessiver Idealismus" und die unrealistische Einschätzung von Anforderungen einer sozialen Ordnung an eine so komplexe Gesellschaft. Die konfuzianische Selbst-Kultivierung verlangt langsame, harte Arbeit, die nur schwierig in Chinas neuer marktwirtschaftliche orientierter Wirtschaft

---

[201] Tu, Wei-Ming: Heart, Human Nature, and Feeling: Implications for the Neo-Confucian Idea of Civil Society, Harvard 1998, 27

[202] vgl. Madsen, Richard: Confucian Conceptions of Civil Society,, in: Chambers, Simone; Kymlicka, Will (Ed.): Alternative Conceptions of Civil Society, Princeton 2002, 202

[203] vgl. ebd. 192f

erlangt werden kann. Sie setzt die Entwicklung moralischer Disziplin voraus, die in der Konsumgesellschaft der Städte schwer zu realisieren ist. Daher wird die konfuzianische Mission ohne kreative Anpassung an moderne Massengesellschaften scheitern. Schließlich verlangt sie nach einer Kombination aus dem Studium von klassischer Literatur, Engagement für die Familie und die Gemeinschaft, politischen Ritualen und vermittelnder Einsicht.[204]

5.8 Chinesische Wertvorstellungen nach Yau

Yau erkennt fünf charakteristische moderne chinesische Wertvorstellungen, darunter auch vom Konfuzianismus beeinflusste [2), 3), 4) und 5)].[205]

1) **Man-to-Nature Orientation** – Sie hat ihre Wurzeln im Daoismus und verlangt ein harmonisches Verhältnis zwischen Mensch und Natur, wobei der Mensch sich anpassen und nicht die Natur beherrschen sollte.

Wie bereits weiter oben beschrieben, ist dies eine Idealvorstellung, die nicht als „typisch chinesisch" bezeichnet werden kann. Daher wird vorgeschlagen, an dieser Stelle auf dieses Charakteristikum zu verzichten.

2) **Man-to-Himself Orientation** – umfasst die Bedeutung von Bescheidenheit und Zurückhaltung unter miteinander agierenden Menschen und die Situationsorientierung, den chinesischen Pragmatismus.

Diese Werte, ebenso wie 3) und 5) spielen eine Rolle beim Protestverhalten der Chinesen, worauf weiter unten mit Hilfe des Beispieles von

---

[204] vgl. Madsen, Richard: Confucian Conceptions of Civil Society,, in: Chambers, Simone; Kymlicka, Will (Ed.): Alternative Conceptions of Civil Society, Princeton 2002, 198
[205] vgl. Yau, Oliver H.M.: Chinese Cultural Values: Their Dimensions and Marketing Implications, in: Yau, Oliver H.M.; Steele, Henry C. (Ed.): China Business: Challenges in the 21st Century, Hongkong 2000, 133 ff

Umweltprotesten auf dem Land eingegangen werden wird. Ausdruck des chinesischen Pragmatismus im Umweltbereich ist beispielsweise die Unterscheidung in wertvolle Pflanzen und Tiere, nutzlose oder sogar schädliche. Auch folgende Ansicht verdeutlicht die pragmatische Denkweise: „Wissenschaftler meinen, dass das Hervorheben von Problemen häufig noch wichtiger sei, als deren Lösung. Eine Eigenart der Chinesen jedoch ist, dass sie lieber Probleme lösen, als sie aufdecken."[206] Pragmatismus und die Verknüpfung von Umweltproblemen mit sozialen Fragen sind auch ein Grund für die Existenz eher kleiner, lokaler Umweltschutzgruppen, die akute Probleme in der Nachbarschaft zu lösen suchen. Daher ist es auch so schwer, die Öffentlichkeit für Umweltprobleme von mehr transzendenter Natur zu mobilisieren.[207]

3) **Relational Orientation** – beinhaltet den Respekt vor der Autorität, Abhängigkeiten in der Gesellschaft, die *guanxi* (Beziehungen), das Konzept des Gesichts und die Gruppenorientierung innerhalb von Familie, Verwandtschaft und engstem Freundeskreis.

Das Konzept des Gesichtwahrens wirkt sich häufig auf das Protestverhalten der Chinesen aus.[208] Moralische Autorität und Vollkommenheit, Harmonieerhaltung und die Integrität der sozialen Netzwerke werden dabei höher angesehen als die Austragung des Konflikts. So beschweren sich viele betroffene Anwohner nicht über Lärm oder Schmutzbelästigung, weil sie den Gesichtsverlust der Geschäftsleute oder Mitarbeiter nicht möchten bzw. ihren eigenen Gesichtsverlust fürchten, wenn sie Ärger verursachen. Nach einer Konfliktlösung sucht man auf dem

---

[206] Bechert, Stefanie: Die Volksrepublik China in internationalen Umweltregimen – Mitgliedschaft und Mitverantwortung in regional und global arbeitenden Organisationen der Vereinten Nationen, Münster 1995, 41 zitiert nach: He, Bochuan: Chinas Krise und Ökologieproblematik während der Reformperiode, Text V der Serie : Europäisches Projekt zur Modernisierung Chinas, Bochum 1992, 11f
[207] vgl. Kalland, Arne; Persoon, Gerard (Hrsg.): Environmental Movements in Asia, Richmond 1998, 4ff
[208] Neben dem folgenden Argument kommt hinzu, dass die Kommunistische Partei lange Zeit das Rechtssystem nur als Werkzeug zur Durchsetzung ihrer Politik verwendet hat. Die Möglichkeit der Bevölkerung, mit Hilfe der Gesetze ihre Rechte einzuklagen, war lange Zeit nicht vorgesehen.

Wege der Vermittlung und Versöhnung. Gesicht und das Prinzip der *guanxi* (Beziehungen) sind natürlich miteinander verbunden. Hilft etwa jemand einem anderen das Gesicht zu wahren, so stärkt er damit die gemeinsame Beziehung.

Die hierarchische Position ist wichtig für eine Institution, was anhand der Geschichte der chinesischen State Environmental Protection Administration (SEPA) gut nachvollziehbar ist. Anfangs bestand diese Einrichtung nur formal, inzwischen hat sie den Status eines Ministeriums und wesentlich mehr Macht und Einfluss auf politische Entscheidungen. Doch nicht nur der verwaltungsrechtliche Rang von Institutionen beeinflusst die Politik. Auch der hierarchische Status ihrer Vorsitzenden fördert manchmal Regelverletzungen. Dabei spielen die *guanxi* (Beziehungen) eine bedeutende Rolle, wenn es zum Beispiel um die Kooperation zwischen Unternehmen und staatlichen Institutionen geht. Diese Beziehungen können sich positiv und negativ auswirken. Sie könne in einem Fall das Umgehen von gesetzlichen Bestimmungen bei gleichzeitiger Zahlung von „Managementgebühren", „freiwilligen Spenden" oder nichtmonetären Schenkungen an die Institution möglich machen. Die Situation der Korruption und des Insidergeschäfts scheint sich in China jedoch langsam auf dem Rückzug zu befinden. Positive Beziehungen zwischen Behörden und Unternehmen können natürlich auch die Einhaltung der Gesetze und eine fruchtbare Zusammenarbeit fördern.[209]

4) **Time Orientation** – schließt die Vergangenheitsorientierung, d.h. das starke Bewusstsein für Traditionen, Kultur und die eigenen Ahnen und das gleichzeitige Verantwortungsgefühl, dies an kommende Generationen weiter zu vermitteln, und schließlich die Kontinuität ein, die die Langfristigkeit von einmal errichteten Beziehungen beschreibt.

Das Bewusstsein der Verantwortung für kommende Generationen hat in China und Taiwan vor allem Mütter motiviert, sich für den Umwelt-

---

[209] vgl. Ma, Xiaoying; Ortolano, Leonardo: Environmental Regulation in China – Institutions, Enforcement and Compliance, Oxford 2000, 77ff

schutz stark zu machen. Nicht nur Umweltschutzorganisationen, sondern auch die chinesische Regierung appelliert an dieses Verantwortungsgefühl, indem sie mit bestimmten Slogans für den Umweltschutz wirbt, u.a. „Der Schutz des Waldes nützt den kommenden Generationen."[210] und „Denkt an eure Kinder. Rettet die Bäume."[211]

5) **Personal Activity Orientation** – handelt von der öffentlichen Selbstkontrolle und Beherrschung, um in Harmonie mit den anderen zu leben, sowie der „Doctrine of the mean", eine konfuzianische Grundeinstellung, die Voreingenommenheit einer Partei gegenüber ablehnt.[212]

Selbst bei gerichtlichen Entscheidungen spielt die chinesische Kultur und nicht nur das chinesische Gesetz eine Rolle. *Heqing, Heli, Hefa* („according to people's feelings or affection, according to propriety or reason, according to law) so charakterisierte ein Richter seine Entscheidungen.[213] Ein bekanntes chinesisches Sprichwort beschreibt die unterschiedliche Interpretation nationalen Rechts: *Shang you zhen ce xi you dui ce.* („nationale Politik, lokale Maßstäbe").

5.9 Kommunistische Werte

Neben den traditionellen konfuzianischen Werten spielen inzwischen auch die kommunistischen sozialen Werte eine Rolle in der chinesischen Gesellschaft. Nach 1949 wurde unter Mao Zedong „new man and new earth" propagiert, was die Praxis der Ungleichheit des konfuzianischen Systems abschaffen sollte. Auf diese Weise wurde die

---

[210] vgl. Morell, Virginia: Chinas Hengduan-Gebirge, National Geographic, 04/2002, 163

[211] ebd. 166

[212] vgl. Yau, Oliver H.M.: Chinese Cultural Values: Their Dimensions and Marketing Implications, in: Yau, Oliver H.M.; Steele, Henry C. (Ed.): China Business: Challenges in the 21st Century, Hongkong 2000, 133ff

[213] vgl. Cheng, Lucie u. Rosett, Arthur L.: Contract with a Chinese Face: Socially Embedded Factors in the Transformation from Hierarchy to Market, 1978-88, Journal of Chinese Law 1991, 224

Gleichberechtigung unter den Geschlechtern gefördert. Ebenso hatte die Ein-Kind-Politik Einfluss auf altes Denken. Die Kulturrevolution zwischen 1966 und 1976 nahm extreme Formen der „Familienzerstörung" an. Die Situation in den Städten beeinflusst alte Wertvorstellungen, indem die Bedeutung der Familie immer weiter abnimmt und der Individualismus steigt.[214] Traditionelle Vorstellungen sind in manchen Großstädten bereits Konfliktursache Nr. 2 nach unterschiedlichen Lebenseinstellungen innerhalb von Familien. Ebenfalls ein Ergebnis kommunistischer Politik des letzten Jahrhunderts ist die Unlust der Chinesen gegenüber Anordnungen der Obrigkeit.[215] Dies dürfte dazu führen, dass auch die Umweltslogans der Regierung kaum Gehör finden.[216]

5.10 Umweltproteste und Kultur

„*Talking about environmental protection is definitely a trend in China. It implies that you are a cultured person.*"

Hu Kanping, Reporter der China Green Times[217]

Jun Jing charakterisiert in ihrem Aufsatz „Environmental Protest in Rural China" Umweltproteste auf dem Land:

1) Die chinesische Kultur spielt eine wesentliche Rolle in der Mobilisierung der Teilnehmer durch Verwandtschaftsbeziehungen, Dorfeinheit, gemeinsame Religion und Sicherheit der ländlichen Familie.

---

[214] vgl. Lau, Stephen Shek-lam: Changing Consumer Value in a New Business Environment, in: Yau, Oliver H.M.; Steele, Henry C. (Ed.): China Business: Challenges in the 21st Century, Hongkong 2000, 151ff

[215] vgl. Chen, Hanne: Kulturschock China, 4. Aufl., Bielefeld 2001, 117

[216] Die Chinesen sind durch die Indoktrination von Regierungszielen in den letzten fünfzig Jahren abgestumpft und ihr Glauben an den Nutzen dieser Parolen durch viele persönliche Verluste erschüttert.

[217] Chiu, Yu-tzu: Same war, different battles, (21.04.2001), www.taipeitimes.com, 25.06.2002 (Zitat: Hu, Kanping)

2) Wirtschaftliche Beschwerden, Gesundheitsklagen und rechtliche Forderungen sind begleitet von verschiedenen moralischen Anklagen von einem bemerkenswerten Ausmaß in einem Land, das kaum Menschenrechte kennt.

3) Die Organisatoren der Proteste kennen nicht nur die Umweltgesetze genau, sondern auch die Bedeutung von Lücken im System und nutzen diese um Verbündete zu bekommen oder zumindest Sympathisanten zu finden.

4) Menschen auf dem Land, sind in der Lage gut organisierte und starke Protestaktionen gegen den Missbrauch der Regierung ins Leben zu rufen. Diese Proteste suchen eher soziale Gerechtigkeit in Umweltfragen als den Schutz der Umwelt um ihrer selbst willen.[218]

Für die auf dem Lande lebende Bevölkerung hat die „cultural and symbolic life-world", d.h. Verwandtschaftsideologie, populäre Religion, Sitten usw. eine größere Bedeutung als in den Städten, wo sich dank westlichen Einflusses ein Wertewandel vollzieht.[219] Beispielhaft für die Praxis sind Beerdigungsrituale, kosmologischer Glaube und das Erzählen von moralischen Geschichten.

1) Beerdigungsrituale in Umweltprotesten: Die Männer von Gaoyang, einem Umsiedlungsgebiet am Yangtze-Fluss protestierten gegen die ungerechte Behandlung durch die lokalen Behörden in der chinesischen Trauerfarbe weiß. Weiße Armbinden und Gewänder, die bei Streiks und Protesten getragen werden, demonstrieren dabei auch das Märtyrerverhalten der Teilnehmer. Sie opfern sich für die Sache, wobei sie tatsächlich ein beträchtliches Risiko für sich selbst eingehen.[220]

---

[218] vgl. Jun, Jing: Environmental Protest in Rural China, in: Perry, Elizabeth J.; Selden, Mark (Hrsg.): Chinese Society: Change, Conflict and Resistance, London 2000, 159
[219] vgl. ebd. 144
[220] In einem späteren Kapitel werden die Parallelen zu Umweltprotesten in Taiwan dargestellt.

2) **Religiöser Glaube:** Ein Beispiel Jun Jings zur Bedeutung der Religion berichtet von dem Ort Dachuan, in dem dank der Verseuchung des Trinkwassers durch eine Düngemittelfabrik die Zahl an Fehl- und Missgeburten drastisch stieg. Obwohl die Familien dank Gesundheitsaufklärung und TV-Berichten von ähnlichen Fällen andernorts über die tatsächliche Ursache Bescheid wussten, beteten sie bei den Göttern um gesunde Babys.

Dass Religionen den Umweltschutz unterstützen können, demonstrieren Organisationen wie der WWF[221], die Veranstaltungen mit verschiedenen Glaubensgemeinschaften organisieren und sich so die Unterstützung dieser bei der Verfolgung ihrer Ziele sichern. In einem gewissen Rahmen ist es Religionsführern möglich, die heiligen Schriften so auszulegen, dass Umweltschutz als göttlicher Wille zutage tritt.[222] Diese ökologische Interpretation alter Texte wird auch als „religious environmentalist paradigm" bezeichnet und gibt den Menschen die Möglichkeit, ihre eigene Identität innerhalb des ‚global village' zu definieren. Umweltschutz wird so zum Bestandteil der Kultur, steigert das Selbstwertgefühl und den Nationalstolz der betreffenden Länder und Regionen.

3) **Moralische Tradition:** Die Art der Proteste gegen die Obrigkeit auf dem Land trägt charakteristische Züge aus der Zeit der Dynastien: „The emperor is just and kind but his benevolence is being thwarted by evil local officials." Petitionen, Klagen und friedliche Demonstrationen scheinen typisch für die Proteste dort, in der Stadt hingegen werden schon mal gewalttätigere Formen gewählt, die die Regierung als „extreme action in environmental disputes" ächtet.[223]

---

[221] Bereits 1986 lud der WWF führende Vertreter der Weltreligionen nach Assisi ein, um seinen 25jährigen Geburtstag zu feiern.

[222] vgl. Kalland, Arne; Persoon, Gerard (Hrsg.): Environmental Movements in Asia, Richmond 1998, 22

[223] vgl. Jun, Jing: Environmental Protest in Rural China, in: Perry, Elizabeth J.; Selden, Mark (Hrsg.): Chinese Society: Change, Conflict and Resistance, London 2000, 151ff

Dass Chinesen Konfliktsituationen zu vermeiden suchen, verdeutlichen auch Dai und Vermeer. Ihr Beispiel spricht von Nachbarschaftskomitees, die zwar gemeinsam Müll trennen mögen, jedoch nicht auf die Idee kämen, sich zu organisieren und gegen die Verursacher von Verschmutzung zu protestieren oder diese gar zum Einhalten oder Entschädigungszahlungen zu zwingen.[224] Zur moralischen Tradition zählt auch folgende Aussage: „In China ändert sich – über einen längeren Zeitraum gemessen – im Grunde genommen wenig. Gleichmut und Geduld sind besondere Tugenden dieses Volkes..." Die Geschichte des dummen Alten, der den Berg abträgt (*Yu Gong Yi Shan*), verdeutlicht das Denken in Generationen, auch wenn es darum geht, ein Ziel zu erreichen.[225]

5.11 Typisch Chinesisches Umweltverhalten?

In einer Arbeit von 1986 versuchte Johan Galtung der Frage auf den Grund zu gehen, woran es liegen mag, dass die Umweltbewegung in Deutschland wesentlich ernster genommen wurde als in Frankreich. Er fand verschiede Gründe, darunter den französischen Individualismus, der den stark kollektivistischen Zügen der grünen Bewegung zuwider lief, Deutschlands Vergangenheit, für die es durch grünes Engagement Wiedergutmachung demonstrierte und einen Widerstand der französischen Genießer und ihrer fleischlichen *cuisine* gegen die puritanischen Züge des Umweltschutzes.[226]

Genauso könnte man die Frage stellen, wie es in China mit der kulturellen Akzeptanz der Umweltbewegung aussieht. Wie bereits in vorangegangen Kapiteln erklärt, lässt Chinas besonderer Status als Entwick-

---

[224] vgl. Dai, Qing; Vermeer, Eduard B.: Do Good Work, But Do Not Offend the „Old Communists" – Recent Acitivities of China's Nongovernmental Environmental Protection Organizations and Individuals, in: Ash, Robert; Draguhn, Werner (Ed.): Chinas Economic Security, Richmond 1999, 158

[225] vgl. Koch, Fridolin: Zwei Jahre warten, Internationale Wirtschaft, 10/2001, 31

[226] vgl. Galtung, Johan: The Green Movement: A Socio-Historical Exploration,, in: Redclift, Michael; Woodgate, Graham (Ed.): The Sociology of the Environment Volume 1, Hants (UK) 1995, 364f

lungsland einige glauben, dass sie das Recht zum Wirtschaftswachstum um jeden Preis haben und erst hinterher aufgeräumt werden kann. Abgesehen davon lassen sich Parallelen zum Fall Frankreich finden: Zwar ist die chinesische Gesellschaft eine kollektivistische, dennoch geht das Interesse und die Sorge nicht über Kernfamilie und gute Freunde hinaus. Oder, wie es Chen ausdrückt: „Gruppengeist" ist in China traditionell unbekannt. Illustrativ dazu ein Sprichwort: „Ein Japaner ist ein Wurm, aber fünf Japaner sind ein Drache. Ein Chinese ist ein Drache, aber fünf Chinesen sind ein Wurm."[227] In dieses Schema passt das Verhalten von Chinesen in der Öffentlichkeit: Im Zug wird der eigene Müll aus dem Fenster geworfen[228], in den Städten irgendwohin, Hauptsache, er landet nicht in der eigenen Wohnung. Die Regierung versuchte bisher vergebens das *gongdexin* (öffentliche Tugendherz) mit Kampagnen und Werbespots zu animieren.[229] Daher befürchtet Chen, dass „Chinas großes Problem in seinen bewohnten Gebieten ist, dass die Disziplin, die Natur- und Umweltschutz einem jeden abverlangt, die große Mehrheit der Menschen überfordert."[230]

Möglicherweise trifft dies inzwischen nicht mehr ganz zu, denn das Umweltbewusstsein der Chinesen ist in den letzten Jahren enorm gestiegen. Und vielleicht steigt damit auch die Bereitschaft, selbst etwas für den Umweltschutz zu tun. Das Problem besteht darin, dass der Bevölkerung Handlungsalternativen aufgezeigt werden müssen. Dies ist die Hauptaufgabe von Umweltschutz-NGOs, die erkennen müssen, in welchen Bahnen das Verhalten chinesischer Bürger beeinflusst werden kann und wo die kulturellen Lösungen liegen.

---

[227] vgl. Chen, Hanne: Kulturschock China, 4. Aufl., Bielefeld 2001, 128
[228] Dem begegnet die Chinesische Bahn inzwischen mit Fenstern, die nicht mehr geöffnet werden können.
[229] vgl. Chen, Hanne: Kulturschock China, 4. Aufl., Bielefeld 2001, 105ff
[230] ebd. 192

5.12 Schlussfolgerung

Die chinesische Kultur scheint auf den ersten Blick weder „damals" noch heute sehr umweltfreundlich. Vor dem Hintergrund jedoch, dass es weltweit keine Kultur gibt, die von Grund auf ökologisch nachhaltig ist, müssen sich auch in China Lösungen für die Umweltkrise finden lassen. Trotz des Harmonie-Mythos bietet die chinesische Kultur Ansätze, mit denen man die Bevölkerung heute angesichts der Umweltzerstörung motivieren kann. Diese Ansätze findet man beispielsweise in der Eltern-Kind-Beziehung des Konfuzianismus, im Daoismus oder Buddhismus. Dieser Meinung ist auch Shapiro. Ihrer Ansicht nach bietet die Wertkrise nach Chinas schwieriger Vergangenheit die Chance alte Traditionen wieder zu entdecken und neue Gedanken und Philosophien anzunehmen. Dabei könnten sowohl Konfuzianismus als auch Daoismus und Buddhismus in den Prozess einbezogen werden – von allem das Beste.[231]

Internationale Umweltschutz-NGOs müssen sich auf den kulturellen Hintergrund in China einstellen, um erfolgreich zu sein. Sie müssen ihre Zielgruppe und ihre Mitstreiter im Kampf gegen die Umweltverschmutzung, etwa die Regierung, genau kennen und sich den lokalen Maßstäben anpassen. Greenpeace China machte bereits die Erfahrung, dass politisch und kulturell unangemessenes Verhalten das Verfolgen der Ziele unmöglich machen kann.[232] Nationale NGOs, die westliche Werte in ihre Arbeit aufnehmen, müssen sich überlegen, wie sie diese an ihre Landsleute herantragen, ohne diese von ihrer Kultur zu entfremden.

Trotz der Überschneidungen zwischen Kultur, Geschichte und Politik soll im nächsten Kapitel versucht werden, die chinesische Geschichte und ihren Umgang mit der Natur darzustellen.

---

[231] vgl. Shapiro, Judith: Mao's War Against Nature, Cambridge u.a. 2001, 215
[232] Dies ist eine Anspielung auf eine nur wenige Sekunden dauernde Greenpeace-Aktion auf dem Platz des Himmlischen Friedens 1995. Sie wird im Kapitel „Zwei Internationale Umweltschutzorganisationen in China" näher beschrieben.

6   Umgang mit der Umwelt in Chinas Geschichte

„As anyone who has read or studied Chinese history knows, nature is rarely a part of the story."

Robert B. Marks[233]

Yu tian dou, qi le wu qiong, yu di dou, qi le wu qiong, yu ren dou, qi le wu qiong. – To struggle against the heavens is endless joy, to struggle against the earth is endless joy, to struggle against people is endless joy.

Mao Zedong-Parole[234]

These: China hat eine lange Geschichte der Umweltzerstörung.

Aus dem kulturellen Abschnitt ist bekannt, dass Umweltschutz kein Hauptbestandteil chinesischer Kultur war. Dennoch könnte man annehmen, dass Umweltzerstörung in China hauptsächlich eine Folge des globalen Einflusses der frühindustrialisierten westlichen Staaten und des Kapitalismus der letzten Jahrzehnte ist. Das dies nicht so ist, soll im Folgenden belegt werden.

6.1   Vor Jahrtausenden bis zur Mitte des 20. Jahrhunderts

Tian ren heyi. – Harmony between the Heavens and Humankind.[235]

Auch wenn es Leute gibt, die behaupten Umweltzerstörung in China sei eine Erscheinung der letzten Jahre[236] und Folge des kapitalistischen Einflusses, so kommt doch jeder, der sich mit dem Thema Umwelt und

---

[233] Marks, Robert B.: Tigers, Rice, Silk and Silt – Environment and Economy in Late Imperial South China, Cambridge u.a. 1998, 3

[234] Shapiro, Judith: Mao's War Against Nature, Cambridge u.a. 2001, 9

[235] ebd. 10

[236] vgl. Holland, Lorien; Lawrence, Susan V.: The People's Republic at 50: Past and Presents, Far Eastern Economic Review, 07.10.1999, 70: „ (...) new problems such as environmental degradation (...) have emerged."

chinesische Geschichte näher befasst zu dem Schluss, dass Raubbau an der Umwelt in China schon seit Jahrhunderten[237], wenn nicht Jahrtausenden[238] betrieben wird. So wie die westlichen Wissenschaftler über die Harmonie mit der Natur in der asiatischen Kultur irrten, irrten sie auch über die Nachhaltigkeit von Chinas Landwirtschaft. So stellte Marks fest, dass bereits zur Wende zum 19. Jahrhundert die Artenvielfalt in Lingnan (Südchina) stark zurückgegangen war und Reisimporte den Mangel an Nahrungsmitteln für die boomende Bevölkerung ausgleichen mussten.[239] Marks' Buch „Tigers, Rice, Silk and Silt" berichtet von klimatischen Veränderungen, Bevölkerungswachstum und Kommerzialisierung der Wirtschaft in Lingnan bis ins 18. Jahrhundert. Marks, der ursprünglich nur über die Tiger in Südchina schreiben wollte, traf während seiner Recherche auf mehrere Fragen, die er im Vorfeld nicht bedacht hatte. Darunter diese: Wo war der Lebensraum der Tiger hinverschwunden, die Wälder, in denen sie vorzukommen pflegten? und: Wo waren das große Wild, dass die Tiger gejagt hatten?[240] Schließlich kam er zu dem Ergebnis, dass Umweltzerstörung in China nicht auf die kapitalistische Produktionsweise zurückzuführen ist, sondern vielmehr ohne Zusammenhang zum Kapitalismus wesentlich früher begonnen hatte. Marks bedauerte, dass bisher wenig Material über den Umgang mit der Umwelt im imperialen China vorhanden ist.[241] Obwohl seiner Ansicht nach mehr Forschung notwendig ist, um eindeutig sagen zu können, ob es in China eine allgemeine Umweltkrise

---

[237] vgl. McCarthy, Terry; Florcruz, Jaime A.: World Tibet Network News, (01.03.1999), www.tibet.ca, 19.03.2002 „confronting centuries of environmental neglect"

[238] vgl. Li, Xia: China Should Take the Road of Sustainable Development, China Today, 08/1997, 14; Deng Nan, Tochter von Deng Xiaoping und Vorsitzende der führenden Gruppe für die Agenda 21 in China spricht von 5000 Jahren der Ausbeutung von Chinas Natur

[239] vgl. Marks, Robert B.: Tigers, Rice, Silk and Silt – Environment and Economy in Late Imperial South China, Cambridge u.a. 1998, 1f

[240] vgl. ebd. 3

[241] vgl. ebd. 342

bis zur Mitte des 19. Jahrhunderts gegeben hat, vermutet er, dass es so gewesen ist.[242]

Dies bestätigen Aussagen von Elvin, der Chinas Umgang mit der Umwelt als allzeit anthropozentrisch charakterisiert. So war die chinesische Landschaft eine der am meisten vom Menschen dominierten der alten Welt, mit ihren landumformenden Anbaumethoden, den Bewässerungssystemen und der starken Abholzung zur Gewinnung von Brenn- und Baumaterial.[243] Daher fällt es schwer, wenn man Chinas Umwelt heute kennt, den Beschreibungen der artenreichen Natur in der Literatur Glauben zu schenken, die vor anderthalb Tausend Jahren gemacht wurden: Seit der Zeit des späten Imperialismus ist jedoch auch in einem Großteil der Literatur die Rede von der Erschöpfung von Ressourcen, besonders von Holz und mineralischen Erzen, der Wasserknappheit, Erosion und versalzenem Land.[244]

Shapiro bemerkt, dass in Chinas Geschichte die Herrscher als weise angesehen wurden, die das Verhältnis zwischen Mensch und Natur gut zu lenken wussten. Wenige Gesetze aus der Qin- (221 v.u.Z. – 206 v.u.Z.) und Qing-Dynastie (1644-1911 u.Z.) zeigten Vorschriften, die die Sorge um die Umwelt widerspiegelten, wie zum Beispiel das Jagdverbot von Jungtieren und Vögeln im Frühling, die Einschränkung der Abholzung und Vorschriften über die Landnutzung an Hügeln.[245] Ein Gesetz aus der Yin-Dynastie (1600-1100 v.u.Z.) bestrafte die Verschmutzung von Straßen.[246] Doch auch schon das imperiale China sah Perioden der Abholzung und der Bodenerosion, Eingriffe in Wasserwege durch die Trockenlegung von Feuchtland und Landgewinnung,

---

[242] vgl. ebd. 343

[243] vgl. Elvin, Mark: The Environmental Legacy of Imperial China,, in: Edmonds, Richard Louis (Ed.): Managing the Chinese Environment, Oxford u.a. 2000, 9

[244] vgl. ebd. 11

[245] vgl. Shapiro, Judith: Mao's War Against Nature, Cambridge u.a. 2001, 6

[246] vgl. Bechert, Stefanie: Die Volksrepublik China in internationalen Umweltregimen – Mitgliedschaft und Mitverantwortung in regional und global arbeitenden Organisationen der Vereinten Nationen, Münster 1995, 26

die Ökosysteme zerstörte und natürlichen Lebensraum sowie Einwohner bedrohte.[247]

Zu Beginn des 20. Jahrhunderts gab es einzelne Gesetze zum Schutz des Bodens (1920), der Fischergründe (1929) und des Waldes (1932). Sie waren jedoch wenig effektiv.[248]

Laut Bechert könnte man die Geschichte und ihren Einfluss auf die Umwelt nach Gründung der Volksrepublik China bis heute in drei Phasen einteilen. Die erste Phase dauert von 1949 bis 1972. 1972 weckte die internationale Umweltkonferenz von Stockholm das Umweltbewusstsein chinesischer Politiker und machte so den Weg frei für die erste Umweltkonferenz Chinas. Die zweite Phase währte von 1972 bis 1978, dem Jahr des Machtantritts Deng Xiaopings. Die dritte Phase begann 1978, dauert bis heute an und brachte zeitgleich mit Wirtschaftsreformen und Industrialisierung eine umfassende Etablierung des Umweltschutzes in China.[249]

6.2 Umweltzerstörung unter Mao Zedong 1949-1972

Ren ding shen tian.   Man must conquer Nature.[250]

Im revolutionären China resultierten Umweltprobleme vor allem aus der übermäßigen Nutzung von Ressourcen, dem Auslaugen der Produktivität des Landes durch zu intensive Bebauung und drastische Veränderungen der physischen Landschaft. Den Ökosystemen fehlte dabei oft die Möglichkeit zur Erholung oder Anpassung. Eine explodierende Bevölkerung und massiver Transfer von Menschen in ehemals wilde Gebiete veränderten empfindsame Ökosysteme, während Überjagung

---

[247] vgl. Shapiro, Judith: Mao's War Against Nature, Cambridge u.a. 2001, 196

[248] vgl. Bechert, Stefanie: Die Volksrepublik China in internationalen Umweltregimen – Mitgliedschaft und Mitverantwortung in regional und global arbeitenden Organisationen der Vereinten Nationen, Münster 1995, 26

[249] vgl. ebd. 27

[250] Shapiro, Judith: Mao's War Against Nature, Cambridge u.a. 2001, 10, Parole unter Mao

und Überfischung ihr übriges taten. Massive Versuche, das bebaubare Land zu vergrößern scheiterten. Aktionen wie Abholzung, exzessives Brunnenbohren und Landgewinnungspläne führten zur Verwüstung.[251] Ho bezeichnete das Verständnis des kommunistischen chinesischen Staates für Umweltprobleme als „embryonisch".[252]

Mehrere große Kampagnen wurden in dieser Zeit unter Mao Zedong durchgeführt, darunter die Hundert-Blumen-Bewegung, der Große Sprung nach vorn, die Kulturrevolution und die Kriegsvorbereitungskampagne.

6.2.1 Die Hundert-Blumen-Bewegung 1956-1957

Die Hundert-Blumen-Bewegung schien anfangs eine gute Sache zu sein. Unter dem Motto „Lasst hundert Blumen blühen!" hatte Mao Zedong seine Landsleute dazu aufgefordert, am System Kritik zu üben, damit Verbesserungen in die Wege geleitet werden könnten. Viele machten sich hoch motiviert und im festen Glauben an den Erfolg des Kommunismus an die Arbeit. Doch die Kritiker wurden nicht ernst genommen, sondern verfolgt. Die Kampagne schien einzig und allein darauf ausgerichtet zu sein, die Gegner der Regierung auszuschalten. In Folge der Hundert-Blumen-Bewegung wurden Zehntausende patriotischer Wissenschaftler, Ingenieure, Journalisten, Intellektuelle und andere Menschen, die die Regierung auf den Stand der Umwelt hätten aufmerksam machen können, mundtot gemacht. Einige Tausend wurden zu „roten Experten" ernannt, die sich nur im Sinne der Regierung äußern durften. Ebenfalls in die Zeit der Hundert-Blumen-Bewegung fielen Maos Bemühungen, die Zahl der Menschen in China weiter steigen zu lassen. Unter dem Motto: *Ren duo, liliang da* (With many people, strength is great), wurde das Bevölkerungswachstum forciert. Noch heute hat China mit den Folgen dieser Aktion zu kämpfen. Es existieren Schätzungen, wonach 500 Millionen Menschen die maximale

---

[251] vgl. ebd. 13

[252] Ho, Peter: Greening Without Conflict? Environmentalism, NGOs and Civil Society in China, Development and Change, 2001, 895

Bevölkerungszahl für eine nachhaltige Entwicklung und hohen Lebensstandard in China gewesen wäre. Viele chinesische Umweltschützer
sehen die Überbevölkerung, die während der Mao-Jahre begann als
Hauptgrund für Chinas Umweltzerstörung an, darunter Qu Geping und
Dai Qing. Erst in den 70ern erkannte man, dass gegen das Bevölkerungswachstum etwas unternommen werden muss und startete eine
neue Kampagne. *Wan, xi, shao* (later, sparser, fewer) lautete das Motto
– spätere Hochzeit, mehr Zeit zwischen den Geburten, weniger Geburten. Seit 1979 gibt es in China die Ein-Kind-Politik. [253]

6.2.2   Der Große Sprung nach vorn 1958

Duo, kuai, hao, sheng. – Greater, faster, better, more economical.[254]

Die Slogans der Zeit des Großen Sprung nach vorn waren kurze, leicht
zu merkende Phrasen, die auf Gebäuden oder in Fabriken die Massen
über die Tagespolitik informierten, Enthusiasmus erzeugen und Kon-
formität fördern sollten. Charakteristisch für sie war der Zwang nach
Tempo. Großbritannien wollte man in der Stahlproduktion einholen,
außerdem die Agrarproduktion steigern, Wasserreservoirs errichten und
China von den „vier Plagen" befreien.

In Hinterhöfen wurde Stahl geschmolzen, um das staatliche Ziel von
10.700.000 Tonnen zu erreichen. Ende 1958 hatte man es dann geschafft. Der Großteil des produzierten Stahls war jedoch von schlechter
Qualität und damit nutzlos. Das Holz, das zum Einschmelzen benötigt
wurde, wurde ohne Rücksicht auf Verluste aus den Wäldern be-
schafft[255], wobei auch daoistische und buddhistische Tempelanlagen

---

[253] Shapiro, Judith: Mao's War Against Nature, Cambridge u.a. 2001, 26ff,
Schätzung von Richard Louis Edmonds
[254] ebd. 71ff
[255] Das Abholzen während des Großen Sprung nach vorn wird als das erste der
„three great cuttings" san da fa genannt, die zweite Abholzungsphase gab es während der Kulturrevolution, die dritte in den frühen 80er Jahren. vgl. Shapiro, Judith: Mao's War Against Nature, Cambridge u.a. 2001, 10

zerstört wurden. Der fatale Denkfehler bestand darin, dass Holz nicht heiß genug brennt, um damit Stahl herstellen zu können. Unzählige Gebrauchsgegenstände wurden zerstört (weil eingeschmolzen) und zusätzlich der Umwelt ein riesiger Schaden zugefügt.

Der Kampf gegen die „vier Plagen" Ratten, Spatzen, Fliegen und Moskitos hatte zur Folge, das im darauffolgenden Jahr eine Insektenplage herrschte. Die natürlichen Feinde der Insekten, die Spatzen, waren zu sehr in ihrem Bestand eingeschränkt worden.

Mao, der eigentlich Bauer war, zeigte für die Landwirtschaft wenig Verstand.[256] Mit Slogans wie „With company they grow easily, when they grow together they will be comfortable.", trieb er das enge Pflanzen von Getreide an, dass die Pflanzen schlechter gediehen ließ. Tiefes Pflügen hatte ebenfalls die Produktion steigern sollen, doch dadurch wurde die dünne fruchtbare Schicht Mutterboden auf Nimmerwiedersehen unter die Erde befördert.[257] Man verlegte sich völlig auf Getreide und zerstörte andere Nutzpflanzen. In völlig ungeeigneten Ökosystemen wurde versucht, Felder anzulegen. Wunsch, Hoffnung und Angst motivierten dabei die Bevölkerung. „Whoever doesn't believe that rice fields can produce 10,000 jin is not a real Party Member. The Communist Party has made it possible for a field to produce 10,000 jin. If you do not believe it, where has your Party spirit gone?"[258] Im Sommer 1958 führte der Wettbewerb im Land zu wilder Angeberei, gefälschten Fotos und Statistiken. Es wurde von unglaublichen Züchtungen berichtet: Hähne konnten plötzlich Küken bekommen, Schafe fünf Junge anstelle des üblichen einen und die Kreuzung von Tomatenpflanze und Baumwolle erzeugte rote Baumwolle.[259] China brüstete sich damit, so-

---

[256] vgl. ebd. 9

[257] vgl. ebd. 77; vgl. MacFarquhar, Roderick et al.: The Secret Speeches of Chairman Mao: From the Hundred Flowers to the Great Leap Forward, Harvard 1989, 450 u. Friedman, Edward et al., Chinese Village, Socialist State, New Haven 1991, 222

[258] ebd. 79; zitiert nach Wang, Doufu: 1958 nian de Wenjiang diwei fushuji (Wenjiang's District Vice-Party Secretary of 1958), Chengdu zhoumo, 13.05.00

[259] vgl. ebd. 80; zitiert nach Becker, Jasper: Hungry Ghosts: Mao's Secret Famine, New York 1996, 69-70

viel Ernte zu haben, dass man sie nicht einbringen könne. Doch dank der unangemessenen Bebauungsmethoden befand sich China innerhalb weniger Monate in der größten Hungersnot seiner Geschichte. In ihrem Verlauf 1959-1961 starben zwischen 50 und 35 Millionen Menschen.[260] „There were no birds left in the trees, and the trees themselves had been stripped of their leaves and bark. At night there was no longer even the scratching of rats and mice, for they too had been eaten or had starved to death."[261]

6.2.3 Lernen von Dazhai und die Kulturrevolution 1966-1976

„The grassy plains had already been destroyed by those who „Learned from Dazhai." On the land before me abandoned fields stretched in all directions. Now covered with a thick layer of salt, they looked like dirty snow fields, or like orphans dressed in mourning clothes. They had been through numerous storms since being abandoned, but you could still see the scars of plough tracks running across their skin. Man and nature together had been flogged with whips here: the result of „Learn from Dazhai" was to create a barren land, on whose alkaline surface not a blade of grass would grow."[262]

Der Rückzug von sowjetischer Unterstützung 1960 brachte China die totale Isolation und verschärfte somit die Notwendigkeit nach Selbstversorgung. Mao Zedong begann nach der Hungersnot 1964 sein politisches Comeback. Die gesamte Nation sollte sich nun an das Beispiel der Modelleinheit Dazhai halten, die Naturkatastrophen durch Selbstversorgung unbeschadet überstanden hatte. Das Prinzip der „drei Nein" wurde eingeführt – Getreide vom Staat nicht annehmen, Finanzierungs-

---

[260] vgl. Shapiro, Judith: Mao's War Against Nature, Cambridge u.a. 2001, 75ff

[261] ebd. 90; zitiert nach: Becker, Jasper: Hungry Ghosts: Mao's Secret Famine, New York 1996, 2

[262] ebd. 108; zitiert nach: Zhang, Xianliang: Half of Man is Woman, New York 1986, 270-271 (Roman)

gelder vom Staat nicht akzeptieren und unterstützende Staatsmateriali-
en ablehnen.[263]

1966, im Alter von 73 Jahren startete Mao die Kulturrevolution. Sowohl die chinesische Tradition als auch die westliche Wissenschaft
ablehnend[264], war es Ziel der Kulturrevolution und des Kampfes der
Roten Garden, die „Four Olds" – alte Ideen, Kultur, Bräuche und Ge-
wohnheiten – auszuschalten.[265] „Wissen" basierte zu dieser Zeit zum
Großteil auf Wunschdenken und wurde den wissenschaftlichen Erkenntnissen vorgezogen.[266] Die Eroberung der Natur und Reichtum der
Menschheit wurden als möglich erachtet durch das Wunder des Sozialismus. Mao glaubte, dass die Menschen der Natur „Gehorsam" beibringen könnten.[267]

Dazhais Methoden der Ertragssteigerung wie das „Versetzen" von
Bergen und Getreideanbau in Monokultur wurden überall imitiert, auch
wenn es nicht praktisch war und die Natur vergewaltigt wurde, die
ökologische Balance aus dem Gleichgewicht gebracht und menschliche
Kraft verschwendet wurde. Später stellte sich heraus, dass Dazhai ein
großer Betrug gewesen war und dic Ertragsstatistiken gefälscht worden
waren. Mit Parolen wie *xiang he yao liang* („getting grain from
rivers"), *cong shitou fengli ji di, xiang shitou yao liang* („squeeze land
from rock peaks, get grain from rocks)[268] wurde jedem Zentimeter
Land Getreide abgerungen. In Hubei wurden von ehemals 1.065 Seen
die Hälfte aufgefüllt, um dort Getreideanbau zu starten.[269] Plötzlich
baute man Getreide sogar in Regionen an, wo die Menschen traditionell
gar kein Getreide aßen. Terrassen mit bis zu 40% Steigung wurden be-

---

[263] vgl. ebd. 95
[264] vgl. ebd. 8
[265] vgl. ebd. 56
[266] vgl. ebd. 60
[267] vgl. ebd. 67f
[268] vgl. ebd. 107
[269] Dies war jedoch nicht nur eine Erscheinung der Mao-Jahre sondern wurde
ebenso in der Song-Dynastie praktiziert. vgl. Shapiro, Judith: Mao's War Against
Nature, Cambridge u.a. 2001, 115

pflanzt.[270] Doch perfekte Bedingungen für Tee, wie Höhe, Nebel und saurer Boden brachten keine Getreideerträge. Weil das Grasland in der Inneren Mongolei größtenteils zerstört wurde, gibt es seit dieser Zeit die Sandstürme, die bis Beijing ziehen. Viele Schäden der Kulturrevolution sind irreversibel. Erst in den 80er Jahren wurden die Fehler öffentlich eingestanden.[271] Diese Bemühungen eines überbevölkerten Landes um mehr Ackerfläche waren nicht einzigartig in der Welt. Dennoch ist es einzigartig gewesen, wie in China der revolutionäre Gedanke für politische Unterdrückung, falsche Ideale und eine absolutistische Sicht der Prioritäten und korrekten Methoden Attacken gegen die Natur, Umweltzerstörung und menschliches Leid erzeugt haben.[272]

6.2.4   Die Kriegsvorbereitungskampagne

Bei zhan, bei huang, wei renmin. – Prepare for War, Prepare for Famine, For the Sake of the People.[273]

Die Kriegsvorbereitungskampagne Ende der 60er/Anfang der 70er Jahre war die chinesische Reaktion auf die amerikanischen Bomben auf Vietnam 1964.[274] Im Februar 1969 wurden chinesische Truppen auch an der Grenze zur Sowjetunion stationiert, da man nach dem sowjetischen Einmarsch in die Tschechoslowakei ebenso eine russische Invasion fürchtete.[275] Die Kriegsvorbereitungskampagne sah die Schaffung einer dritten Front, *san xian*, vor, einer inländischen Militärbasis, neben der 1. Front an den Küstenregionen und der 2. Front in der Landesmitte. Die *zhiqing yundong* („educated youth movement") schickte 20 Millionen junge Menschen aufs Land und an die Grenzen, wo sie die dritte Front aufbauen sollten. Vor allem in die Bergregionen in West- und Südwestchina brachte der damit verbunden Ausbau der Infra-

---

[270] vgl. ebd. 112
[271] vgl. Shapiro, Judith: Mao's War Against Nature, Cambridge u.a. 2001, 114ff
[272] vgl. ebd. 137
[273] ebd. 138
[274] vgl. ebd. 142
[275] vgl. ebd. 144ff

struktur Luft- und Wasserverschmutzung.[276] Die „educated youth"-Bewegung sollte mehreren Zwecken dienen: Zum einen sollten fehlende Arbeitsplätze durch Arbeit auf dem Land kompensiert, zum anderen das Chaos der Kulturrevolution beseitigt und das Land diszipliniert werden. „The farther from Father and Mother, the nearer to Chairman Mao's heart." war der Slogan, mit dem ein Teil der jungen Menschen aufs Land geschickt wurde, um dort bei der Produktion zu helfen und Standorte aufzubauen. Diese hatten weniger Einfluss auf die Umweltzerstörung, entfremdeten jedoch mitunter lokale Landwirtschaftspraktiken und brachten mehr Han-Chinesen in die von Minderheiten bewohnten Gebiete. Der andere Teil der jungen Leute wurde in Chinas Hinterland geschickt, um dort zusammen mit den *Shengchan Jianshe bingtuan* („Production-Construction Army Corps") das Brachland zu öffnen (*kai huang*) und neues Land für die Landwirtschaft urbar zu machen. Ihr Anteil an der Umweltzerstörung war enorm. In der Provinz Yunnan in Xishuangbanna beispielsweise wurde zur Kriegsvorbereitung Kautschuk in Monokultur angebaut. „Die drei verbotenen Gebiete" sollten dabei durchbrochen werden: Lage, Höhe und Temperatur. Ohne Rücksicht auf Verluste wurden die Plantagen angelegt. Auch heute noch ist Yunnan wichtiger Kautschuklieferant, die an sich widrigen Bedingungen allerdings lassen die Produktionskosten in die Höhe schnellen und die Preise nicht konkurrenzfähig werden.[277] Als das Ausmaß der „educated youth" Aktivitäten bekannt wurde, erkannten viele erst, was sie mitangerichtet hatten:[278] „For eight year we had labored for this. And it was worse, for we had wreaked unprecedented havoc on the grasslands, working like fucking beasts of burden, only to commit unpardonable crimes against the land..."[279]

Intellektuelle wurden in dieser Phase weiter unterdrückt. So kam es, dass etwa 80% der Arbeiter, die an den riesigen Infrastrukturprojekten

---

[276] Dies vor allem durch den Bau von Straßen und Eisenbahnstrecken, Bergbau und Abholzung.

[277] vgl. Shapiro, Judith: Mao's War Against Nature, Cambridge u.a. 2001, 170ff

[278] vgl. ebd. 192

[279] ebd. 164, vgl. Ma, Bo: Blood Red Sunset, New York 1995, 352-353

beteiligt waren über keinerlei Erfahrung verfügten.[280] In den 70ern rühmten sich Dritte-Front-Architekten damit, das nun überall menschliche Spuren in China wären und kaum ein Ökosystem unverändert bestünde.[281]

6.3 Langsames Erwachen 1972-1978

Die Teilnahme an der UN-Konferenz in Stockholm 1972 markierte einen Wendepunkt in Chinas Einstellung zur Umwelt und brachte die Erkenntnis, dass Umweltzerstörung nicht nur ein Problem kapitalistischer Länder ist. 1974 setzte sich die Environmental Protection Leading Group unter dem Staatsrat das Ziel, die Verschmutzung innerhalb von 5 Jahren zu kontrollieren und innerhalb von 10 Jahren zu beseitigen.[282] Zwar konnten die Umweltbemühungen nicht Schritt halten mit der rapiden wirtschaftlichen Entwicklung, dennoch hat die chinesische Regierung seither enorm in den Umweltschutz investiert. Es wurde mehr auf die Einhaltung von Gesetzen geachtet und nicht nur ihr bloßes Vorhandensein als ausreichend angesehen. Forschung und Wissenschaft nahmen sich Umweltfragen verstärkt an. 1976 starb Mao Zedong, 1978 übernahm Deng Xiaoping die Staatsführung und läutete eine neue Zeit, die Reformära, in China ein.

6.4 1978 bis heute – Wirtschaftsreformen und die Umwelt

Yiqie xiang qian kan. – Look toward money in everything.[283]

Trotz Chinas langer Geschichte der Umweltzerstörung durch Landwirtschaft und Forstwirtschaft vor dem 20. Jahrhundert, verschlechterte sich die Situation erst innerhalb der letzten Jahrzehnte dramatisch. Ursachen dafür sind die wachsende Bevölkerung, der erhöhte Export von

---

[280] vgl. ebd. 152
[281] vgl. Shapiro, Judith: Mao's War Against Nature, Cambridge u.a. 2001, 158
[282] vgl. ebd. 192f
[283] ebd. 10, Lebensdevise der Reformzeit

Holz, Mineralien, Fischerei- und Landwirtschaftsprodukten, neue Technologien, die die Ausbeutung von Ressourcen noch leichter machen, die Steigerung des materiellen Wohlstands, die Änderung der Konsumgewohnheiten sowie die schnell wachsenden lokalen Märkte für Produkte, die der natürlichen Umwelt entstammen wie Holz, Benzin und Nahrungsmittel. Den akkumulierten Effekt findet man in und um Großstädte, wo sich zwar Infrastruktur und moderne Technologien rasant entwickelt haben, Umweltgesetze und Verschmutzungskontrolle mit dieser Entwicklung jedoch nicht Schritt halten konnten.[284]

Auch wenn die neue Zeit neue Probleme brachte, so gibt es dennoch eine Verbindung zwischen den gegenwärtigen Fragen zum Erbe von Chinas autoritären System unter Mao, der jüngeren Geschichte und den kulturellen Traditionen.[285] Auch heute hat sich nicht viel daran geändert, dass Kritikern der Regierungspolitik schnell ein Riegel vorgeschoben wird. Prominentestes Beispiel im Umweltbereich ist die Journalistin und Nuklearwissenschaftlerin Dai Qing im Kampf gegen den Drei-Schluchten-Staudamm und die Unmenschlichkeit in der Debatte um seinen Bau. Wegen ihrer Offenheit zum Dammbau und den Vorfällen des 4. Juni wurde sie ein Jahr ins Gefängnis gesteckt. Heute wird sie stark beobachtet und ihre Kontaktpersonen oft interviewt.[286] Hauptgrund für Chinas Umweltkrise ist für Yuan Weishi, Autor des Artikels „Why did the Chinese Environment get so badly messed up?", das Fehlen der garantierten Meinungsfreiheit im Land. Dank der derzeitigen Verhältnisse bekämen Umweltaktivisten oft keine Stimme im Parlament.[287]

Nichtsdestotrotz hat sich die Einstellung der kommunistischen Führung Chinas in den letzten Jahren stark zum positiven gewandelt. Seit Mitte der 80er Jahre müssen 2/3 der Parteimitglieder per Quotenregelung mindestens einen Abschluss einer höheren Schule haben und jünger als

---

[284] vgl. Kalland, Arne; Persoon, Gerard (Hrsg.): Environmental Movements in Asia, Richmond 1998, 7f

[285] vgl. Shapiro, Judith: Mao's War Against Nature, Cambridge u.a. 2001, 19

[286] vgl. ebd. 64

[287] vgl. ebd. 47

35 sein, was hoffentlich auch verhindert, dass wieder ähnliche Fehler im Umweltbereich durch völlig ungebildete Kräfte verursacht werden.[288]

National sowie international ist China im Umweltschutz sehr aktiv geworden. Die Medien schenken Umweltthemen jährlich mehr Aufmerksamkeit. Inzwischen gibt es eine große nationale Umweltzeitung *Zhongguo huanjing kexue* (China Environmental Science) und einen nationalen Umweltverlag *Zhongguo huanjing kexue chubanshe*. 54 Zeitschriften landesweit beschäftigen sich überwiegend mit umweltrelevanten Themen.[289] Dank dieser Bemühungen ist letztlich auch das Umweltbewusstsein in der Bevölkerung gestiegen. Um die umweltpolitischen Maßnahmen der Regierung konkret soll es im nächsten Kapitel gehen.

6.5 Schlussfolgerung

Chinas Geschichte ist tatsächlich eine Geschichte der übermäßigen Nutzung der Natur durch den Menschen, die seit Jahrtausenden zur Umweltzerstörung beiträgt. Wahnwitzige Züge nahm der Raubbau an der Umwelt unter Mao Zedong zwischen 1949 und 1976 an, als es ihm gelang Millionen von Menschen zu unterwerfen und zu manipulieren. Seit 1978 mit dem Machtantritt Deng Xiaopings befindet sich China in einer Phase der sozialen, wirtschaftlichen und politischen Umgestaltung. Diese Zeit der rapiden Industrialisierung hat China mehr Wohlstand, aber auch weitere, gravierende Umweltzerstörung gebracht. Vor dem Hintergrund des Bevölkerungswachstums und der unvorhergesehenen Verstädterung hat China eine dramatische Industrialisierung und einen enorm steigenden Energieverbrauch erlebt.[290] Die kapitalistischen

---

[288] vgl. Economy, Elizabeth C.: Reforming China, Survival, Herbst 1999, 21ff
[289] vgl. Bechert, Stefanie: Die Volksrepublik China in internationalen Umweltregimen – Mitgliedschaft und Mitverantwortung in regional und global arbeitenden Organisationen der Vereinten Nationen, Münster 1995, 18 vgl. Zhongguo tushu jinchukou zongonsi jinchubu (Hrsg.), Chukou baokan mulu, 1995, 11ff
[290] vgl. o.V.: Overview, www.wri.org, 15.08.2002

Züge der chinesischen Wirtschaft heute tragen verstärkend zur chinesischen Umweltkrise bei. In allen Phasen in Chinas Geschichte gab es Umweltzerstörung. Diese fand immer im Sinne des Menschen statt, war aber sehr unterschiedlich motiviert. Die Umweltzerstörung der letzten Jahrzehnte ist der Preis für wirtschaftlichen Aufschwung und Fortschritt.

Den Handlungsbedarf für den Umweltschutz erkannte die chinesische Regierung Ende der 70er Jahre. Chinesische Umweltpolitik ist insofern eine Fortsetzung der Umweltgeschichte. Mit ihr befasst sich das nächste Kapitel.

7 Chinesische Umweltpolitik

> *„We do not agree with the pessimistic view which calls for stopping or slowing down the tempo of economic development so as to protect and improve the environment."*
>
> Qu Geping, damals Vorsitzender des Environmental Protection Bureau, 1984[291]
>
> *„Developing a local economy first at the cost of environment, then later trying to recover it is the most unwise way to develop an economy."*
>
> Xie Zhenhua, Vorsitzender der State Environmental Protection Administration, 2000[292]

These: China beteiligt sich politisch am weltweiten Trend der Umweltbewegung.

In diesem Kapitel soll es, um den Anschluss zum vorherigen zu finden, um Chinas Umweltpolitik der letzten 20 bis 30 Jahre gehen. Dabei soll gezeigt werden, inwiefern sich Chinas Regierung für den Umweltschutz engagiert.

7.1 Gründe für den Gesinnungswandel

Für das „Erwachen" der chinesischen Regierung zu mehr Umweltbewusstsein gibt es verschiedene Gründe. Der erste dürfte die drastische Verschlechterung der Umweltsituation in China gewesen sein. Nach Auffassung von Jun wurde die Regierung erstmals 1972 wachgerüttelt, als die Bucht bei Dalian von unbehandelten Abwässern so stark verschmutzt wurde, dass das Wasser völlig schwarz war. Im gleichen Jahr

---

[291] Qu, Geping; Lee, Woyen (Ed.): Managing the Environment in China, Dublin 1984 , 7

[292] o.V.: Minister says pollution persists despite efforts to stop it, (06.06.2000), www.1chinadaily.com.cn, 25.06.2002

waren die Fische in Beijinger Wasserreservoirs aufgrund zu hoher Schwermetallkonzentrationen zu Grunde gegangen.[293] Zum zweiten haben die hohen Kosten im Bereich Gesundheit und Verschmutzungs-beseitigung, Erosion, Fluten, Verwüstung und Sandstürme die chinesi-sche Regierung den Handlungsbedarf erkennen lassen.[294] Zum dritten lenkte China spätestens auf der ersten internationalen Umweltkonfe-renz von Stockholm 1972 als bevölkerungsreichstes Land der Erde die Aufmerksamkeit auf sich. Auch heute noch fällt die Bewertung der chi-nesischen Umweltsituation im Ausland eher negativ aus und die Zu-kunftsprognosen sind schlecht.[295] China versucht daher seinem Image als eines der am stärksten verschmutzten Länder der Welt zu begeg-nen.[296] Viel Druck durch internationale Organisationen anderer Länder gab es schon in Hinsicht auf Artenschutz, weil man von Chinas tradi-tioneller chinesischer Medizin, besonderen Essgewohnheiten, Kom-merz, unmenschliche Zoos und Farmen erfahren hatte.[297] Auch Angst vor internationaler Isolation motivierte China mehr für den Umwelt-schutz zu tun. Allerdings, so Ross, würde China wesentlich mehr Druck empfinden, beispielsweise seine Emissionen zu kontrollieren, wenn der Rest der Welt ebenso handeln würde.[298] Durch seine Groß-projekte der letzten Jahre hat China wieder einmal die internationale Aufmerksamkeit auf sich gelenkt, ob Drei-Schluchten-Staudamm, Olympische Sommerspiele 2008 oder Transrapid, es arbeitet an seinem

---

[293] vgl. Jun, Jing: Environmental Protest in Rural China, in: Perry, Elizabeth J.; Selden, Mark (Hrsg.): Chinese Society: Change, Conflict and Resistance, London 2000, 145

[294] vgl. Shapiro, Judith: Mao's War Against Nature, Cambridge u.a. 2001, 208

[295] vgl. Bechert, Stefanie: Die Volksrepublik China in internationalen Umweltregi-men – Mitgliedschaft und Mitverantwortung in regional und global arbeitenden Organisationen der Vereinten Nationen, Münster 1995, 30

[296] vgl. Shapiro, Judith: Mao's War Against Nature, Cambridge u.a. 2001, 208

[297] vgl. ebd. 214

[298] vgl. Ross, Lester: China: Environmental Protection, Domestic Policy Trends, Patterns of Participation in Regimes and Compliance with International Norms, in: Edmonds, Richard Louis (Ed.): Managing the Chinese Environment, Oxford u.a. 2000, 95

Image als modernes, entwickeltes Land und ist dadurch zu weiteren Bemühungen im Umweltschutz verpflichtet.

Ein Jahr nach Stockholm, 1973, hielt China seine erste nationale Konferenz zum Thema Umweltschutz ab.[299] Noch 1998 machte der Nationale Volkskongress unter Jiang Zemin und Zhu Rongji deutlich, dass das Hauptziel der Regierung schnelles marktorientiertes Wirtschaftswachstum bleibt und das ein Umweltbewusstsein im Sinne einer direkten Gegenüberstellung mit dem Wirtschaftswachstum noch nicht vorhanden ist.[300] Die chinesische Regierung nannte dieses Vorgehen „koordinierte Entwicklung", *xietiao fazhan*, wobei dennoch der wirtschaftlichen Entwicklung höchste Priorität eingeräumt wurde. Seit dem Weltgipfel von Rio de Janeiro 1992 ist die Agenda 21 für China in den neunten Fünf-Jahres-Plan integriert und die „Outline of Long-Term Targets for 2010" beschlossen worden.[301] Von 2001 bis 2005 möchte die chinesische Regierung 700 Milliarden Yuan (US$ 85 Mrd.) in Umweltschutzprojekte investieren und hofft dabei auf eine Win-Win-Situation durch eine wirtschaftliche Entwicklung bei gleichzeitiger Verbesserung der Umweltsituation.[302]

7.2 BSP-Aufwendungen für den Umweltschutz

Verglichen mit Chinas Wirtschaftswachstum sind seine BSP-Ausgaben für den Umweltschutz sehr gering. Relativ zum Brutto-Sozial-Produkt pro Kopf jedoch sind sie sehr hoch, vor allem, wenn man bedenkt, dass es sich bei China um ein Land handelt, dessen Bevölkerung zum

---

[299] vgl. Qu, Geping; Lee, Woyen (Ed.): Managing the Environment in China, Dublin 1984 , 1

[300] vgl. Jahiel, Abigail R. The Organization of Environmental Protection in China, in: Edmonds, Richard Louis (Ed.): Managing the Chinese Environment, Oxford u.a. 2000, 63

[301] vgl. Palmer, Michael: Environmental Regulation in the People's Republic of China: The Face of Domestic Law, in: Edmonds, Richard Louis (Ed.): Managing the Chinese Environment, Oxford u.a. 2000, 67

[302] vgl. o.V.: Beijing to Introduce New Standards of Exhaust Emissions, (Shanghai InfoFlash 07/2002), www.ahk-china.org.cn, 05.08.2002

Großteil noch arm ist und den Status eines Entwicklungslandes inne-hat.[303] Deng Nan, Tochter von Deng Xiaoping und Vorsitzende der Gruppe Agenda 21 in China bemerkte außerdem, dass viele Staaten mit dem Schutz der Umwelt begannen als ihr Pro-Kopf-BSP bei mehreren Tausend US-Dollar lag, Chinas Pro-Kopf-BSP betrug hingegen nur 400 US-Dollar als es den Umweltschutz in seine Politik integrierte.[304]

7.3 Widerspruch zwischen Sozialismus und Umweltschutz

Hinzu kommt, dass sich politische Ökologie mit dem Verhältnis der Menschheit zur Natur befasst und ihr Interesse darin liegt, dieses Verhältnis nachhaltig zu gestalten. Sozialismus beschäftigt sich in der Praxis hauptsächlich mit der Aufteilung von Macht und Wohlstand in der Gesellschaft im Kapitalismus und dies besonders im Interesse einer Klasse, der Arbeiterklasse. Die sozialistische Analyse der Verhältnisse der kapitalistischen Produktion beschreibt, wer unterdrückt wird und wer profitiert, für die ökologische Kritik hingegen ist diese Sichtweise irrelevant. Sie interessiert die Beeinträchtigung der Ökosysteme durch die materielle Produktion.[305] Spätestens nach den internationalen Umweltschutzkonferenzen jedoch hat China erkannt, dass Umweltzerstörung nicht nur im kapitalistischen Westen existiert und es selbst etwas zur Schonung seiner Umwelt tun muss.

---

[303] vgl. Bechert, Stefanie: Die Volksrepublik China in internationalen Umweltregimen – Mitgliedschaft und Mitverantwortung in regional und global arbeitenden Organisationen der Vereinten Nationen, Münster 1995, 42

[304] vgl. Li, Xia: China Should Take the Road of Sustainable Development, China Today, 08/1997, 14

[305] vgl. Ryle, Martin: Socialism in an Ecological Perspective, in: Redclift, Michael; Woodgate, Graham (Ed.): The Sociology of the Environment Volume 1, Hants (UK) 1995, 529

7.4 Staatliche Institutionen für den Umweltschutz

Verglichen mit anderen Entwicklungsländern verfügt China über vorbildliche Umweltschutzinstitutionen.[306] Zhou Enlai, ehemaliger Premier Chinas hat bereits in den 60er Jahren auf die Bedeutung des Umweltschutzes hingewiesen. Dank seiner Instruktionen und dem Einfluss der Stockholmer Umweltkonferenz von 1972, wurde 1973 die erste nationale Umweltkonferenz abgehalten. Die chaotischen Jahre der Kulturrevolution von 1966 bis 1976 allerdings verhinderten größere Aktionen in die von ihm gewiesene Richtung, weshalb Chinas erstes Umweltgesetz erst 1979 in Kraft trat.[307] 1974 errichtete der Staatsrat unter seiner Autorität eine Umweltschutzgruppe. 1982 wurde ein neues Ministerium eingerichtet, das Ministry of Urban and Rural Construction and Environmental Protection.[308] In das Ministerium war das Environmental Protection Bureau unter der Leitung von Qu Geping eingegliedert, der bis dahin chinesischer Vertreter der UNEP gewesen war. Es besaß sehr beschränkte Möglichkeiten und war stark abhängig von seiner „Mutterbehörde", dem Ministerium. 1984 wurde es umbenannt in National Environmental Protection Bureau[309] und sein Personal von 60 auf 120 Mitarbeiter verdoppelt. Es berichtete dem Ministry of Construction sowie der ebenfalls 1984 gegründeten Umweltschutzkommission des Staatsrates, die eine wesentlich aktivere Rolle in der Umweltpolitik spielen konnte. Durch diese Verbindung wurde auch das National Environmental Protection Bureau einflussreicher und effektiver. 1988 nabelte es sich dann vom Ministry of Urban and Rural Construction ab und wurde erneut umbenannt in National Environmental Protection Agency (NEPA). Seine Autorität wurde dadurch weiter gestärkt und die Belegschaft wiederum verdoppelt auf 321 Mitarbeiter. Fortan besaß

---

[306] vgl. Bechert, Stefanie: Die Volksrepublik China in internationalen Umweltregimen – Mitgliedschaft und Mitverantwortung in regional und global arbeitenden Organisationen der Vereinten Nationen, Münster 1995, 40

[307] vgl. Qu, Geping; Lee, Woyen (Ed.): Managing the Environment in China, Dublin 1984 , 7

[308] vgl. ebd. 2

[309] Guojia huanjing baohuju

die NEPA den Status eines Vizeministeriums.[310] Folgende Probleme hatten Priorität: Wasserverschmutzung, Wassermangel auf dem Land und in Nordchina, städtische Luftverschmutzung, industrielle giftige und gefährliche Abfälle, Bodenerosion, Rückgang von Wäldern und Steppe, sowie Lebensraumzerstörung und Artenverlust.[311] 1998 folgte schließlich die Umformung in die State Environmental Protection Administration (SEPA), womit die Institution vollen Ministerialstatus erlangte. Das ehemalige Forstministerium wurde teilweise dort eingegliedert. Endlich genoss auch der damalige und aktuelle Vorsitzende der SEPA, Xie Zhenhua mehr Ansehen unter den anderen Ministerien.[312] Heute hat die SEPA 70.000 Angestellte landesweit.[313]

7.5 Umweltvorschriften, Gesetze und Bemühungen der Regierung im Überblick

> *„China has made remarkable achievements in terms of environmental protection in the last 50 years and established a legal framework to push those efforts forward."*[314]

Die folgende Übersicht erhebt keinen Anspruch auf Vollständigkeit, sondern soll nur einen Eindruck davon vermitteln, wie sich die Bemühungen der Regierung verstärkt haben. Allein in den letzten beiden Jahrzehnten wurden in China ca. 150 Umweltgesetze verabschiedet.[315]

---

[310] vgl. Ma, Xiaoying; Ortolano, Leonardo: Environmental Regulation in China – Institutions, Enforcement and Compliance, Oxford 2000, 78ff

[311] vgl. Johnson, Todd M.; Liu, Feng; Newfarmer, Richard: Clear Water, Blue Skies – China's Environment in the New Century, The World Bank, Washington D.C. 1997, 7

[312] vgl. Ma, Xiaoying; Ortolano, Leonardo: Environmental Regulation in China – Institutions, Enforcement and Compliance, Oxford 2000, 78ff

[313] vgl. Jun, Jing: Environmental Protest in Rural China, in: Perry, Elizabeth J.; Selden, Mark (Hrsg.): Chinese Society: Change, Conflict and Resistance, London 2000, 145

[314] o.V.: Environmental fruits of ‚green' efforts now seen, (30.10.2000), www.1chinadaily.com.cn, 25.06.2002

[315] vgl. ebd.

Zwischen 1949 und 1973 gab es in China keine gesetzlichen Grundlagen zum Umweltschutz. Seit dem ersten Umweltschutzgesetz von 1979 gibt es drei Stufen innerhalb des Umweltrechts. Die erste Stufe ist die chinesische Verfassung. Artikel 26 sieht vor, dass der Staat die Umwelt zu schützen und zu verbessern hat sowie Maßnahmen zur Vermeidung von Umweltverschmutzung ergreifen muss. In Artikel 9, Absatz 2 steht geschrieben, dass der Staat dafür sorgen muss, dass Naturressourcen rationell gebraucht, sowie Flora und Fauna geschützt werden. Auf der zweiten Stufe stehen die nationalen Gesetze, darunter das Umweltschutzgesetz von 1989. Viele allgemeine Gesetze enthalten Umweltschutzklauseln, wie z.B. das Außenhandelsgesetz, daneben existieren die Spezialgesetze wie beispielsweise das Gesetz gegen Wasserverschmutzung. Die dritte Stufe bilden zahlreiche Verwaltungs- bzw. Ausführungsvorschriften und Standards. Diese sind detaillierte Vorschriften für bestimmte Industriezweige oder Sachgebiete.[316]

Umweltvorschriften, Gesetze und Bemühungen der Regierung im Überblick	
1956	Sanitäre Standards für die Schaffung von industriellen Unternehmen[317], Vorschriften zum Schutz von mineralischen Ressourcen, Vorschriften zur Sicherheit in Fabriken, Politik zur Verwertung von Industrieabfällen
1957	Vorläufiges Programm des Staatsrats für Wasser- und Bodenschutz[318]
1962	Sanitäre Vorschriften für Trinkwasser[319]

---

[316] vgl. o.V.: Geschichtliche Entwicklung des Umweltrechts/Das System des Umweltrechts, www.ahk-china.org, 15.08.2002

[317] vgl. Qu, Geping; Lee, Woyen (Ed.): Managing the Environment in China, Dublin 1984 , 11

[318] vgl. Palmer, Michael: Environmental Regulation in the People's Republic of China: The Face of Domestic Law, in: Edmonds, Richard Louis (Ed.): Managing the Chinese Environment, Oxford u.a. 2000, 65ff

[319] vgl. Qu, Geping; Lee, Woyen (Ed.): Managing the Environment in China, Dublin 1984 , 11

1962	Anweisungen des Staatsrats zum aktiven Schutz und der rationellen Nutzung von wilden Tieren und natürlichen Ressourcen
1965	Anweisungen des Staatsrats zur Stärkung der Arbeit von Kauf und Nutzung von Abfallprodukten, Einführung des Konzepts des Management und Recycling der „drei Abfälle", *sanfei*, (gasförmige Emissionen, Abwässer und industrielle Rückstände)[320]
1972	Prinzipien des Umweltschutzes beschlossen
1973	Einige Vorschriften zu Umweltschutz und Umweltverbesserung, Vorschriften zum Schutz von seltenen wilden Tieren[321]
1974	Vorläufige Vorschriften zur Vermeidung der Verschmutzung von Küstengewässern[322]
1978	Auf der 1. Sitzung des 5. Nationalen Volkskongresses wurde Umweltschutz erstmals in die neue Verfassung vom 05.03.1978 integriert; Wesentliche Aussage dabei: Öffentliche Güter sind Staatseigentum und werden vom Staat geschützt; die Vorschrift zum Umgang mit der Natur in Artikel 11 bildete die Grundlage für die spätere Umweltschutzgesetzgebung; die Umweltschutzgruppe unter dem Staatsrat erarbeitete die „Hauptpunkte des Berichts zur Umweltschutzarbeit", *Huanjing baohu gongzuo huibao yaodian*, ein Strategieprogramm zur Integration des Umweltschutzes[323]

---

[320] vgl. Palmer, Michael: Environmental Regulation in the People's Republic of China: The Face of Domestic Law, in: Edmonds, Richard Louis (Ed.): Managing the Chinese Environment, Oxford u.a. 2000, 65ff

[321] vgl. Qu, Geping; Lee, Woyen (Ed.): Managing the Environment in China, Dublin 1984 , 11

[322] Palmer, Michael: Environmental Regulation in the People's Republic of China: The Face of Domestic Law, in: Edmonds, Richard Louis (Ed.): Managing the Chinese Environment, Oxford u.a. 2000, 65ff

[323] vgl. Bechert, Stefanie: Die Volksrepublik China in internationalen Umweltregimen – Mitgliedschaft und Mitverantwortung in regional und global arbeitenden Organisationen der Vereinten Nationen, Münster 1995, 32

1979	Erstes Umweltschutzgesetz der VR China[324], das „Gesetz der Volksrepublik China über den Umweltschutz (zur versuchsweisen Durchführung)" *Zhonghua renmin gongheguo huanjing baohufa (shixing)*, ein Rahmenwerk allgemeiner Prinzipien, das 7 Kapitel und 33 Artikel basierend auf dem Verursacherprinzip enthält
1980	Umweltschutz erstmals in Fünfjahresplan integriert[325]
1982	Gesetz gegen Meeresverschmutzung
1983	Regierung erklärt Umweltschutz auf der 2. Nationalen Umweltkonferenz zur Basispolitik und formuliert drei politische Prinzipien zur Verschmutzungskontrolle
1984	Gesetz gegen Wasserverschmutzung
1987	Gesetz gegen Luftverschmutzung
1989	Umweltschutzgesetz auf Grundlage der Verfassung von 1982 überarbeitet und verkündet, jetzt differenzierter als das erste, b.a. 6 Kapiteln, 47 Artikeln, natürliche und kulturelle Umwelt enthaltend[326], acht Umweltmanagement-Programme indossiert
1992	China ist unter den ersten Staaten, die nach der Agenda von Rio arbeiten: auf dem 14. Parteitag der KP im Herbst 1992 „Zehn Aufgaben für Reform und Aufbau in den 90er Jahren" beschlossen, darunter Förderung des Umweltschutzes und des Umweltbewusstseins der Bevölkerung; Zehn-Jahres-Programm

---

[324] vgl. Palmer, Michael: Environmental Regulation in the People's Republic of China: The Face of Domestic Law, in: Edmonds, Richard Louis (Ed.): Managing the Chinese Environment, Oxford u.a. 2000, 65ff

[325] Bechert, Stefanie: Die Volksrepublik China in internationalen Umweltregimen – Mitgliedschaft und Mitverantwortung in regional und global arbeitenden Organisationen der Vereinten Nationen, Münster 1995, 35

[326] vgl. ebd. 34

	zum Umweltschutz, *2000 nian huanjing baohu zhanlüe mubiao*, formuliert[327]
1994	Staatsrat verabschiedet „China Agenda 21 – White Paper on Population, Environment and Development", *Zhongguo shiji yicheng*, ein 15-Jahres-Programm das eine Gesamtstrategie zur nachhaltigen Entwicklung von Wirtschaft, Gesellschaft, Ressourcen, Umwelt, Bevölkerung und Erziehung in Einklang mit dem 9. Fünfjahresplan 1996-2000 beinhaltet, der auch die Kooperation mit internationalen Organisationen betont; seine Finanzierung soll zu 60% von der chinesischen Regierung, zu 40% von außerhalb getragen werden[328], 450 Mrd. Yuan sollen innerhalb des Plans für den Umweltschutz ausgegeben werden[329]
1995	Immissionsschutzgesetz, Gesetz gegen feste Abfälle, Gesetz für Elektrische Energie soll alternative Energien fördern[330]
1996	Staatsrat verabschiedet den „Neunten Fünf-Jahres-Plan für Umweltschutz bis 2010", eine Neuheit in der Geschichte der chinesischen Planwirtschaft, sowie zwei zusätzliche Dokumente: den „Total Emission Quantity Control Plan for Major Pollutants" und den „Trans-Century Green-Engineering Plan"; Verbessertes Gesetz zur Vermeidung und Kontrolle von Wasserverschmutzung fügt Vorschriften zur Kontrolle der Verschmutzung von Flussbecken hinzu und erlässt strengere Vorschriften zum Schutz von Trinkwasserquellen; Vierte Nationale Umweltschutzkonferenz: Parteisekretär Jiang Zemin und Pre-

---

[327] vgl. Bechert, Stefanie: Die Volksrepublik China in internationalen Umweltregimen – Mitgliedschaft und Mitverantwortung in regional und global arbeitenden Organisationen der Vereinten Nationen, Münster 1995, 16

[328] vgl. ebd. 36

[329] vgl. Hintz, Miriam: Eine Stadt macht mobil, China Contact, 2001, 10

[330] vgl. Ross, Lester: China: Environmental Protection, Domestic Policy Trends, Patterns of Participation in Regimes and Compliance with International Norms in Edmonds, Richard Louis (Ed.): Managing the Chinese Environment, Oxford u.a. 2000, 94

mier Li Peng halten wichtige Reden, die nach strengeren Verschmutzungskontrollen verlangen; Staatsrat gibt Entscheidungen zu verschiedenen Umweltschutzthemen heraus, damit Richtlinien für die Erreichung der Umweltziele des 9. Fünf-Jahres-Plans schaffend; Regierung startet eine landesweite Kampagne zur Schließung von stark verschmutzenden Township und Village Enterprises (TVEs) (bis heute sind mehr als 60.000 geschlossen worden); Ende 1996 haben mehr als zwei Drittel von Chinas 30 Provinzen, Großstädten und autonomen Regionen Agenda 21-Gruppen aufgestellt[331]

1997 Die Regierung verkündet, dass China verbleites Benzin bis 2000 bannen wird und die Einführung von bleifreiem Benzin in Beijing bereits begonnen hat[332], Gesetz zur Schonung der Energie (fördert Einführung alternativer Energiequellen)[333], Gesetz zur Flutkontrolle

1998 Meteorologiegesetz

2002 Cleaner Production Gesetz[334], Gesetz zur Vermeidung von Verwüstung und zur Umwandlung von Wüste[335]

---

[331] vgl. Li, Xia: Can China Achieve Sustained Development?, China Today, 08/1997, 16

[332] vgl. Johnson, Todd M.; Liu, Feng; Newfarmer, Richard: Clear Water, Blue Skies – China's Environment in the New Century, The World Bank, Washington D.C. 1997, 7 Abb. 1.1.

[333] vgl. Ross, Lester: China: Environmental Protection, Domestic Policy Trends, Patterns of Participation in Regimes and Compliance with Internationale Norms,, in: Edmonds, Richard Louis (Ed.): Managing the Chinese Environment, Oxford u.a. 2000, 94

[334] vgl. o.V.: Beijing to Introduce New Standards of Exhaust Emissions, (Shanghai InfoFlash 07/2002), www.ahk-china.org.cn, 05.08.2002

[335] vgl. o.V.: Environmental Laws in China, www.zhb.gov.cn, 26.08.2002

7.6 Umweltschutzbemühungen Chinas auf internationaler Ebene

Seit dem Beginn der Öffnungspolitik 1978 hat China Wege aus seiner Isolation gesucht, u.a. durch Kontaktaufnahme zu den USA und Europa und schließlich durch seinen Beitritt zur UNO. Seine ehemalige Abhängigkeit von den Kolonialmächten führten zu Misstrauen gegenüber den entwickelten Staaten und dem starken Wunsch nach Souveränität in der internationalen Zusammenarbeit. Abgesehen davon hat China einen Großmachtanspruch als Kopf aller Entwicklungsländer, der sich durch die gesamte internationale Umweltpolitik zieht.[336] Anfangs machte China vor allem die industrialisierten Länder verantwortlich für die globalen Umweltschäden und begründete damit seinen Anspruch auf finanzielle und technologische Transferleistungen.[337]

Obwohl China bereits 1972 in Stockholm dabei war, galt es lange als „Nachzügler" unter den Teilnehmern internationaler Umweltschutzkonferenzen. Im Verlaufe der Jahre wurde die Zeitspanne zwischen dem Abschluss der Abkommen und der Unterzeichnung durch China jedoch immer kürzer.[338] Auch im Rahmen der UN wurde China immer aktiver und konstruktiver.[339] Seit den 80er Jahren nahm China vermehrt an der wissenschaftlichen Zusammenarbeit und Datenerhebung teil. Zeitgleich mit der Einführung internationaler Maßstäbe bei Umweltmessungen wurde China in die UN-Finanzierungssysteme, Weltbank, Asian Development Bank etc. integriert.[340] Die Forschungsarbeit an landwirtschaftlichen und industriellen Produktionsmethoden wurde vertieft und das Wissen an andere Entwicklungsländer weitergegeben.[341] Seit 1992 gibt es den Chinesischen Rat für Internationale Zusammenarbeit für Umwelt und Entwicklung unter der Leitung von Vi-

---

[336] vgl. Bechert, Stefanie: Die Volksrepublik China in internationalen Umweltregimen – Mitgliedschaft und Mitverantwortung in regional und global arbeitenden Organisationen der Vereinten Nationen, Münster 1995, 64
[337] vgl. ebd. 111
[338] vgl. ebd. 128
[339] vgl. ebd. 143
[340] vgl. ebd. 150
[341] vgl. ebd. 155

ze-Premier Wen Jiabao. Mit dem 9. Fünf-Jahres-Plan, der auf nationaler Ebene Umweltschutz sogar mehr Priorität einzuräumen schien als Wirtschaftswachstum, wurde China auch international aktiver. Von 29 multilateralen Umweltabkommen ist in einem Bericht der SEPA von 1982 bis 1997 die Rede. Besonders aktiv war China in den Bereichen Artenschutz und der Einrichtung von Naturreservaten. Schwieriger gestaltete sich seine Rolle im Klimawandel.[342] China ist insgesamt in 27 internationalen Umweltschutzorganisationen vertreten, wovon acht nicht mehr aktiv sind. Unter den restlichen sind drei, deren Träger Staaten sind und zwar IDA, GEF und WHO.[343] 16 internationale NGOs arbeiten in China. Sie kooperieren größtenteils mit der chinesischen Regierung[344] und weniger mit chinesischen NGOs.[345]

7.7 Konkrete Umweltschutzmaßnahmen und Kampagnen der Regierung

Zu Umweltschutzmaßnahmen zählen laut den UN „soziale und gesundheitliche Maßnahmen (z.B. Verbesserung der Wohn- und Sanitärverhältnisse, der Wasserversorgung und der Abfallbeseitigung), wirtschafts- und entwicklungsfördernde Projekte (etwa Bekämpfung der Bodenerosion und der Wüstenbildung, Bewässerungsmaßnahmen, Förderung alternativer Energiequellen) bis hin zu technischen Vorkehrun-

---

[342] vgl. Ross, Lester: Environmental Protection, Domestic Policy Trends, Patterns of Participation in Regimes and Compliance with International Norms, in: Edmonds, Richard Louis (Ed.): Managing the Chinese Environment, Oxford u.a. 2000, 92

[343] vgl. Bechert, Stefanie: Die Volksrepublik China in internationalen Umweltregimen – Mitgliedschaft und Mitverantwortung in regional und global arbeitenden Organisationen der Vereinten Nationen, Münster 1995, 70

[344] Diese Einschätzung Becherts dürfte sich inzwischen etwas geändert haben, chinesische NGOs haben mehr und mehr Kontakt zu ausländischen NGOs.

[345] vgl. Bechert, Stefanie: Die Volksrepublik China in internationalen Umweltregimen – Mitgliedschaft und Mitverantwortung in regional und global arbeitenden Organisationen der Vereinten Nationen, Münster 1995, 122

gen (wie Umweltüberwachungsnetze, chemische Untersuchungspro-
gramme)".[346]

7.7.1 In der Wirtschaft

In der internationalen Wirtschaft berücksichtigen das chinesische Joint-
Venture-Gesetz von 1990 und das Außenhandelsgesetz von 1994 auch
Umweltfragen. Das Verursacherprinzip ist in den Artikeln 28, 39 und
41 verankert. Das Standardisierungsgesetz von 1990 fördert die aktive
Übernahme von internationalen Standards in China bezogen auf Sicherheit und Hygiene von Industrieprodukten, sowie ihrer Herstellung,
Transport und Lagerung. In China, wo die ISO 9000-Normen sich zu-
nehmender Beliebtheit erfreuen, hat man inzwischen auch damit begonnen, die ISO 14000 Standards zu implementieren. Diese haben allerdings noch keinen Effekt auf die Umweltqualität. Erst in der ISO
14001 sind Umweltstandards verankert. Unter der SEPA gibt es inzwischen ein „China Steering Committee for Environmental Management
Certification".[347] Es wird verstärkt auf den Einsatz umweltgerechter
Technologien, Verfahren, Instrumente und Methoden geachtet. Stark
verschmutzende Fabriken wurden geschlossen und Emissionsstandards
verschärft.[348] Dennoch gab es im Jahr 2000 laut SEPA noch 28.000
Unternehmen landesweit, die die Umweltstandards nicht einhielten.[349]
In einer gerade durchgeführten Kampagne wurden 6.300 weitere Un-

---

[346] vgl. Bechert, Stefanie: Die Volksrepublik China in internationalen Umweltregimen – Mitgliedschaft und Mitverantwortung in regional und global arbeitenden
Organisationen der Vereinten Nationen, Münster 1995, 7: zitiert nach Kilian, Umweltschutz, in: Wolfrum, Handbuch Vereinte Nationen, 2. Aufl., München 1991,
871
[347] vgl. Ross, Lester: China: Environmental Protection, Domestic Policy Trends,
Patterns of Participation in Regimes and Compliance with International Norms, in:
Edmonds, Richard Louis (Ed.): Managing the Chinese Environment, Oxford u.a.
2000, 101ff
[348] vgl. Shapiro, Judith: Mao's War Against Nature, Cambridge u.a. 2001, 208
[349] vgl. o.V.: Minister says pollution persists despite efforts to stop it,
(06.06.2000), www.1chinadaily.com.cn, 25.06.2002

ternehmen ausgemacht, die illegal Verschmutzung verursachten. Die 800 schlimmsten von ihnen wurden auf der Stelle geschlossen.[350] Zur Verhinderung von Umweltverschmutzung werden Umweltaspekte zunehmend in Stadt- und Entwicklungsplanung einbezogen und Gebühren für Verschmutzung eingeführt.[351] Erst seit diesem Jahr gibt es in chinesischen Städten Müllbeseitigungsgebühren.[352] Die erste finanzpolitische Maßnahme zur Motivation von Unternehmen und Produkten, die sich an Umweltstandards orientieren, kam Ende letzten Jahres aus Beijing. Mit bis zu 30% Steuervergünstigung können Automobilhersteller in China rechnen, die bereits mit dem Europäischen Emissionsstandard II arbeiten.[353] Zur Kennzeichnung von Produkten wurde ein Umweltzeichen eingeführt.[354] Auch in Chinas Landwirtschaft versucht man, biologischen Anbau und grüne Lebensmittel zu propagieren.[355] Die Tourismusindustrie will die Regierung beispielsweise mit dem „Jahr des Ökotourismus 1999" ankurbeln. 187 Touristenattraktionen wurden bereits als 4A-Level eingestuft, eine Stufe, die perfekte Umweltqualität bedeutet.[356] Bereits 1.551 Naturreservate auf einem Gebiet, das fast 13% der Landesfläche Chinas ausmacht, wurden eingerichtet.[357]

---

[350] vgl. o.V.: Beijing to Introduce New Standards of Exhaust Emissions, (Shanghai InfoFlash 07/2002), www.ahk-china.org.cn, 05.08.2002

[351] vgl. Lo, Carlos Wing Hung; Leung, Sai Wing: Environmental Agency and Public Opinion in Guangzhou: The Links of a Popular Approach to Environmental Governance, The China Quarterly, 2000, 677ff

[352] vgl. o.V. Chinesische Städte erheben Müllbeseitigungsgebühren, www.china.org.cn, 12.07.2002

[353] vgl. o.V.: Auto Makers Benefit from Tax Reduction, (12/2001), www.harbour.sfu.ca, 05.09.2002

[354] vgl. Bechert, Stefanie: Die Volksrepublik China in internationalen Umweltregimen – Mitgliedschaft und Mitverantwortung in regional und global arbeitenden Organisationen der Vereinten Nationen, Münster 1995, 17

[355] vgl. Metzner, Ulrich: Chinas Grüne Umweltverschmutzung, China Contact, 2001, 22ff

[356] vgl. o.V.: China Promotes Eco-Tourism, (12/2001), www.harbour.sfu.ca, 05.09.2002

[357] vgl. o.V.: Nature reserves key to biodiversity in China, (23.05.2002), www.1chinadaily.com.cn, 25.06.2002

7.7.2 In der Wissenschaft

Laut dem 10. Fünf-Jahresplan (2001-2005) hat die SEPA folgende Richtlinien herausgegeben: 49 Themen in acht Gebieten sollen näher erkundet werden, darunter umweltfreundliche und nachhaltige Entwicklungspolitik, Gesetze, Regulierungen, Standards und Managementlösungen, die den Bedürfnissen des neuen Jahrhunderts entsprechen. Studien über toxische Chemikalien und Verhinderung von Verschmutzung sollen betrieben, die Forschung an Cleaner Production eingeführt werden. Mittels Forschung sollen Verschmutzung und Abfälle minimiert werden. Theoretische Forschung und Demonstration für Öko-Industrie und Öko-Design sollen ebenso vertieft werden wie Forschung und Entwicklung in der Umweltindustrie, um fortschrittliche Umwelttechnik und -produkte zu fördern. Ökologische und Umweltwissenschaft sind weitere Forschungsgebiete. Studien zur nuklearen Sicherheit und Technologien für Radioaktivitätssicherheit sollen gemacht und die Forschung an globalen Umweltproblemen wie Klimaveränderung, Artenvielfalt, Ozonloch, Handel und Umwelt und Umweltdiplomatie aufgenommen werden.[358]

7.7.3 Umweltbildung

Seit den 80er Jahren propagierte die Regierung Umweltbewusstsein in der Bevölkerung mit Hilfe landesweiter Kampagnen.[359] Bereits im März und April 1980 startete sie einen „Propaganda-Monat für Umweltschutz", um das Verständnis der Massen und der Führungskräfte zu vertiefen.[360] Inzwischen gelang es dem WWF in Kooperation mit der chinesischen Regierung die Umweltbildung fest im chinesischen

---

[358] vgl. o.V.: Environmental Science Development in the Tenth Five-Year-Plan, (12/2001), www.harbour.sfu.ca, 05.09.2002

[359] vgl. Bechert, Stefanie: Die Volksrepublik China in internationalen Umweltregimen – Mitgliedschaft und Mitverantwortung in regional und global arbeitenden Organisationen der Vereinten Nationen, Münster 1995, 40

[360] vgl. Qu, Geping; Lee, Woyen (Ed.): Managing the Environment in China, Dublin 1984 , 27

Lehrplan zu verankern und moderne Lehrwerke zu erarbeiten. In der chinesischen Presse werden Umweltthemen vermehrt zum Mittelpunkt des Interesses. Die Zeitschrift China Environment News erscheint alle zwei Wochen auf Chinesisch und einmal monatlich in Englisch. Weltweit hat diese Zeitschrift 20.000 Leser, sie ist nützlich, informativ und berichtet nach Aussage eines Mitarbeiter nicht nur über positive Entwicklungen.[361]

7.7.4 Ein Aufforstungsprojekt der Superlative – Die Große Grüne Mauer

1978 begann man in China mit der Planung eines Schutzgürtels von 4.480 km Länge in Nordost-, Nordwest und Nordchina. Das Projekt, das etwa 70 Jahre Zeit in Anspruch nehmen wird, nannte man *Lü Chang Cheng*, die „Große Grüne Mauer". Die Große Grüne Mauer soll Beijing und die nordwestlichen Provinzen vor Sandstürmen schützen. Allein im nächsten Jahrzehnt wird das Projekt die Regierung 96,2 Mrd. Yuan (etwa 24 Mrd. US$) kosten.[362] Anfangs pflanzte man nur Pappeln in Monokultur, inzwischen ist man allerdings zur Pflanzung von Mischwäldern übergegangen, da diese gegen Krankheiten resistenter sind. Dabei baut die chinesische Regierung auf die Technik: Flugzeuge werden zur Saat eingesetzt, genetisch veränderte Bäume gepflanzt und Löcher mit Hilfe von Dynamit in den harten Boden gesprengt.[363]

---

[361] vgl. Young, Nick: Analysis: Notes on environment and development in China, www.hku.hk, 28.06.2002

[362] vgl. o.V.: China's Great Green Wall, (03.03.2001), http://news.bbc.co.uk, 24.09.2002

[363] vgl. Kampmann, Achim: Reportage Deutschland (2000), www.arte-tv.com, 07.02.2001

7.7.5 Bevölkerungspolitik

Seit den frühen 80er Jahren gehört die Geburtenkontrolle in China zu den Schlüsselelementen der inländischen Politik.[364] Mitunter wird die Ein-Kind-Politik als Argument dafür genutzt, dass in China nicht die wirtschaftliche Entwicklung an erster Stelle stehe. Ursprünglich jedoch wurde sie nicht aus ökologischen Gründen eingeführt, sondern weil man glaubte, dass nur mit einer geringeren Bevölkerungszahl der Anstieg des wirtschaftlichen Wohlstandes möglich ist.[365]

7.7.6 Luft- und Wasserverschmutzung

Besonders der chinesischen Bewerbung um die Olympischen Spiele 2008 und der Wahl Chinas zum Austragungsort ist es zu verdanken, dass große Vorhaben im Kampf gegen die Umweltverschmutzung geplant sind. So unterzeichneten in Beijing im Mai 2000 20 Umweltschutzgruppen den „Action Plan for a Green Olympics", in dem 1-2% des BSPs der Stadt in die Umwelt investiert werden sollen.[366] Im neunten Fünf-Jahresplan wurde beschlossen 46 Milliarden Yuan für die Luftverbesserung auszugeben. (1999 beispielsweise wurden 10 Mrd. Yuan, 1,25 Mrd. US$, dafür ausgegeben.) Zur Verbesserung der Luftqualität, die laut neuntem Fünf-Jahres-Plan Priorität hatte, wollte die Regierung Emissionen durch Industrie und Kraftwerke eindämmen und zur Verhinderung der Staubstürme mehr Bäume pflanzen. Hochgradig schwefelhaltige Kohle soll aus dem Verkehr gezogen und um Beijing 40 kohlefreie Zonen errichtet werden. Alternative Energiequellen wie Erdgas sind im Gespräch.[367] Ab Januar 2003 will Beijing Emissions-

---

[364] vgl. Li, Xia: Can China Achieve Sustained Development?, China Today, 08/1997, 15
[365] vgl. Edmonds, Richard Louis (Ed.): Managing the Chinese Environment, Oxford u.a. 2000, 3
[366] vgl. o.V.: Capital city cleaning up its act for Olympics, (25.08.2000), www.1chinadaily.com.cn, 25.06.2002
[367] vgl. Dunn, Seth: King coal's weakening grip on power, World Watch, 09-10/1999, 10ff

standards für Fahrzeuge einführen wie sie 1996 in Europa galten. Diese Maßnahme betrifft 1,7 Millionen Fahrzeuge.[368]

Zur Kontrolle und Verbesserung der Wasserqualität wurden landesweit mehr Überwachungsstationen sowie Abwasserbehandlungsanlagen installiert. Die Wasserqualität der wichtigen Binnengewässern Taihu-See, Huaihe-Fluss und Dianchi-See hat sich bereits verbessert.[369] Die völlige biologische Wiederbelebung der wichtigsten Seen Chinas Dianchi, Taihu und Chao soll mit finanzieller Unterstützung der Weltbank und Kunmings Partnerstadt Zürich realisiert werden.[370] Im 10. Fünf-Jahres-Plan wird sich die Regierung auf die Region um den Drei-Schluchten-Staudamm konzentrieren, um dort alle Verschmutzungsquellen zu beseitigen.[371]

7.8 Problemfelder in der Umweltpolitik

Zunächst einmal mangelt es China generell an moderner Ausrüstung, Technologie, Know-how, Messinstrumenten und Kontrollverfahren, um im Umweltbereich schnell etwas bewirken zu können.[372]

Das chinesische Strafrecht schreibt eine harte Verfolgung von Umwelttätern vor. Am häufigsten werden Verwaltungsstrafen wie Verwarnungen, Bußgelder oder Anordnung der Schließung der Fabrik verhängt.[373] Im Falle der Tötung eines Vertreters einer vom Aussterben

---

[368] vgl. o.V.: Beijing to Introduce New Standards of Exhaust Emissions, (Shanghai InfoFlash 07/2000), www.ahk-china.org.cn, 05.08.2002

[369] vgl. o.V.: Greener Beijing fit to greet great Olympics, (04.09.2000), www.1chinadaily.com.cn, 25.06.2002

[370] vgl. Shapiro, Judith: Mao's War Against Nature, Cambridge u.a. 2001, 136

[371] vgl. o.V.: Minister says pollution persists despite efforts to stop it, (06.06.2000), www.1chinadaily.com.cn, 25.06.2002

[372] vgl. o.V.: Deutsche Technologie für die Umweltschutzindustrie, China Contact, 2001, 26

[373] vgl. Daentzer, Anne u. Hui, Zhao: Umweltschutzrecht im Rahmen des Rechts für ausländische Investitionen, Rechtliche Rahmenbedingungen des chinesischen Umweltrechts & Möglichkeiten für ausländische Investitionen, www.ahk-china.org, 15.08.2002

bedrohten Spezies droht sogar die Todesstrafe.[374] Dennoch bereitet die Durchsetzung der Umweltgesetze Schwierigkeiten – es herrscht ein sogenanntes Vollzugsdefizit – weshalb es dem Rechtssystem bisher nicht gelang, die Umweltzerstörung aufzuhalten. Umweltprobleme, so Palmer, sind immer noch mehr eine politische Frage denn ein rechtliches Problem.[375] Auch die Einführung internationaler Standards in China ist an sich kein Problem, ihre tatsächliche Anwendung jedoch schon.[376] Eine Teilschuld daran könnte auch die „Glaubenskrise" der Bevölkerung gegenüber dem Sozialismus und der kommunistischen Führung als Folge der Erfahrungen der Mao-Jahre sein. Die Wendung zu Materialismus, schnellem Profit, und der Käuflichkeit von menschlichen Beziehungen treiben insgesamt die weitere Ausbeutung der Natur voran.[377] Die Existenz dieser „Glaubenskrise" bestätigt auch Economy: „According to many Chinese, even when the Party organisation does exist in a workplace, it is consumed by matters of everyday livelihood working conditions, housing and pay. It no longer serves as an ideological educator or transmission belt."[378]

Kritisch ist die Fähigkeit des Staates, trotz eines Gesetzes[379], dass die Überprüfung von Verwaltungsentscheidungen ermöglicht, Entscheidungen – auch im Umweltbereich – ungeprüft treffen zu können. Der Artikel 12 der Verfassung verhindert in Fällen der nationalen Verteidigung, Auslandsfragen und bei Entscheidungen mit bindender Kraft,

---

[374] vgl. Palmer, Michael: Environmental Regulation in the People's Republic of China: The Face of Domestic Law, in: Edmonds, Richard Louis (Ed.): Managing the Chinese Environment, Oxford u.a. 2000, 73

[375] Dies hängt sicherlich auch mit der im Kapitel Problematik Umweltschutz bereits erwähnten Verbindung zwischen Umweltproblemen und sozialen Fragen zusammen. vgl. ebd. 82

[376] vgl. Edmonds, Richard Louis (Ed.): Managing the Chinese Environment, Oxford u.a. 2000, 3: Aus Gesprächen mit deutschen Vertretern des TÜV in China ist der Autorin bekannt, dass an dieser Stelle auch das Problem der Fälschung besteht – viele der scheinbar standardisiert arbeitenden Unternehmen bekommen ihre Zertifikate von Prüfern, die eigentlich nicht dazu ermächtigt sind sie zu vergeben.

[377] vgl. Shapiro, Judith: Mao's War Against Nature, Cambridge u.a. 2001, 14

[378] vgl. Economy, Elizabeth C.: Reforming China, Survival, Herbst 1999, 21ff

[379] Administrative Litigation Law von 1989

dass man die Regierung vor Gericht bringen kann. Der berühmteste Fall ist der des Drei-Schluchten-Staudamms, der wohl unter die Entscheidungen „mit bindender Kraft" fällt. [380]

Während einige Vertreter von Ministerien wie der SEPA sehr ernsthaft an einer Verbesserung der Umwelt interessiert sind, trifft dies nicht für alle führenden Regierungsmitglieder zu.[381] Prestigeprojekte wie der Drei-Schluchten-Staudamm schaden der Umwelt mehr als sie ihr nützen. Und so kommt es teilweise auch zu grotesk anmutenden Lösungen für Umweltprobleme. Beispiel: Der schlechten Atemluft in Lanzhou, das in einem Talkessel liegt und zu den schmutzigsten Städten Chinas gehört, soll begegnet werden, indem man einen der angrenzenden Berge wegsprengt.[382]

Halbherzigkeit bei der Durchführung der riesigen Aufforstungskampagne der Großen Grünen Mauer bringt den Bäumen eine Überlebensrate, die gerade mal bei 30% liegt. Dies könnte daran liegen, dass die, die die Aufforstung auf Befehl von oben durchführen, ihren Nutzen nicht erkennen.[383]

Die Einführung des Umweltzeichens ist in China noch problematisch: Eine viel zu geringe Produktvielfalt bietet keine Entscheidungsmöglichkeit zwischen Produkten, sondern verlangt oft eine Entscheidung zwischen Kauf und Verzicht.[384]

---

[380] vgl. Palmer, Michael: Environmental Regulation in the People's Republic of China: The Face of Domestic Law,, in: Edmonds, Richard Louis (Ed.): Managing the Chinese Environment, Oxford u.a. 2000, 79

[381] vgl. Ross, Lester: China: Environmental Protection, Domestic Policy Trends, Patterns of Participation in Regimes and Compliance with International Norms, in: Edmonds, Richard Louis (Ed.): Managing the Chinese Environment, Oxford u.a. 2000, 111

[382] vgl. o.V.: Chinas Ströme – Chinas Zukunft, www.zdf.de, 30.08.2002

[383] vgl. Young, Nick: Analysis: Notes on environment and development in China, www.hku.hk, 28.06.2002

[384] vgl. Bechert, Stefanie: Die Volksrepublik China in internationalen Umweltregimen – Mitgliedschaft und Mitverantwortung in regional und global arbeitenden Organisationen der Vereinten Nationen, Münster 1995, 17

Wie bereits im Kapitel zu Kultur und Umweltschutz erläutert, sind Korruption und *guanxi* (Beziehungen) bzw. „Hintertür-Verhandlungen" noch lange nicht erfolgreich gebannt. Die verwaltungsrechtlich parallel geschalteten Institutionen kommunizieren schlecht miteinander.[385] Beschränktes Budget und Personalmangel behindern die Arbeiten der Umweltbehörden zusätzlich. Außerdem scheitern sie mitunter bei der Durchsetzung von Gesetzen, weil ihre Counterparts Regierungsvertreter sind, die diese Fabriken besitzen.[386]

In anderen Fällen können Unternehmen leicht Druck auf die lokalen Autoritäten ausüben und besondere Behandlung erwarten, weil diese von ihnen finanziell abhängig sind.[387]

Obwohl China auf internationalem Parkett ein gleichberechtigter Teilnehmer von Umweltkonferenzen ist, gibt es Probleme mit dem Informationsfluss. Die Unterdrückung von regierungsunabhängigen Umweltschutzorganisationen sowie das Verbot der negativen Berichterstattung erschweren Objektivität auch für ausländische Beobachter.[388] Diese Problematik behandelt das nächsten Kapitel „Presse und Propaganda".

7.9 Schlussfolgerung

Die chinesische Regierung hat sich in den letzten 20 Jahren enorm angestrengt, das Umweltproblem besser in den Griff zu bekommen. Angesichts der weiteren Umweltzerstörung auch dank der industriellen

---

[385] vgl. Shapiro, Judith: Mao's War Against Nature, Cambridge u.a. 2001, 204

[386] vgl. Lo, Carlos Wing Hung; Leung, Sai Wing: Environmental Agency and Public Opinion in Guangzhou: The Links of a Popular Approach to Environmental Governance, The China Quarterly, 09/2000, 691

[387] vgl. Ma, Xiaoying; Ortolano, Leonardo: Environmental Regulation in China – Institutions, Enforcement and Compliance, Oxford 2000, 77ff

[388] vgl. Ross, Lester: China: Environmental Protection, Domestic Policy Trends, Patterns of Participation in Regimes and Compliance with International Norms,, in: Edmonds, Richard Louis (Ed.): Managing the Chinese Environment, Oxford u.a. 2000, 85ff

Reformen und der oben besprochenen Problemfelder besteht weiterhin viel Handlungsbedarf, wenn China eines Tages wieder blauen Himmel und klare Flüsse sehen möchte. Für das Umweltverhalten von Bevölkerung und Wirtschaft kann es nur von Vorteil sein, wenn die Regierung beispielhaft vorangeht. Da die Regierung hinter der Umweltschutzproblematik aber starken sozialen Sprengstoff vermutet, wird der Bevölkerung mitunter ein verzerrtes Bild der Umweltsituation präsentiert. Unter anderem darum geht es im nächsten Kapitel.

8 Presse und Propaganda

> *„Mr. Zhu says this desertification initially is caused by drought and heavy winds. But he says human activities make the problem much worse, through over-logging, over-grazing and wasting water."*
>
> „Mr. Zhu" ist Zhu Guangyao, der Vizeminister des Umweltministeriums SEPA[389]

Wenn man viele Artikel über Umweltprobleme liest, die aus China kommen, gewinnt man mitunter den Eindruck, dass genau wie nach der Mao-Ära als die Schuld jeden Dilemmas auf Lin Biao und die Viererbande geschoben wurde, jetzt Chinas Umweltprobleme durch Wind, Fluten und Müllimporte[390] aus den USA zustande gekommen sind.[391] Im folgenden ersten Teil dieses Kapitels soll auf Dinge eingegangen werden, die bei der Recherche von Umweltthemen Chinas auffallen. Im zweiten Teil des Kapitels soll die Beschreibung der Debatte um den Drei-Schluchten-Staudamm exemplarisch zeigen, wie die chinesische Regierung typischerweise mit kritischen Ansichten umgeht.

8.1 Die chinesische Presse

NGOs und die Medien spielen eine große Rolle im Umweltschutz, haben in China aber nicht die gleiche Autonomie wie in westlichen De-

---

[389] o.V.: China: State of the Environment 2001, http://greennature.com, 25.06.02

[390] Das Problem illegaler Müllimporte gibt es zwar, es scheint allerdings etwas vermessen, es als eines der Hauptprobleme Chinas anzugeben vgl. Dai, Qing u. Vermeer, Eduard B.: Do Good Work, But Do Not Offend the „Old Communists" – Recent Acitivities of China's Non-Governmental Environmental Protection Organizations and Individuals, in: Ash, Robert; Draguhn, Werner (Ed.): Chinas Economic Security, Richmond 1999, 159

[391] Müllimporte aus dem Ausland scheinen tatsächlich ein Thema der chinesischen Medien zu sein: in einer Umfrage unter Studenten in Chengdu, Sichuan 1996 gaben 84% von ihnen an, schon von Müllimporten aus dem Westen gehört zu haben.

mokratien.[392] Es gibt nur eine limitierte Anzahl von chinesischen Zeitungen und diese werden staatlich kontrolliert bzw. finanziert und dienen der Kommunistischen Partei als Sprachrohr. Die chinesische Presse muss dem „Leitprinzip der sozialistischen Massenmedien" folgen, das sie zu positiven Propaganda an erster Stelle verpflichtet und außerdem verlangt, „die Parteilinie exakt und rechtzeitig" darzustellen.[393] Weder NGOs noch Medien können so die Umweltpolitik der Regierung kritisieren.[394] Die Organisationen The China Forum of Environmental Journalists nennt drei wichtige Funktionen der Massenmedien in China in Bezug auf den Umweltschutz:

1) die Anleitung (durch das Bekanntmachen der Öffentlichkeit mit Gesetzen etc.),

2) die Umweltbildung und

3) die Überwachung der Umweltsituation.[395]

Bechert hat die Abdeckung der Umweltthemen anhand der *Renmin Ribao*, der größten Volkszeitung Chinas, untersucht. Ihr Resümee: Der chinesische Zeitungsleser wird informiert über internationale Umweltpolitik, erhält aber durch die Art der Informationsvermittlung kein realistisches Bild, da sie selektiv und wertend ist.[396] Weiterhin verhindern fehlende Vergleichsmöglichkeiten zu anderen Staaten einen guten Überblick.[397]

---

[392] Alle NGOs müssen sich in China registrieren lassen, was ihnen nur gelingt, wenn sie regierungskonforme Ziele verfolgen – mehr dazu im Gliederungspunkt Politisches Umfeld von NGOs.

[393] vgl. Bechert, Stefanie: Die Volksrepublik China in internationalen Umweltregimen – Mitgliedschaft und Mitverantwortung in regional und global arbeitenden Organisationen der Vereinten Nationen, Münster 1995, 30

[394] vgl. Ma, Xiaoying; Ortolano, Leonardo: Environmental Regulation in China – Institutions, Enforcement and Compliance, Oxford 2000, 72

[395] vgl. Mao, Yang: The China Forum of Environmental Journalists (CFEJ), www.oneworld.org, 11.06.2002

[396] vgl. Bechert, Stefanie: Die Volksrepublik China in internationalen Umweltregimen – Mitgliedschaft und Mitverantwortung in regional und global arbeitenden Organisationen der Vereinten Nationen, Münster 1995, 163

[397] vgl. ebd. 176

Die Umweltschutz-NGO Friends of Nature (FON) führt jährlich eine Studie durch, in der untersucht wird, inwiefern chinesische Medien sich mit Umweltthemen auseinandersetzen. In der Studie von 1995 wurden 78 wichtige chinesische Zeitschriften überprüft mit folgenden Ergebnissen: Es gab einen 19%igen Anstieg gegenüber 1994 in der Abdeckung der Thematik, insgesamt jedoch blieb sie gering. Nur 0,46% der Artikel in Zeitungen handelten von Umweltthemen. Einige Zeitungen neigen dazu, lokale Probleme mit ernsten Problemen anderer Länder zu überdecken. 1995 waren 62% der Informationen neutral, 27,7% positiv und nur 10,3% kritisch. Wirtschaftlich höher entwickelte Gebiete zeigten eine höheres Umweltbewusstsein. Die fünf chinesischen Zeitschriften mit dem höchsten Umweltbewusstsein sind die Science and Technology Daily (STD), die Legal Daily, die Wenhui Daily, die Guangming Daily und die People's Daily. Die zehn Hauptthemen waren:

1) Umwelthygiene und Begrünung,

2) Artenschutz,

3) Wasserverschmutzung und ihre Beseitigung,

4) Bodenerosion, biologische Landwirtschaft etc.,

5) Luftverschmutzung und ihre Beseitigung,

6) Feste Abfälle und ihre Beseitigung,

7) Städtische Umweltprobleme,

8) Abnormale klimatische Erscheinungen und Naturkatastrophen,

9) Umwelttechnologie und „grüne" Produkte und

10) Umweltschutzorganisationen und ihre Aktivitäten.

Die Umweltberichterstattung war insgesamt „hellgrün", d.h. noch im Anfangsstadium. Dafür sehen FON zwei Hauptgründe: Erstens sind bestimmte Probleme wie Müll in den Straßen so allgegenwärtig, dass sich niemand über sie wundert und zweitens ist selbst das Bewusstsein der Presse zu niedrig, um sie zu erkennen. Abgesehen davon gibt es

Einschränkungen für die Presse, die nicht alle ernsten Probleme aufdecken bzw. über sie berichten darf.[398]

Dennoch gibt es in der chinesischen Presse in Bezug auf Umweltthemen einen Trend zu mehr Sachlichkeit und deutlichen Hinweisen auf
irreparable Schäden.[399] In einigen Fällen gelang es den Journalisten sogar Druck auf die Regierung auszuüben und so Umweltverbesserungen
voranzutreiben.[400]

8.1.1 Wunschdenken

Wunschvorstellungen scheinen die Inhalte mancher Meldungen mitunter zu bestimmen. So waren die Autoren Qu und Lee 1984 schon der
Meinung, dass einige Spezies in China vor dem Aussterben bewahrt
worden sind, darunter Riesenpanda und Goldäffchen. Diese gelten allerdings bis heute als vom Aussterben bedroht.[401] Weiterhin glaubten
sie, dass der Propagandamonat im März und April 1980 das Verständnis der Massen für den Umweltschutz vertieft hat[402]: „These propaganda activities deepened the understanding of the population about the
harmfulness of pollution and heightened their awareness of the need to
protect the environment."[403] Getan hatte sich in der Bevölkerung danach jedoch nicht viel. Selbst innerhalb der chinesischen Medien, die

---

[398] vgl. o.V.: Survey on Environmental Reporting in Chinese Newspapers (1995).
Friends of Nature (FON) April 1996, www.chinaenvironment.net, 11.06.2002
[399] vgl. Bechert, Stefanie: Die Volksrepublik China in internationalen Umweltregimen – Mitgliedschaft und Mitverantwortung in regional und global arbeitenden
Organisationen der Vereinten Nationen, Münster 1995, 30
[400] vgl. Mao, Yang: The China Forum of Environmental Journalists (CFEJ),
www.oneworld.org, 11.06.2002
[401] vgl. Qu, Geping; Lee, Woyen (Ed.): Managing the Environment in China, Dublin 1984, 5: Verbesserung der Wasserqualität am Taihu-See dank intensiver Berichterstattung
[402] In Zusammenhang mit der Veröffentlichung und Einführung des Umweltgeset-
zes wurden mehr als 690 Artikel zum Thema Umweltschutz in nationalen und provinziellen Zeitungen gedruckt.
[403] vgl. Qu, Geping; Lee, Woyen (Ed.): Managing the Environment in China, Dublin 1984, 27f

zuerst ansatzweise „grün" wurden, wurde der erste Zusammenschluss von Umweltjournalisten, The China Forum of Environmental Journalists, erst 1986 gegründet. Rückblickend mangelt es ein wenig an Beweisen für die von Qu und Lee aufgestellte Behauptung.

Ein Beispiel aus eigener Erfahrung

Am 13. Dezember 2000 besuchte ich eine Veranstaltung des German Centre Shanghai, zu der der deutsche Außenminister Joschka Fischer eingeladen war. Bei einer Podiumsdiskussion mit chinesische Experten und Studenten kam man schließlich auch auf das Thema Umweltschutz zu sprechen. Eine Studentin führte Verbesserungen der Wasserqualität in Shanghai aufgrund von Bemühungen der Stadtregierung an. Dabei nannte sie als Beweis „Lebensvorzeichen", die es bereits im Suzhou Creek[404], einem der am stärksten verschmutzten Gewässer Shanghais, gebe. Daraufhin brach das deutsche Publikum in Gelächter aus, weil sich niemand etwas unter „Lebensvorzeichen" vorstellen konnte, der chinesische Teil des Publikums lachte wahrscheinlich aus Peinlichkeit. Die Studentin hatte ihre Information aus der Zeitung und glaubte offensichtlich daran, obwohl auch sie auf Fischers Frage hin, was denn „Lebensvorzeichen" seien, keine Antwort fand.

8.1.2 Statistiken

Bereits 1984 klagte Qu Geping, damals Vorsitzender des Environmental Protection Bureau über Beijings „unvollständige" Statistiken.[405] Bereits im zweiten Kapitel dieser Arbeit wurde auf die möglichen Fälschungen der Wirtschaftswachstumsangaben hingewiesen. Auch die

---

[404] Inzwischen ist der Suzhou-Creek zum Prestigeobjekt des Shanghaier Umweltbüros geworden: 8,6 Milliarden Yuan soll die Reinigung kosten, dennoch hieß es in einer Stadtzeitung: „Wer in den Suzhou-Creek fällt, sollte gleich in die nächste Klinik gehen." vgl.: o.V.: Shanghai, wie es stinkt und kracht, www.abendblatt.de, 30.01.2002

[405] vgl. Qu, Geping; Lee, Woyen (Ed.): Managing the Environment in China, Dublin 1984 , 16

jährlichen Umweltberichte der State Environmental Protection Administration sind als aussagekräftige Einschätzung der chinesischen Umweltsituation kaum zu gebrauchen. Als Beispiel soll an dieser Stelle der
Abschnitt zur Wasserverschmutzung dienen: „Allgemein gesagt", so
heißt es, sei die Wasserqualität von Yangtze- und Perlfluss „gut", das
Wasser des Gelben Flusses „vertretbar gut", Songhua- und Huaihefluss
hätten sich „verbessert", die Wasserqualität in Haihe-, Luanhe- und
Liaohefluss sei „vergleichsweise schlecht" und die Verschmutzung des
Taihu-Sees „vermindert" worden, die in Chaohu- und Dianchi-See habe sich verschlechtert, die Wasserqualität in den Küstengebieten blieb
„größtenteils gleich." Dies dürfte ausreichen, um zu demonstrieren,
dass die wahre Bedeutung dieser Angaben für den Leser im Dunkeln
bleibt. Niemand weiß, was unter „allgemein gesagt guter" Wasserqualität zu verstehen ist und da hier völlig ohne Daten gearbeitet wird, ist
es unmöglich, die Wasserqualitäten der Gewässer zu vergleichen. Dass
sich die Qualität des Wassers irgendwo verbessert hat, kann immer
noch heißen, dass sie sehr schlecht ist. Ohne Maßstab „verbesserte",
„gleich gebliebene" oder „verschlechterte" Wasserqualitäten lassen
sich nicht vergleichen. Ähnliche konfus sind die Angaben bei der Luftverschmutzung: Der saure Regen in Zentral-, Süd- und Südwestchina
ist demnach „relativ ernst". Die Lärmbelästigung hingegen ist in den
meisten Städten auf „mittlerem Niveau", im Verkehr jedoch „auffäl-
lig".[406]

In dieser Art von Berichten differieren die herangezogenen Ver-
gleichswerte (so überhaupt vorhanden) mitunter stark. Je nachdem,
welcher Vergleich am optimistischsten klingt, entscheidet man sich für
den zum Vorjahr, zu fünf oder 50 Jahren zuvor.[407]

---

[406] vgl. Mao, Yang: The Present State of Environment („Trans-Century Environmental Protection in China", SEPA 1998), www.oneworld.org, 11.06.2002
[407] vgl. o.V.: Nation makes progress on human rights (Bericht des Information
Office of the State Council „Progress in China's Human Rights Cause in 2000",
10.04.2001), www.1chinadaily.com.cn, 25.06.2002

8.1.3 Zurückhaltung von Informationen

> *„Telling the masses that this river is seriously polluted but we cannot treat it – isn't that asking for more trouble? (...) We should publicize the quality of the environment to the public, but we must consider its effects. The secrecy of some data is necessary at present because of public reactions. (...) Foreign business people have ever higher demand on the environment in investment regions. If we publicize environmental quality, foreign businesses will withdraw their investment because of environmental problems. This may cause unnecessary losses for the developing Chinese economy, particularly that in coastal provinces."*[408]

Bereits das Umweltschutzgesetz von 1989 sah vor, dass die Abteilungen der staatlichen Umweltschutzbehörden, jede Provinz, autonome Region und Stadt, die der Regierung unterstellt sind, regelmäßig Berichte über die Umweltsituation veröffentlichen sollen. Bis Anfang 1997 gab es in Beijing jedoch keinen einzigen Umweltbericht. Journalisten fragten Beijinger Vertreter der SEPA, wieviel die Menschen wissen dürften. Sie bekamen eine Antwort, in der soziale Stabilität, das öffentliche Image Beijings und seine ausländischen Beziehungen als Gründe gegen die Veröffentlichung von Umweltberichten genannt wurden. Ähnlich reagierte ein Shanghaier Regierungsvertreter: Umweltzerstörung oder Verbesserung geschehe nicht innerhalb von ein oder zwei Jahren und die Nachteile der Mitwisserschaft der Öffentlichkeit würden die Vorteile überwiegen. Armutsbekämpfung sei zunächst wichtiger und die Zurückhaltung der Daten eine „diplomatische Notwendigkeit". In Shenyang jedoch, wo man sehr früh damit begonnen hatte, Daten über die Luftqualität auszusenden hatte dies einen positiven Effekt: Das Umweltbewusstsein und Umweltwissen der Bevölkerung stieg. Qu Geping bestätigte dies: „In actual fact, the release of environmental

---

[408] Dai, Qing u. Vermeer, Eduard B.: Do Good Work, But Do Not Offend the „Old Communists" – Recent Acitivities of China's Non-governmental Environmental Protection Organizations and Individuals zitiert nach: China Environment News Zhongguo Huanjing Bao, 19.12.96, in: Ash, Robert; Draguhn, Werner (Ed.): Chinas Economic Security, Richmond 1999, 144

quality reports helps environmental protection work." Der Artikel, aus dem die oben genannten Informationen stammen, wurde 1997 geschrieben – kurz bevor 27 Städte angeführt von Nanjing damit begannen wöchentliche Berichte über die Luftverschmutzung zu senden.[409] Auf Druck der SEPA hin begannen auch Beijing und weitere 32 Städte im Februar 1998 mit der Veröffentlichung von Daten zur Luftverschmutzung.[410] Damit ist das Problem aber leider nicht gebannt. Berichte und Videos des Beijinger Environmental Publicity and Education Center über wichtige Umweltprobleme beispielsweise werden oft nur Regierungsvertretern zugänglich gemacht. Bürger, NGOs und Medien ist die Sichtung dieser Materialien verwehrt.[411]

Auch staatliche Bestimmungen wie das Verbot für Organisationen und Individuen vom Januar 2000, Staatsgeheimnisse über das Internet zu verbreiten, zu diskutieren oder zu übertragen, beeinflusst die Arbeit von Umweltschutz-NGOs. Mit Hilfe dieses Gesetzes versuchte die chinesische Regierung eine Reihe „gefährlicher" Seiten, etwa von Übersee-Chinesen, zu sperren.[412]

8.1.4   Schönfärberei und Ausflüchte

„The biggest challenge to the environment in the western regions is the ever-expanding deserts."[413]

---

[409] vgl. Mei, Bing u. Cai, Fang: Should Environmental Quality Reports No Longer Be Kept Secret? (Sanlian Shenghuo Zhoukan, 1997, 26-27), www.usembassy-china.org.cn, 11.06.2002

[410] vgl. Dunn, Seth: King coal's weakening grip on power, World Watch, 09-10/1999, 10ff

[411] vgl. Ma, Xiaoying; Ortolano, Leonardo: Environmental Regulation in China – Institutions, Enforcement and Compliance, Oxford 2000, 72

[412] vgl. Moore, Rebecca R.: China's fledging civil society: A force for democratization, World Policy Journal, Frühling 2001, 56ff

[413] o.V.: What they are saying: Laws can help nature, (24.04.2000), www.1chinadaily.com.cn, 25.06.2002

Bereits unter den gebräuchlichen politischen Ausdrücken finden sich Begriffe, die angesichts der tatsächlichen Verhältnisse sehr nach Euphemismen aussehen. So ist in China beispielsweise von „Basisdemokratie" oder „Multi-Parteien-Kooperation" die Rede.[414] Auch die Autoren der Umweltartikel kennen mitunter keine „Umweltprobleme" oder gar „Bedrohungen", sondern nur „Herausforderungen" an die Umwelt[415] oder „rein technische Probleme"[416]. Folgender Ausschnitt zeigt, dass China wohl immer schon auf Umweltschutz geachtet hat: „China has always seen environmental protection as important, but over the past decades, other priorities took precedence due to historic and economic necessities."[417]

Zhou Dadi, Präsident des Beijinger Energy Efficiency Center, verglich das Desaster des Großen Sprung nach vorn mit der Umstellung von Kohle auf erneuerbare Energien. Das Ausland könne vom chinesischen Volk nicht erwarten, dass es dieses Risiko einer radikalen Veränderung noch einmal einginge.[418]

Im zweiten Teil dieses Kapitels soll es wie bereits angekündigt um den Bau des Drei-Schluchten-Staudamms, genauer um den damit verbundenen Entscheidungsprozess gehen. Viele Erkenntnisse daraus lassen sich auf andere Fälle übertragen, in denen sich die Regierung Kritikern – auch aus dem Umweltschutz – gegenüber sieht.

---

[414] vgl. o.V.: Nation makes progress on human rights, (Bericht des Information Office of the State Council „Progress in China's Human Rights Cause in 2000",10.04.2001), www.1chinadaily.com.cn, 25.06.2002

[415] Dieses sprachliche Phänomen ist allerdings kein typisch chinesisches, auch in der amerikanischen oder deutschen Presse lassen sich Euphemismen dieser Art finden.

[416] vgl. Bechert, Stefanie: Die Volksrepublik China in internationalen Umweltregimen – Mitgliedschaft und Mitverantwortung in regional und global arbeitenden Organisationen der Vereinten Nationen, Münster 1995, 31

[417] o.V.: China's Environmental Challenge & CCICED Role, www.harbour.sfu.ca, 25.06.2002

[418] vgl. Bos, Amelie van den: Global Village of Beijing, (03.02.2000), www.gristmagazine.com, 28.03.2002

8.2 Der Drei-Schluchten-Staudamm und sein Entscheidungspro-zess[419]

> *„We hope the authorities halt this big-name, big-money, low-benefit project that serves as a monument to a handful people."*
>
> Jie Chengjing, Mitautorin des Buches „Yangtze! Yangtze!" auf einer Pressekonferenz 1989[420]

Der Drei-Schluchten-Staudamm wird nach seiner Fertigstellung 2009 der größte hydro-elektrische Damm der Welt sein.[421] Sein Bau begann 1994 und wird auf 24 Milliarden Yuan (ca. 3 Mrd. US$) Kosten ge-schätzt. Er wird sich mit über einer Meile Länge und 575 Fuß Höhe über dem drittlängsten Fluss der Welt erstrecken. Sein Wasserreservoir wird 350 Meilen stromaufwärts reichen und die Umsiedlung von 1,9 Millionen Menschen erfordern. Millionen von Menschen werden so ihre Häuser und Lebensgrundlage verlieren, fruchtbares Ackerland wird zerstört werden und seltene und gefährdete Fischarten vom Aussterben bedroht sein. Wichtige archäologische Standorte werden für immer verloren gehen. Es wird befürchtet, dass die Lebensgrundlage von 75 Millionen Menschen gefährdet wird, falls das Ökosystem durch den großen menschlichen Eingriff in die Natur kippt. Das Befahren des Flusses mit Schiffen könnte entgegen der Voraussagen sogar noch un-sicherer werden und auch die Flutkontrolle kann sich als wesentlich schwieriger erweisen und mehr Menschen von Fluten bedroht sein.

Als Reaktion auf die Pressekonferenz von 1989 aus der das oben ge-nannte Zitat stammt, wurde der Start des Projekts zunächst verschoben. Dai Qing, Chinas wohl berühmteste Gegnerin des Projekts wurde nach der Veröffentlichung ihres Buches „Yangtze! Yangtze!" ins Gefängnis gesteckt und das Buch in China verboten. Ebenfalls im Jahre 1989 ver-

---

[419] Der Inhalt der folgenden Abschnitte orientiert sich vorrangig an Gørild Hegge-lunds Buch "China's Environmental Crisis – The Battle of Sanxia", Oslo 1993
[420] Khondker, Habibul Haque: Environment and the Global Civil Society, Asian Journal of Social Science, 2001, 61
[421] ebd. 60 zitiert nach: Wong, Xin: Relocating 1 Million People, China Today, 05/2000, 49

öffentlichte Probe International eine Einschätzung von Experten weltweit unter dem Titel „Damming the Three Gorges: What Dam Builders Don't Want You to Know". Die Internationalisierung dieses Projekts ließ zumindest hoffen, dass die Umsiedlung der Menschen unter humaneren Bedingungen geschieht. Doch etwas ausrichten konnten weder die Proteste in der Bevölkerung noch aus dem Ausland. Selbst der Rückzug einiger Großbanken aus der Finanzierung konnte das Projekt nicht ernsthaft gefährden.[422] Aus Dai Qings Buch stammt folgender Auszug:

> *„Through 40 years of „peaceful reconstruction" China has become what it is today; there has been nothing but silence before taking major erroneous policies, where someone should have said no. People whisper to each other, „it has already been decided above, don't utter a word..." Thirty years ago it was like this, twenty years ago it was like this, today it is still like this. Every person asks himself in his heart, but no one whishes to say it clearly: is it a scientific decision or a power decision?"*[423]

Anhand der Debatte um den Drei-Schluchten-Staudamm „Sanxia" am Yangtze-Fluss läßt sich das typische Verhalten der chinesischen Regierung und ihr Umgang mit kritischen Meinungen sehr gut nachvollziehen. Die inländische und internationale Kritik am Staudammprojekt richtete sich nicht nur gegen die technischen Aspekte des gigantischen Vorhabens sondern auch gegen den Entscheidungsprozess.[424] Denn Menschen, die außerhalb der chinesischen Bürokratie standen, hatten bisher keinerlei Einfluss auf die Geschehnisse.[425]

In den 50er Jahren wurden die Gegner des Sanxia-Projekts, das schon seit Anfang des 20. Jahrhunderts im Gespräch war, als „Rechte" bzw.

---

[422] ebd. 60ff

[423] Dai, Qing (Hrsg.): Changjiang! Changjiang! Sanxia Gongcheng Lunzheng, Guiyang 1989, 170

[424] vgl. Heggelund, Gørild: China's Environmental Crisis – The Battle of Sanxia, Oslo 1993, 108

[425] Abgesehen von multinationalen Unternehmen wie Siemens, die an Projekten dieser Art gut mitverdienen.

„Anti-Partei-Clique" bezeichnet. Trotz einiger vereinzelter Proteste[426] brachte der Großteil der am Projekt Beteiligten jedoch nie seine persönliche Meinung zum Ausdruck. Die Massenmedien dienten dem Staat und Informationen wurden zugunsten der Entscheidungsträger manipuliert, die das „Monopol der „Wahrheit" besaßen, was Probleme wie die Demokratisierung des Entscheidungsprozesses, die Freiheit der Rede und der Presse immer wieder Teil der Debatte werden ließ.[427]

Heggelund identifizierte 6 charakteristische Eigenschaften der Debatte:

1) den Arbeitsstil der Führung,

2) die Einschränkung von Rede- und Pressefreiheit,

3) die Einseitigkeit,

4) das Monopol der öffentlichen Meinung der Regierung,

5) Falschinformationen und

6) die Bestätigung der „Groupthink-Hypothese".

8.2.1 Der Arbeitsstil der Führung

Den Politikern wird vor allem eine „nothing can stop us"-Einstellung vorgeworfen, denn „They (the leaders, Anm. d. Verf.) believe in magic and not in science, they attach importance to power and not talent; when sincere advice does not please them, they even go so far as to carry out political persecution of the scientists and knowledgeable people who critize wrong policymaking."[428]

Im gleichen Artikel, aus dem das oben genannte Zitat stammt, nennt der Autor sechs wichtige Bedingungen, die das gegenwärtige politische

---

[426] Beispielsweise durch Sun Yueqi, Zhou Peiyuan und Li Rui.

[427] vgl. Heggelund, Gørild: China's Environmental Crisis – The Battle of Sanxia, Oslo 1993, 109

[428] ebd. 110 zitiert nach: Tian, Fang and Lin, Hua (Ed.): Zai lun Sanxia gongcheng de hongguan juece, Changsha 1988, 90

System repräsentieren und die laut Heggelund alle auch wichtige Faktoren in der Sanxia-Debatte darstellen[429]:

1) *Quan da jiu shi zhenli* – Wer die Macht hat, hat die Wahrheit[430] In China hat die chinesische Regierung die Macht und vermag damit auch die öffentliche Meinung am wirksamsten zu beeinflussen.

2) *Xian juece, hou lunzheng* – Erst die Entscheidung treffen, sie danach begründen. Entscheidungsprozesse scheinen in China manchmal in verkehrter Reihenfolge abzulaufen – ein Projekt wird erst entschieden und danach sucht man nach Begründungen, warum es notwendig ist.

3) *Xuanze zhuanjia, weiji suoyong* – Experten zu seinem eigenen Nutzen auswählen. D.h. die auswählen, die für das Projekt sind, Gegner nicht zu Wort kommen lassen.

4) *Zhi zhun tongyi, bu neng yiyi* – Nur Zustimmung und keine Ablehnung akzeptieren. Nur die Gesamtmeinung zählt und diese muss positiv sein, einzelne Gegenmeinungen werde nicht erwähnt.

5) *Zhi yao jubu liyi, bugu quanju zhanlüe* – Nur Teilinteressen haben, sich nicht um die Gesamtstrategie sorgen. Die Anführer bestimmter Gruppen haben nur ihre eigenen Interessen im Blickfeld, die Ansichten von Opponenten, wie die von Wissenschaftlern wollen nicht gehört werden.

6) *Qingshi kexue, yanwu juece* – Wenn die Wissenschaft ignoriert wird, Verluste mit Verzögerungen begründen. Oftmals gab es genug Wissenschaftler, die früh vor den Folgen von Projekten dieser Art gewarnt haben, sie wurden im Entscheidungsprozess jedoch einfach ignoriert. Wenn später etwas schieflief, wurde das beispielsweise mit einer Zeitverzögerung begründet.[431]

---

[429] vgl. ebd. 111

[430] vgl. ebd. 110 zitiert nach: Tian, Fang and Lin, Hua (Ed.): Zai lun Sanxia gongcheng de hongguan juece, Changsha 1988, 90

[431] Heggelund, Gørild: China's Environmental Crisis – The Battle of Sanxia, Oslo 1993, 90ff

8.2.2   Rede- und Pressefreiheit

Kritische Artikel zum Drei-Schluchten-Staudamm erschienen sehr spo-
radisch in sehr stark spezialisierten Zeitschriften. Es gab sogar Treffen
von Journalisten, Editoren und Wissenschaftlern, die eine kritische Debatte führten und diese veröffentlichen wollten, letztlich wurde aber
kaum etwas davon in die Zeitungen gedruckt. Liu Binyan, ein ehemaliger Korrespondent der *Renmin Ribao*, sagt, dass Reporter in China
theoretisch schreiben können, was sie möchten. Jedoch „in reality,
every reporter and editor, including editors-in-chief, do not need to be
told which stories must be covered, which are off limits, and which fall
into grey areas."[432] In seinem Werk „China's Crisis, China's Hope"
schreibt er: „All newspapers on the national level, including People's
Daily, the party's central organ, have members from the Politburo or
Party secretariat who are assigned supervisory responsibilities in addi-
tion to ideological supervision. In this system, the Party's Propaganda
Department wields considerably authority."[433] Des weiteren erachtet es
die Partei als nicht notwendig, die Menschen über wirtschaftliche
Schwierigkeiten zu unterrichten. Statt dessen konzentriert man sich
darauf dem Volk von möglichst vielen freudigen Ereignissen zu be-
richten, um soziale Stabilität zu gewährleisten.[434] Dai Qing, die als
Chinas erste „Grüne" bezeichnet wird, schrieb ihr Buch „Yangtze!
Yangtze!" nur teilweise aus ihren Umweltbedenken heraus. In erster
Linie, so sagt sie, habe sie es geschrieben, weil sie für Redefreiheit in
China kämpfen wollte.[435]

---

[432] Liu Binyan wurde mehrmals aus der KP geworfen und hatte 1979 begonnen,
eine Serie über Korruption in der Partei und Unterdrückung der Menschenrechte
zu veröffentlichen; heute lebt er in den USA.

[433] vgl. Liu, Binyan: China's Crisis China's Hope, Essays from an Intellectual in
Exile, Massachusetts 1990, 84f

[434] Liu Binyan geht davon aus, dass selbst heute nur 300 Chinesen wissen, dass
während der großen Hungersnot in den 60er Jahren etwa 30 Millionen Menschen
ums Leben kamen.

[435] vgl. Heggelund, Gørild: China's Environmental Crisis – The Battle of Sanxia,
Oslo 1993, 113ff

8.2.3 Einseitigkeit

Das Phänomen des *yi jia zhi yan* „mit einer Stimme sprechen" und die damit verbundene einseitige Betrachtungsweise sind ein Grund, warum Alternativen zum Drei-Schluchten-Staudamm ignoriert worden sind. Die Entscheidung für den Start des Projektes wurde sogar schon gefällt als man mit den Machbarkeitsstudien noch lange nicht fertig war. Dai Qing schreibt „This is the tragedy of the Chinese people: over the past decades, or even over the past centuries, science has been controlled by politics and politics has swallowed science, as it has swallowed social life, and people's minds and conscience."[436] Dass Entscheidungen in China häufig von einzelnen Personen und Beziehungen zwischen Personen (*guanxi*) abhängig gemacht werden, könnte man teilweise auf den Jahrtausende währenden Feudalismus schieben.[437] Auch Li Rui sieht China heute immer noch im Übergang von *ren zhi*, persönlichen Regeln, zu *fa zhi*, gesetzlichen Regeln.[438]

8.2.4 Monopol der öffentlichen Meinung[439]

Trotz eines Slogans der Parteipolitik, der die Einbeziehung des Volkes in wichtige Diskussionen fordert, wird die Veröffentlichung von Kritik nach wie vor kontrolliert.[440] Prahlerei und die Propaganda-Schlagworte

---

[436] vgl. Dai, Qing (Hrsg.): Changjiang! Changjiang! Sanxia Gongcheng Lunzheng, Guiyang 1989, 2

[437] vlg. Heggelund, Gørild: China's Environmental Crisis – The Battle of Sanxia, Oslo 1993, 117ff

[438] vgl. Dai, Qing (Hrsg.): Changjiang! Changjiang! Sanxia Gongcheng Lunzheng, Guiyang 1989, 64

[439] vgl. Heggelund, Gørild: China's Environmental Crisis – The Battle of Sanxia, Oslo 1993, 123ff

[440] *Zhongda qingkuang ran renmin zhidao, zhongda wenti jing renmin taolun.* – „Let the people have knowledge about important circumstances, let the people discuss important questions." zitiert nach: Tian Fang und Lin Fatang, Zai lun Sanxia gongcheng de hongguan juece, 77

sollen die Bevölkerung über die kritischen Punkte hinwegtäuschen.[441] Für den Sanxia-Staudamm gibt es beispielsweise einen Slogan, der besagt, dass die gesamte Nation das Projekt unterstützt. Nicht nur Liu Binyan allerdings glaubt inzwischen, das die übertrieben positiven Nachrichten in der Presse im Volk schon lange Verdacht wecken und kaum jemand mehr diesen unkritischen Berichten Glauben schenkt, sondern im Gegenteil, ihnen ablehnend gegenüber steht.[442]

8.2.5 Falschinformation

Neben den Anschuldigungen gegen die Regierung, unterschiedliche Meinungen nicht hören zu wollen, gibt es aber auch die Annahme, dass Regierungsvertreter oft in einer bestimmten Art und Weise entscheiden, weil sie von den jeweiligen Experten zu einseitig informiert oder sogar manipuliert werden. Völlig unrealistische Projekte wurden auf diese Weise schon gestartet, wobei die Stellungnahmen der Befürworter, so Lin Hua, immer sehr weit von Wahrheit und Realität entfernt gewesen seien. So wurde die Gefahr der Überflutungen am Yangtze stark übertrieben um das Projekt notwendiger erscheinen zu lassen. Lin Hua behauptet sogar, dass die weit verbreitete Praxis des Lügens in China Hauptursache für wirtschaftliche Verluste seit Gründung der Volksrepublik ist. Für die Verbrechen der Mao-Zeit könne man nicht Mao Zedong allein verantwortlich machen, sondern seinen Beratern, die ihn mit falschen Informationen versorgten um ihn zu überzeugen, gleiche Schuld zuweisen.[443]

---

[441] Beispiel dafür ist der Bau des Gezhouba-Damms, der aufgrund von Fehlern umgebaut werden musste, was den Zeitrahmen und den Kostenrahmen sprengte – nichtsdestotrotz wird er als Projekt der Superlative angepriesen.

[442] vgl. Liu, Binyan, China's Crisis China's Hope, Essays from an Intellectual in Exile, Massachusetts 1990, 91

[443] vgl. Heggelund, Gørild: China's Environmental Crisis – The Battle of Sanxia, Oslo 1993, 125ff

8.2.6 Die „Groupthink-Hypothese"

Obwohl die Macht von einzelnen Individuen eine wichtige Rolle spielt, ist in China auch die Konsensbildung in der Politik von Bedeutung. Irving Janis hat in einer Studie der Psychologie von Emotionen und der Persönlichkeitsdynamik von Teilnehmern in Entscheidungsprozessen, sowie der Bedeutung der Gruppendynamik in Entscheidungsprozessen das Phänomen des „Groupthink" entdeckt.[444] Es tritt dann auf, wenn die Mitglieder einer Gruppe versuchen gemeinsam etwas zu bewerkstelligen, ohne Unstimmigkeiten entstehen zu lassen. Obwohl die Mitglieder eine Loyalität zur Gruppe entwickeln, besteht die Tendenz Abweichler auszuschließen. Wer sich dem Willen der Mehrheit nicht fügen will, bekommt großen Druck zu spüren. Als eine Konsequenz halten die Mitglieder, die Zweifel haben, ihre persönliche Meinung zurück, weil sie den Ausschluss aus der Gruppe fürchten. Eine der zum „Groupthink" gehörenden Erscheinungen ist das Festhalten an einer alten Entscheidung, obwohl sich mit der Zeit viele Gegenargumente ergeben haben. Dies ist genau ein Problem des Drei-Schluchten-Projektes. Um ihm zu begegnen werden neue Argumente erfunden, um zu beweisen, dass die richtige Entscheidung getroffen worden ist. So wird der Staudammbau mit einer hohen Flutgefahr, die er abwendet, gerechtfertigt, die gar nicht existiert.

Abgesehen davon hat in China das individuelle Denken kulturell den Anschein von Egoismus und wird als die Wurzel allen Übels angesehen. Der Zusammenhalt der Gruppe führt auch zu dem Irrglauben, die Gruppe sei unverwundbar. Exzessiver Optimismus macht sich breit: Da die Entscheidung eine Entscheidung der ganzen Gruppe ist, muss auch das Projekt gelingen. Ma Shijun, der Leiter der Gruppe, die die Umweltmachbarkeitsstudie des Sanxia-Projektes durchführte, sprach davon, dass die Nachteile für die Umwelt die Vorteile des Damms überwiegen. Dennoch unterschrieb er den Machbarkeitsbericht, der damit schloss, dass der Bau beginnen sollte. Das Groupthink-Phänomen kann prinzipiell in jeder Gruppe auftreten, die eine wichtige Entscheidung zu

---

[444] vgl. Janis, Irving L.: Victims of Groupthink, Boston 1972

fällen hat. Bestimmte politische Strukturen wie die chinesische Auto-kratie, erhöhen jedoch die Wahrscheinlichkeit, dass „Groupthink" in Entscheidungsprozessen auftritt. Diese Tendenz wird verstärkt durch die politische Hierarchie, die Machtstellung der Kommunistischen Partei und durch das traditionelle China, dass Freundschaften, Famili-enbeziehungen und Prestige des Individuums hoch schätzt. Die politi-sche Kultur in China, wo traditionell Gehorsam und Loyalität zum Herrscher nicht hinterfragt werden, trägt sicherlich auch zum „Groupthink" bei.[445]

8.3 Schlussfolgerung

Engagement für den Umweltschutz in China, bzw. Engagement für eine Sache allgemein, hat nach wie vor nur eine Chance, wenn es mit den Zielen der Regierung übereinstimmt. Wer es wagt, gegen die Projekte der Regierung vorzusprechen, kommt oftmals nicht sehr weit. Es sei denn, er schafft es, wie im Falle Dai Qings, auch internationale Auf-merksamkeit auf sich zu lenken. Wie später noch klar werden wird, müssen sich auch die Umweltschutzorganisationen vorsichtig in diesem gesteckten Rahmen bewegen. Nichtsdestotrotz hat sich auf dem Gebiet der Pressefreiheit und Redefreiheit in den letzten Jahren schon etwas getan. Themen wie die Umweltberichterstattung, die früher tabuisiert worden sind, stehen inzwischen regelmäßig auf der Tagesordnung. Die Re-gierung selbst gesteht in Grenzen eigene Fehler der Vergangenheit ein und gelobt Besserung. Damit sich auf dem Gebiet des Umweltschutzes etwas tut, ist es jedoch auch dringend notwendig, dass die gesamte Ge-sellschaft daran beteiligt wird. Die Regierung allein wird es nicht schaffen, ein umweltfreundliches China zu schaffen. Wie es um das Umweltbewusstsein in der Bevölkerung steht, darum soll es im folgen-den Kapitel gehen.

---

[445] vgl. Heggelund, Gørild: China's Environmental Crisis – The Battle of Sanxia, Oslo 1993, 129ff

9 Umweltbewusstsein in China

„Many Chinese are worried about the environment, (...) (t)hey can tell the air or water is bad. But they think it is only the government who can fix it."

Liao Xiaoyi, Vorsitzende der Umweltschutz-NGO Global Village Beijing[446]

„Every single victory in environmental protection in China has come about because of the broad support of the Chinese people."

Qu Geping, Vorsitzender des Umwelt- und Ressourcen-Komitees des Nationalen Volkskongresses[447]

These: Die chinesische Gesellschaft ist auf dem Weg zum „Grünwerden".

9.1 Umweltbewusstsein theoretisch

Umweltprobleme sind in erster Linie ein Ergebnis von falschem Verhalten und nicht des Versagens der Technik.[448] Wenn die Verhaltensänderung in China und somit Umweltschutz als das Ziel sozialen Wandels angesehen werden, dessen Notwendigkeit aus den vorangegangenen Kapiteln verständlich wurde, steht die Frage, wie dieser so-

---

[446] o.V.: McCarthy, Terry; Florcruz, Jaime A.: World Tibet Network News, (01.03.1999), www.tibet.ca, 19.03.2002

[447] Mei, Bing u. Cai, Fang: Should Environmental Quality Reports No Longer Be Kept Secret? (Sanlian Shenghuo Zhoukan, 1997, 26-27), www.usembassychina.org.cn, 11.06.2002

[448] vgl. Hamid, P. Nicholas; Cheng, Sheung-Tak: Predicting Anitpollution Behavior: The Role of Moral Behavioral Intentions, Past Behavior, and Locus of Control, Environment & Behavior, 09/95, 679 vgl. Mahoney, Michael P. u. Ward, Michael P.: Ecology: Let's Hear from the People, American Psychologist, 1973, 583-586

ziale Wandel vorangetrieben werden kann. Nach der Theorie sozialen Wandels stehen dabei an erster Stelle Einstellungen und Werte.[449]

Eine exakte Definition des Begriffs „Umweltbewusstsein" zu finden, ist nicht einfach. Umweltbewusstsein ist einerseits ein Sammelbegriff für ökologische Bewusstseinsgehalte und Orientierungen. In der Alltagssprache werden Situationswahrnehmungen, emotionale Reaktionen, Denk- und Wissensbestände, Einstellungen zu politischen Maßnahmen im Bereich des Umweltschutzes, sowie grundlegende Wertvorstellungen und sogar das tatsächliche Verhalten damit bezeichnet. Selbst in der Wissenschaft herrscht Uneinigkeit über die genaue Definition des Begriffs. Wenn eine gewisse Einsicht in die Zusammenhänge und eine Beeinträchtigung der natürlichen Lebensgrundlagen vorhanden ist, kann Umweltbewusstsein sogar ohne fundiertes Wissen bestehen. Der Rat der Sachverständigen für Umweltfragen in Deutschland betrachtet Umweltbewusstsein als eine Einstellung.[450]

Daher wird vorschlagen, die Einstellungen und Werte in Bezug auf das Verlangen nach Umweltschutz als Umweltbewusstsein zu definieren. Auch wenn Umweltbewusstsein eine Voraussetzung für die Veränderung des Verhaltens ist, darf nicht vergessen werden, dass etliche empirische Studien belegen, dass ein hohes Umweltbewusstsein nicht zwangsläufig zu umweltbewusstem Handeln führt oder nur unter bestimmten Bedingungen.[451]

Das Umweltbewusstsein korreliert meist mit dem wirtschaftlichen Entwicklungsgrad einer Gesellschaft.[452] Wie aus den vorhergehenden Kapiteln bekannt, handelt es sich bei China um ein Entwicklungsland, dessen oberstes Ziel nach wie vor Wirtschaftswachstum ist. Dennoch

---

[449] vgl. Kotler, Philip; Roberto, Eduardo: Social Marketing, Düsseldorf u.a. 1991, 142ff

[450] vgl. Diekmann, Andreas; Preisendörfer, Peter (Ed.): Umweltsoziologie – Eine Einführung, Hamburg 2001, 100

[451] ebd. 95

[452] vgl. Bechert, Stefanie: Die Volksrepublik China in internationalen Umweltregimen – Mitgliedschaft und Mitverantwortung in regional und global arbeitenden Organisationen der Vereinten Nationen, Münster 1995, 15

würde man China unrecht tun, stellte man die Behauptung auf, den Chinesen ginge es einzig und allein um ihren materiellen Lebensstandard.[453] Nicht nur in Beijing und Shanghai wird es viele Bürger geben, die glauben, dass die wirtschaftliche Entwicklung „verlangsamt werden könnte", um Umweltproblemen Vorrang einzuräumen.[454] Die wirtschaftliche und politische Öffnung Chinas, gepaart mit der Beeinträchtigung der öffentlichen Gesundheit durch die industrielle Verschmutzung, die bessere wissenschaftliche Bildung, Bewusstseinskampagnen für die Öffentlichkeit und verstärkte Veröffentlichungen zu Überflutungen, Abholzung und Landgewinnung haben die Chinesen die Bedeutung der Umwelt spüren und den Handlungsbedarf im Umweltbereich erkennen lassen.[455]

9.2 Statistische Ergebnisse zum chinesischen Umweltbewusstsein

In einer Umfrage vom Mai 2000 gaben 57% der Befragten in China an, sich sehr große Sorgen über Umweltprobleme zu machen. Insgesamt 96% der städtischen Bevölkerung machen sich „sehr" oder „ziemlich große Sorgen" in Sachen Umwelt. Mehr als 70% der Befragten machten sich die größten Sorgen über „lokale und nationale" Umweltprobleme.[456] Nur etwa die Hälfte der Befragten beurteilte ihre Wohnqualität gut. Eine sehr große Rolle spielte die Sorge um die Gefährdungen der Gesundheit durch Umweltprobleme.[457] Luft- und Gewässerverschmutzung sowie Autoabgase wurden unter elf Umweltproblemen als die gravierendsten eingestuft. Das öffentliche Bewusstsein für globale Umweltprobleme schien dennoch gestiegen zu sein. Gegenüber 30% von 1998 gaben im Mai 2000 40% der Befragten an, dass „Klimaver-

---

[453] vgl. o.V.: Umweltschutz und Industrie aus Sicht der Bürger in China, www.ahk-china.org, 15.08.2002

[454] vgl. Young, Nick: Analysis: Notes on environment and development in China, www.hku.hk, 28.06.2002

[455] vgl. Shapiro, Judith: Mao's War Against Nature, Cambridge u.a. 2001, 215

[456] Zum Vergleich: in Deutschland tun dies nur 11% der Befragten.

[457] Rund 75% der Chinesen sehen ihre Gesundheit gefährdet, das ist gegenüber 1998 ein Anstieg um 12%.

änderung durch den Treibhauseffekt" ein ernstes Problem sei. Auf die offene Frage nach der dringlichsten Herausforderung in China wurde „Umweltschutz" am häufigsten genannt, es folgte „Beschäftigung/Arbeitslosigkeit".[458] Zur Bekämpfung von Umweltproblemen sahen die meisten Befragten staatliche Institutionen in einer führenden Rolle. Wirtschaftsunternehmen als eigenständige Akteure schienen in den Augen der Bevölkerung fast nicht existent. Einheimischen Unternehmen jedoch traute der Großteil der Befragten mehr Beitrag zum wirtschaftlichen Wachstum und Wohlstand in China zu. Die Befragten glaubten weiterhin, dass diese mehr für Umwelt-, Gesundheitsschutz und Sicherheit als ausländische Unternehmen in China tun und damit ihrer gesellschaftlich-sozialen Verantwortung gerechter werden. Als umweltschädlichstes Produkt wurde spontan das „Auto" genannt.

Da es grundsätzlich schwierig ist gesamtchinesische Studien zum Umweltverhalten zu finden, sollen an dieser Stelle zusätzlich die Ergebnisse einer Untersuchung aus Guangzhou vorgestellt werden.[459]

Anhand dieser Studie zeigt sich, dass bei den Befragten von einem Dominieren der Natur durch den Menschen ausgegangen wird. Harmonie mit der Natur spielt eine bedeutende Rolle, wenn es um persönliche Einschränkungen geht. Es überwiegt jedoch die Auffassung, man habe das Recht dazu die Natur auszubeuten. Trotz des relativ hohen Bewusstseins um die Umweltproblematik gab es bisher kaum Beschwerden an die zuständigen Behörden in Guangzhou. Die Bevölkerung fordert dennoch mehr Bemühungen von Seiten der Regierung zur Beseitigung der Umweltproblem. Laut Scott und Willits gibt es für das Umweltverhalten der Menschen in Guangzhou drei Erklärungen: 1. Die Umweltkritik wird von den Medien übernommen, ändert aber nicht das Verhalten der Menschen, sondern klärt sie lediglich auf. 2. Die Men-

---

[458] vgl. o.V.: Umweltschutz und Industrie aus Sicht der Bürger in China, www.ahk-china.org, 15.08.2002

[459] Die Informationen des nachfolgenden Abschnitts entstammen folgendem Artikel: Lo, Carlos Wing Hung; Leung, Sai Wing: Environmental Agency and Public Opinion in Guangzhou: The Links of a Popular Approach to Environmental Governance, The China Quarterly, 2000, 677ff

schen sind sich des negativen Einflusses ihres eigenen Verhaltens nicht bewusst und nehmen an, die Problematik ginge sie nichts an. 3. Die Menschen wissen nicht, wie sie zum Umweltschutz beitragen können.

Ernste Verschmutzungsprobleme in Guangzhou (%)

Stimmen Sie zu, dass die folgenden Umweltfragen ein ernstes Problem für Guangzhou sind?	Starke Ablehnung/ Ablehnung[a]	Teils, teils	Große Zustimmung/ Zustimmung[b]	Weiß nicht
Luftverschmutzung	4,3	3,2	88,2	4,3
Lärmbelästigung	6,0	4,6	85,4	4,0
Wasserverschmutzung	12,7	5,0	73,7	8,6
Verschmutzung des Zhu-Flusses	4,0	3,8	87,7	4,5
Chemische Verschmutzung	6,2	5,4	46,0	42,4
Atomare Verschmutzung	17,5	4,3	20,0	58,2
Verschmutzung der natürlichen Umwelt	6,8	4,1	72,4	16,7
Verwendung von Plastiktüten	3,9	5,3	70,4	20,4

Anmerkungen: N ist 916. Die fehlenden Angaben für jeden Punkt liegen zwischen 4 und 11. Wegen der kleinen Anzahl fehlender Angaben spezifizierten die Autoren nicht jedes N.

Die Antworten starke Ablehnung" und „Ablehnung" wurden zu „starke Ablehnung/Ablehnung" zusammengefasst.

Die Antworten „große Zustimmung" „Zustimmung" wurden zu „große Zustimmung/Zustimmung zusammengefasst.

Tabelle 9-1 Ernste Verschmutzungsprobleme in Guangzhou

Beispiel Artenschutz und Delikatessen:

In einer Studie aus dem Jahr 2000 gaben rund 46% der befragten 21.739 Stadtbewohner aus Chinas 16 Provinzhauptstädten und 5 anderen Städten zu, wilde Vögel und Tiere seit letztem September gegessen zu haben. Viele glaubten, diese seien nahrhafter als Tiere aus Farmhaltung. Mehr als 38% gaben an, sie taten es vor allem aus Neugier und fast 16% um ihren sozialen Status zu demonstrieren. 76% stimmten zu, dass es nicht notwendig ist, wilde Tiere zu essen, weniger als 13% waren sich nicht sicher. Die meisten Menschen stimmten zu, dass es gesundheitlich nicht sicher ist, nur 8,3% waren sich sicher, dass es harmlos ist wilde Tiere zu essen. 82% waren sich darüber im klaren, dass es die ökologische Umwelt zerstört, derartige Tiere zu essen, aber mehr als 36% der Befragten interessierten sich nicht für ihre Herkunft. Dabei wurden ca. 87% der Tiere gewildert oder vergiftet.[460] Insofern ist es schon ein enormer Fortschritt, dass in Beijings Zoo die Beschilderungen zu den Tierarten inzwischen keine Aussage mehr über ihre Essbarkeit treffen.[461]

9.3 Weitere Erkenntnisse zum chinesischen Umweltbewusstsein

- Grundsätzlich sind die Teile der Bevölkerung umweltbewusster, die über eine höhere Bildung verfügen.

- In China gibt es außerdem den Trend, dass die Jugend umweltbewusster ist als die älteren Generationen. Shapiro begründet das damit, dass sich die jungen Menschen danach sehnen ein Teil der Weltgemeinschaft zu werden. Sie sind besonders besorgt um Chinas Umweltzustand, was die vielen in den letzten Jahren gegründeten Studentenorganisationen zeigen. Die Studenten seien sehr gut informiert, wenn nicht sogar besser als ihre Altersgenossen in anderen Ländern, so Shapiro. Außerdem seien sie sehr interessiert an NGOs und der Frage, wie diese es schaffen, Umweltwerte und Umweltpolitik in anderen Teilen der Welt zu vermitteln. Wenn sie die Studenten fragte, warum wir die Umwelt schützen sollten, bekam sie überraschend oft die Antwort „weil wir ein direkter Teil der Natur sind", eine Antwort die charakteristisch ist für die ökozentrische Ausrichtung der Umweltbewegung.[462]

- Ein Potential für den Umweltschutz stellten jedoch, so Shapiro, auch die älteren Generationen dar, die sich noch an grüne Wälder

---

[460] vgl. o.V.: Environmentalists not so wild about Spring Festival, (21.01.2000), www.1chinadaily.com.cn, 25.06.2002

[461] vgl. Woo, Amy: First Ever NGO Challenges Traditions, (18.03.1997), http://forest.org, 05.09.2002

[462] vgl. Shapiro, Judith: Mao's War Against Nature, Cambridge u.a. 2001, 210f

und klares Wasser erinnern können und Opfer der Zeit der Kultur-revolution wurden. Nach dem idealen Verhältnis von Umwelt und Mensch befragt, bekam Shapiro auch Anfang des 21. Jahrhunderts am häufigsten die Antwort „*Tian Ren Heyi*" (Harmonie zwischen dem Himmel und der Menschheit), was zeigt, dass die Mao-Jahre dieses traditionelle Denken nicht völlig zerstören konnten.[463]

- Bei einer Befragung von Einwohnern 10 chinesischer Städte[464] im Jahr 2000 fanden Experten heraus, dass das Umweltbewusstsein vor allem angesichts von Naturkatastrophen wie Sandstürmen und Ver-wüstung gestiegen war. Daneben trug der Wunsch nach der Aus-richtung der Olympischen Spiele 2008 auch zum Umweltgedanken bei.[465]

- Chinesisches Umweltbewusstsein ist natürlich auch ein Ergebnis der Geschichte und Kultur Chinas. So schloss eine Studie der Polytech-nischen Universität von Hongkong, bei der man das Interesses der Öffentlichkeit für die Vermarktung von Ökoprodukten maß, wie folgt: „(A)ny sense of personal helplessness is a legacy of both Confucianism and Communism, attitudes honed from centuries of education and decades of condemnation or persecution for indiv-idualistic action."[466]

- Bei einer Umfrage unter Studenten in Chengdu, Sichuan, fand man heraus, dass die männlichen Studierenden über ein fundierteres Umweltwissen verfügten, ihre weiblichen Kommilitoninnen hinge-gen eher dazu bereit waren, sich an Maßnahmen zum Umweltschutz zu beteiligen.[467]

---

[463] vgl. ebd. 213

[464] Beijing, Shanghai, Guangzhou, Wuhan, Chengdu, Baoding, Ningbo, Mianyang, Jinzhou und Xianyang, insgesamt 3.242 befragte Personen.

[465] vgl. o.V.: Environment tops list of concerns, (23.10.2000), www.1chinadaily.com.cn, 25.06.2002

[466] vgl. o.V.: A Heap of Concerns over Great Wall Garbage, Christian Science Monitor, 13.09.2000, 7

[467] vgl. Blasum, Holger: Report on environmental awareness of middle school and university students 1996, www.blasum.net, 15.02.2002

• Zum Umweltbewusstsein der Printmedien fand die Umweltschutz-
NGO Friends of Nature in ihrer Studie von 1995 folgendes heraus:[468] Obwohl das Umweltbewusstsein in wirtschaftlich höher entwickelten Regionen größer ist, korreliert es nicht immer direkt mit
dem lokalen Wirtschaftswachstum. Im vergleichsweise unterentwik-
kelten Südwesten haben einige Zeitungen ein höheres Umweltbewusstsein als die im Nordwesten. Im wirtschaftlich entwickelten
Osten sind Zeitungen um das Delta des Yangtze-Flusses wesentlich
besser als die am Delta des Perlflusses.[469]

9.4 Chinesisches Umweltbewusstsein empfunden von Außensei-tern

Ausländer bemerken in China recht schnell, dass Umweltbewusstsein,
sofern vorhanden, anders verstanden wird. So kommentiert das Abend-
blatt: „Für Chinesen heißt ein „sauberer" Fluss: Das Ufer ist grün.
Schöne Fassaden überdecken vieles. Umweltbewusstsein ist nicht aus-
geprägt, die persönliche Betroffenheit fehlt." „Die Umwelt sauber halten" bedeutet, im Zug den Müll aus dem eigenen Abteil zu werfen.[470]
Das für Umweltprobleme benutzte Wort heißt „Hygiene", es wird mehr
mit „Sauberkeit" gleichgesetzt." „Die Grünflächenstatistik zählt ja auch
jeden Blumenkübel mit." „Die Chinesen essen die Bestände leer", klagt
das Bundesamt für Naturschutz."[471]

---

[468] vgl. o.V.: Survey on Environmental Reporting in Chinese Newspapers (1995).
Friends of Nature (FON) April 1996, www.chinaenvironment.net, 11.06.2002
[469] Der Grund dafür könnte darin liegen, dass der Nordwesten kontinuierlich mit
Umweltproblemen wie Bodenerosion, Ressourcenarmut und Umweltzerstörung zu
tun hat, während die Probleme im Süden eher zufälliger Natur sind – wie Überschwemmungen und ähnliche Umweltkatastrophen. Letztere gelangen eher in die
Schlagzeilen.
[470] Dies ist auf Langstrecken nicht mehr möglich – die Fenster lassen sich nicht
mehr öffnen – eine Reaktion der Chinesischen Bahn auf die früher völlig vermüllten
Gleise.
[471] o.V.: Shanghai, wie es stinkt und kracht, www.abendblatt.de, 30.01.2002

Auch die chinesischen Minderheiten scheinen mit der Han-chinesischen[472] Einstellung zur Umwelt nicht klarzukommen. Auf mehren Internetseiten, die über Tibetreisen informierten, tauchten Empfehlungen wie diese auf: „Versuchen Sie auch, dieses Umweltbewusstsein beim Reiseveranstalter und der Begleitmannschaft durch Ihr vorbildliches Verhalten zu fördern."[473] oder „Dies (Vergraben von organischem Abfall, Mitnahme von Müll, Anm. d. Verf.) sollte auch nicht auf die Fremdenführer abgewälzt werden, die oft nur über ein geringes Umweltbewusstsein verfügen."[474] Dazu muss man wissen, dass Reiseveranstalter und Begleitmannschaft oft Han-chinesisch sind.

Und so urteilt auch Liao Xiaoyi, Vorsitzende der Umweltschutz-NGO Global Village Beijing: „In China, there is lots of water and air pollution, and plant species disappearing, but Chinese citizens feel OK, they feel good; they never think that the environment is priority issue."[475] Dennoch scheint sie überzeugt, dass sich in Sachen Umweltbewusstsein in den letzten Jahren etwas getan hat: „Vor gut einem Jahrzehnt glaubten die Chinesen, dass Umweltschutz das Pflanzen von Bäumen und das Verbot von Spucken bedeutet."[476] Heute habe sich das geändert. Laut Liao lässt sich dies auch an der verfügbaren Literatur ablesen: „Vor gut einem Jahrzehnt war es kaum möglich, in China ein Buch über Umweltschutz zu finden."[477] Bechert machte hingegen eine völlig andere Erfahrung. Als sie überrascht über das reichhaltige Literaturangebot zu Umweltthemen in chinesischen Buchläden die Verkäuferinnen

---

[472] Die Han-Chinesen stellen die Mehrheit der chinesischen Bevölkerung, die insgesamt aus über fünfzig verschiedenen Völkergruppen besteht.

[473] vgl. o.V.: Empfehlungen für Ihre Tibetreise, www.tibet-genf-net, 30.01.2002

[474] vgl. o.V.: Verhaltenshinweise, www.tibetfocus.com, 30.01.2002

[475] vgl. o.V.: Through a Green Light: Environmental Activism Puts Down Roots of China, (04/2000), www.satyamag.com, 28.06.2002

[476] vgl. o.V.: Individuals Changing the World, Beijing Review, 14.08.2000, 15

[477] ebd. 14

ansprach, bekam sie folgende Erklärung: „Wir Chinesen interessieren uns nicht dafür. Deshalb kauft die Bücher niemand."[478]

Einige Beispiele aus eigener Erfahrung

- Während meines Aufenthaltes in China habe ich einige Situationen erlebt, die mich erstaunten. Chinesische Touristen fielen mir dabei besonders auf. Sie benahmen sich in Naturgebieten genauso wie in den Städten, z.B. warfen sie ihren Müll achtlos irgendwo hin und beinahe nie in die dafür vorgesehenen Behältnisse. War man an Bord eines Schiffes ging alles, was man nicht mehr brauchen konnte über die Reling. Die gleichen Chinesen besangen abends in der Karaoke voller Stolz die schönen Landschaften Chinas.

- Dass die betreffenden Chinesen nicht aus Böswilligkeit so handelten, lernte ich auch in Momenten wie diesen: Auf einer Schiffsreise sah ich wie eine Großmutter mit ihrem Enkelchen eine bunte Tüte in Streifen zerriss und diese mit dem Wind davon segeln ließ. Das Kleine war begeistert.

- Noch etwas zum Thema Plastiktüten: In chinesischen Supermärkten wird beinahe jeder Artikel einzeln in eine Tüte eingepackt. Dies ist Ausdruck des Service-Gedankens und des wirtschaftlichen Wandels der letzten Jahre zumindest in den Großstädten. Meine Freunde und ich versuchten manchmal diese Tüten abzulehnen, weil wir sie selbst dann nicht aufbrauchen konnten, wenn wir sie als Mülltüten weiter verwendeten. Mitunter hatten wir dabei den Eindruck, die VerkäuferInnen zu beleidigen. Einmal hatte ich mir ein Eis und Joghurt gekauft und es gerade geschafft, die obligatorische Plastiktüte abzuwehren. Ehe ich mich versah lag auf meinen Einkäufen ein Fünferpack eingeschweißter Plastiklöffel, kostenlos versteht sich.

- Meine französische Mitbewohnerin stritt in Shanghai mit ihrer chinesischen Freundin darüber, ob die Chinesen ihren Müll einfach auf

---

[478] vgl. Bechert, Stefanie: Die Volksrepublik China in internationalen Umweltregimen – Mitgliedschaft und Mitverantwortung in regional und global arbeitenden Organisationen der Vereinten Nationen, Münster 1995, 1

die Straße werfen oder nicht. Allein die Straße, die zu unserer Wohnung führte, beantwortete die Frage.

- Am Weltumwelttag, dem 5. Juni 2001 besuchte ich eine Shanghaier Veranstaltung zum Umweltschutz. Sämtliche Teilnehmer trugen Wegwerf-Westen, die aus einem Material waren, dass nach einmaligem Tragen unbrauchbar wurde. Als während der Veranstaltung ein paar Tropfen Regen vom Himmel kamen, hatten die Umweltfreunde sofort neue Regenschirme zur Hand. Diese waren eingeschweißt in Plastikhüllen. Nach nur wenigen Minuten war der Boden bedeckt von ihnen und alles hatte sich vor dem Regen in Sicherheit gebracht.

9.5 Wodurch steigt das Umweltbewusstsein?

„(...) many people today are not concerned about the environment. Only if „a feeling of urgency" about something arises does the public feel the need to get involved in environmental matters. "

Liu Tiesheng, Vorsitzender des städtischen Umweltschutzbüros Shenyang [479]

In vielen Fällen erfahren die Menschen von Umweltproblemen durch persönliche Erfahrung, Verletzung oder Verlust. [480] So ist das Umweltbewusstsein dort am größten, wo die Umweltverschmutzung am offensichtlichsten ist – in den Städten. [481] Auch Shapiro unterstützt die These, dass die starke Verschmutzung das Umweltbewusstsein in China steigen lassen hat. Gleichzeitig berichtet sie von einem Fall, in dem nicht die Verschmutzung, sondern der Ausnahmefall – der blaue Him-

---

[479] Mei, Bing u. Cai, Fang: Should Environmental Quality Reports No Longer Be Kept Secret? (Sanlian Shenghuo Zhoukan, 1997, 26-27), 11.06.02

[480] vgl. Hsiao, Hsin-Huang Michael; Milbrath, Lester W. und Weller, Robert P.: Antecedents of an Environmental Movement in Taiwan, Capitalism Nature Socialism A Journal of Socialist Ecology, 23.09.95, 91ff

[481] vgl. Edmonds, Richard Louis (Ed.): Managing the Chinese Environment, Oxford u.a. 2000, 2

mel – zu einer Steigerung des Umweltbewusstseins führte: Im Herbst 1999 als die chinesische Regierung der Welt ein glorreiches Beijing zum 50. Geburtstag der Volksrepublik präsentieren wollte, wurden für einige Zeit die schlimmsten Fabriken der Hauptstadt abgestellt. Dadurch wurden die Beijinger für wenige Tage daran erinnert, wie es ist, einen blauen Himmel zu sehen. Es entstand in der Folge öffentlicher Druck, die Luftverschmutzung stärker zu bekämpfen und einen blauen Himmel über der Hauptstadt zu wiederholen.[482]

Durch Argumente oder Beispiele scheinen die Menschen nicht zu lernen, meinen auch Hsiao, Milbrath und Weller, obwohl die Natur unser effektivster Umweltlehrer sein könnte. Doch mit steigendem Wissen steigt auch das Umweltbewusstsein.[483] Die Aufklärung im Gesundheitsbereich beispielsweise trug in China genau wie TV-Programme über Umweltverschmutzung und ihre Folgen dazu bei, dass die Bevölkerung erkannte, dass gegen diese Dinge etwas unternommen werden kann.[484] Gesetze können das Umweltbewusstsein ebenso steigern, wenn sie auch über Rechte aufklären, von denen man zuvor möglicherweise nichts geahnt hat. In China stieg die Zahl der Umweltklagen nach der Verbesserung des rechtlichen Rahmens beträchtlich.[485] In diesem Fall ist das Verhalten der Menschen aber sicherlich anthropozentrisch und Umweltschutzmaßnahmen nicht der Umwelt willen veranlasst.[486]

Für Shapiro sind Voraussetzungen für die Entwicklung eines Umweltbewusstseins in der Bevölkerung die Möglichkeit der politischen Beteiligung, öffentliche Befreiung und Übersicht, intellektuelle Freiheit und Gesetzdurchsetzung, Respekt vor regionalen Unterschieden und

---

[482] Shapiro, Judith: Mao's War Against Nature, Cambridge u.a. 2001, 209

[483] vgl. Hsiao, Hsin-Huang Michael; Milbrath, Lester W. und Weller, Robert P.: Antecedents of an Environmental Movement in Taiwan, Capitalism. Nature. Socialism. A Journal of Socialist Ecology, 23.09.95, 91ff

[484] vgl. Jun, Jing: Environmental Protest in Rural China,, in: Perry, Elizabeth J.; Selden, Mark (Hrsg.): Chinese Society: Change, Conflict and Resistance, London 2000, 151ff

[485] vgl. ebd. 159

[486] vgl. ebd. 143

lokalem Wissen und Landbesitz – um ein Gefühl für Verantwortung zu entwickeln. Ein verantwortungsbewussteres Verhalten könnte durch Redefreiheit, ein Beteiligungsrecht bei Landnutzungsentscheidungen, die die Prinzipien der Unterstützung respektieren, die Entwicklung von Bürgerschutz und eines durchsetzbaren gesetzlichen Rahmens, Respekt vor dem Lernen und der Information gefördert werden.[487]

9.6 Schlussfolgerung

Es gibt ein chinesisches Umweltbewusstsein. Dieses ist jedoch nach mehreren Seiten beschränkt. Zwar werden von der Bevölkerung die Probleme zunehmend erkannt, ihre Ursachen und Möglichkeiten zur Beseitigung jedoch noch nicht gesehen. Es besteht ein Wissensdefizit. Der Zusammenhang zwischen eigenem Handeln und Umweltverschmutzung muss erst klar werden bevor man erwarten kann, dass die Menschen ihr Verhalten ändern. Die Vermittlung dieses Wissens ist u.a. die Aufgabe von Umweltschutzorganisationen. Die meisten chinesischen Nichtregierungsorganisationen, die sich dem Umweltschutz widmen, haben sich in erster Linie der Umweltbildung und der Steigerung des Umweltbewusstseins in der Bevölkerung verschrieben. Bevor es um die charakteristischen Züge chinesischer Umweltschutz-NGOs gehen soll, folgt im anschließenden Kapitel ein Abstecher in die globale Rolle der Nichtregierungsorganisationen im Umweltschutz.

---

[487] vgl. Shapiro, Judith: Mao's War Against Nature, Cambridge u.a. 2001, 18

10 Nichtregierungsorganisationen im weltweiten Kontext

10.1 Begriffsbestimmung

Nach Vakil sind Nichtregierungsorganisationen „self-governing, private, not-for-profit organizations that are geared toward improving the quality of life of disadvantaged people."[487] Dabei sind sie weder Teil der Regierung noch von einer öffentlichen Institution kontrolliert. Sie sind Bestandteil der bürgerlichen Gesellschaft, „a space or arena between households and the state which affords possibilities of concerted action and social self-organization."[488]

10.2 Entwicklung der NGOs

Nichtregierungsorganisationen, die sich für den Umweltschutz engagieren gibt es nicht erst seit der zweiten Hälfte des 20. Jahrhunderts, die Mehrzahl der heute existierenden Umweltschutzgruppen wurde allerdings in dieser Zeit gegründet. In den 70er Jahren waren NGOs noch auf einzelne Staaten und Probleme konzentriert, seit den 80ern haben sie ihren Fokus mehr und mehr auf globale Fragen gerichtet. Die Veränderung innerhalb der Grünen Bewegung muss dabei vor dem Hintergrund einer großen kulturellen Veränderung der politischen Ökologie in den 70er zu globaler Ökologie in den späten 80er Jahren gesehen werden. Die Entwicklung im Umweltschutz korrespondiert mit dem weltweiten Trend der Globalisierung der Zivilgesellschaft. Umweltschutz-

---

[487] vgl. Vakil, Anna C.: „Confronting the Classification problem: Toward a Taxanomy of NGOs", World Development, 11/1997, 2060, in: Tuijl, Peter van: Sources of Justice and Democracy, Journal of International Affairs, Frühjahr 1999, 493ff

[488] vgl. Lehning, Percy B.: „Towards a Multi-Cultural Civil Society: The Role of Social Capital and Democratic Citizenship in Civil Society and International Development", in: Bernard, Amanda; Helmich, Henry u. Lehning, Percy B. (Hrsg.): Paris 1998, 27ff

NGOs sind so die Fortsetzung der sozialen Bewegung auf globaler Ebene.[489]

Das ausgehende 20. Jahrhundert wird auch als „das Jahrhundert der internationalen Organisationen und Regime"[490] bezeichnet. Das Wachstum in Größe und Anzahl der Nichtregierungsorganisationen, die sich für den Umweltschutz engagierten, gab schließlich auch Anlass zu einer vertiefenden wissenschaftlichen Auseinandersetzung mit ihnen. Zum anderen wurde mit der Zeit gewiss, dass es sich nicht nur um ein Randphänomen handelte.[491] Zwischen 1909 und 1988 stieg die Anzahl der NGOs weltweit von 176 auf 4.518.[492] Inzwischen gibt es allein auf den Philippinen 18.000 NGOs. Die Mitgliederzahl von Greenpeace stieg zwischen 1985 und 1990 von 1,4 Millionen auf 6,75 Millionen. Die jährlichen Erträge von Greenpeace wuchsen von 24 Millionen auf 100 Millionen US$ an.[493]

NGOs kooperieren mit internationalen Institutionen wie der UNEP und nehmen an bedeutenden Konferenzen teil. Die Stiftung „Entwicklung und Frieden" spricht sogar von einer „NGOisierung der Weltpolitik". Diese Teilnahme an Konferenzen ist für die NGOs aus zwei Gründen von Vorteil. Zum einen verhilft die starke Medienpräsenz ihnen zur wirksamen Bekanntmachung ihrer Ziele und zum zweiten ist bei diesen Konferenzen massiver Lobbyismus möglich und unbequeme Themen können auf die Tagesordnung gebracht werden. Die NGOs haben so

---

[489] vgl. Finger, Matthias: NGOs and transformation: Beyond social movement theory, in: Princen, Thomas; Finger, Matthias: Environmental NGOs in World Politics – Linking the local and the global, New York u.a. 1994, 48ff

[490] vgl. Schwarz, Hans-Peter: Die neue Weltpolitik am Ende des 20. Jahrhunderts – Rückkehr zu den Anfängen vor 1914?, in: Kaiser, Karl; Schwarz, Hans-Peter (Hrsg.): Die neue Weltpolitik, Bonn 1995, 31

[491] vgl. Finger, Matthias: NGOs and transformation: Beyond social movement theory, in: Princen, Thomas; Finger, Matthias: Environmental NGOs in World Politics – Linking the local and the global, New York u.a. 1994, 1f

[492] vgl. Union of International Associations, Yearbook of International Organizations 1988/89 Munich, 1988, 36

[493] vgl. Tolba, Mostafa K. (Hrsg.): The World Environment 1972-1992. Two Decades of Challenge, Nairobi u.a. 1992, 680

einen Einfluss auf Bildung, Aufrechterhaltung und Weiterentwicklung internationaler Umweltregime. Sie führen gleichzeitig eine „Globalisierung von unten" durch die Entwicklung einer gemeinsamen (Umwelt-) Ethik in unterschiedlichen nationalen Zivilgesellschaften der Welt durch.[494]

Rolle der NGOs in der globalen Umweltpolitik
Thematisierung umweltrelevanter Fragestellungen („agenda setting")
Beeinflussung des öffentlichen Meinungsbildungsprozesses („opinion leading")
Einwirkung auf die Formulierung politischer Strategien („policy formulation")
Forcierung der Implementierung eingegangener staatlicher Verpflichtungen („policy implementation")
Beobachtung und Bewertung staatlicher Maßnahmen („policy monitoring")

Tabelle 10-1 Rolle der NGOs in der globalen Umweltpolitik (vgl. Langner/Jaeckel: Globalisierung und Umwelt – Integration von Umweltaspekten in die Weltwirtschaftsordnung, Studie i.A. des Bundesministeriums für Umwelt, Naturschutz und Reaktorsicherheit, Berlin 2000, 33)

10.3 Notwendigkeit von NGOs

Die Entstehung der Umweltschutz-NGOs steht natürlich in Zusammenhang mit den biophysischen Veränderungen auf der Erde. Diese gravierende Verschlechterung der Ökosysteme, der Fakt, dass die Menschheit nie zuvor Umweltprobleme dieses Ausmaßes gesehen hat und die Gewissheit, dass diese Probleme nicht nur biophysisch, sondern auch sozial und vor allem global sind, verlangte nach einer neuen politischen Lösung.[495] Schließlich gibt es innerhalb von Demokratien die Tendenz, die Verantwortung aufeinander abzuwälzen. Die Wahlsysteme von liberalen Demokratien sind außerdem so kurzfristig, dass sich die Beschäftigung mit langfristigen Problemen wie Umweltfragen scheinbar

---

[494] vgl. Langner, Alexandra, Jaeckel, Ulf: Globalisierung und Umwelt – Integration von Umweltaspekten in die Weltwirtschaftsordnung, Studie i.A. des Bundesministeriums für Umwelt, Naturschutz und Reaktorsicherheit, Berlin 2000, 25ff
[495] vgl. Finger, Matthias: NGOs and transformation: Beyond social movement theory, in: Princen, Thomas; Finger, Matthias: Environmental NGOs in World Politics – Linking the local and the global, New York u.a. 1994, 9

nicht lohnt.[496] Die Konsequenzen des Handelns heute für die Umwelt sind schwierig nachzuvollziehen aus drei Gründen:

1) Aktion und Konsequenz sind voneinander getrennt durch zwischengeschaltete Prozesse.[497]

2) Die Distanz zwischen Aktion und Konsequenz machen moralische Verantwortung für Umweltschäden schwierig.

3) Das große Ausmaß der Umweltzerstörung macht ihr Management problematisch.[498]

In den letzten Jahrzehnten haben NGOs immer mehr Druck auf Regierungen ausüben können, wenn es um globale und lokale Umweltprobleme ging und haben so wichtige internationale Verträge mitbestimmt.[499] Gleichzeitig gab es aber auch einen Trend weg von der Radikalökologie hin zur Zusammenarbeit mit Regierungen, Unternehmen etc.[500]

10.3.1 NGOs als Verbindung zwischen „Top-Down" und „Bottom-Up"

Im folgenden werden die klassischen Politikimplementierungsrichtungen „von oben nach unten" (Top-down) und von „unten nach oben"

---

[496] vgl. Milton, Kay: Environmentalism and Cultural Theory - Exploring the role of anthropology in environmental discourse, London u.a. 1996, 137f

[497] z.B. der Zusammenhang zwischen Kauf von Regenwaldholzmöbeln und der Abholzung des Regenwaldes.

[498] vgl. Milton, Kay: Environmentalism and Cultural Theory - Exploring the role of anthropology in environmental discourse, London u.a. 1996, 152ff

[499] Vertreter amerikanischer Umweltschutz-NGOs befürchten allerdings, dass NGOs auch ihren Einfluss verlieren, wenn Regierung durch riesige Handelsabkommen an Macht verlieren, und plädieren dafür, diesen undemokratischen Trend zu stoppen. vgl.: o.V.: Globalization at odds with efforts to protect earth, (23.02.2000), www.1chinadaily.com.cn, 25.06.2002

[500] vgl. Diekmann, Andreas; Preisendörfer, Peter (Ed.): Umweltsoziologie - Eine Einführung, Hamburg 2001, 153

(Bottom-up) beschrieben und wie es NGOs schaffen zwischen beiden eine Verbindung herzustellen.

10.3.1.1 „Top-down" – Richtung in der Politik

Weltweit gibt es zwei Richtungen in der Politikimplementierung. Die erste ist die „Top-Down"-Richtung, d.h. „von oben nach unten" aus der klassischen europäischen Diplomatie. Bilaterale und multilaterale Verhandlungen sind für sie genauso typisch wie ein globales Management, sowie die Erachtung von Kapital und Technologie als wesentlich für die Lösung von Entwicklungsproblemen und Ressourcenfragen. Diese politische Ausrichtung ist leicht zu kritisieren als dominantes Konzept und Neo-Kolonialismus oder als Rekapitulation von militärischer und wirtschaftlicher Macht durch Eliten. Es ist eine falsche Annahme, dass die Staaten die führende Rolle im Umweltschutz einnehmen. Im Gegenteil, Regierungen sind oft Hauptverursacher von Umweltzerstörung und andere Mächte wie die Wirtschaft spielen eine wichtigere Rolle. Oftmals ist der Staat sogar Hindernis für positive Veränderungen. D.h. die traditionelle Diplomatie ist nicht in der Lage, die Umweltprobleme unserer Zeit, die weitaus komplexer als rein technische Probleme sind, zu lösen. Sie verlangen hingegen nach integrativen, interdisziplinären und mehrstufigen Lösungswegen. „Top-Down"-Aktionen verfehlen jedoch oft ihr Ziel, wenn es um lokale Dimensionen geht.

10.3.1.2 „Bottom-Up" – Richtung in der Politik

Die zweite Grundrichtung ist die „Bottom-up"-Richtung, d.h. „von unten nach oben". Sie betont Grassroots-Organisation, teilnehmende Entscheidungsprozesse, lokale Selbstbestimmung und die Gemeinschaft. Erfolg wird nicht anhand von Produkten, Verträgen o.ä. gemessen, sondern an Prozessen, die langfristig auf Probleme reagieren und wünschenswerte Lösungen fördern. In der Praxis hat die „Bottom-up"-Richtung mehrere Schwächen. Viele verstreute lokale Erfolge haben nicht die Kraft sich zusammenzuschließen, um regionale oder gar globale Probleme in Angriff zu nehmen. Es fehlt ihr außerdem an den nötigen horizontalen und vertikalen Verbindungen. Sie ist konfuser als die „Top-Down"-Richtung, weshalb es leicht ist, sie zu ignorieren oder bedeutungslos aussehen zu lassen.

10.3.1.3 Die Verbindung von „Top-Down" und „Bottom-Up": NGOs

Die Bedeutung der internationalen NGOs liegt darin, dass sie eine Verbindung zwischen „Top-Down-" und „Bottom-Up"-Konzepten herstellen. Sie sind dabei weder klassische „Top-Down"- noch „Bottom-Up"-Organisationen. Weder WWF noch Greenpeace beispielsweise sind in erster Linie Grassroots-Organisationen. Für Greenpeace ist es typisch, ein Problem zu identifizieren, eine Direct-Action-Aktion durchzuführen, dabei die Medien zur Berichterstattung über diese zu animieren und wieder zu verschwinden. Der WWF finanziert Naturschutzprojekte, schickt technische Experten und versucht das Problem auf eigenen Beinen stehen zu lassen.

NGOs ersetzen dabei keine internationale Politik, aber sie können sie beeinflussen. Einige NGOs haben auch finanziell soviel Macht, dass sie Regierungen und andere NGOs in ihrem Verhalten beeinflussen können. Andere können sich der Medienaufmerksamkeit sicher sein. Organisationen wie der WWF sind in der Lage eine weltweite Mitglieder- und Medienkampagne zu starten wenn das nötig ist. Sie können die Kommunikation fördern und Unterstützung oder Opposition anfordern, Lobbyismus koordinieren und wissenschaftliches Wissen vermitteln durch ihre eigenen Forschungseinrichtungen und Verbindungen zu wissenschaftlichen und einheimischen, landwirtschaftlichen Gemeinden.[501]

Die Legitimität der Umweltschutzorganisationen kommt auch daher, dass sie oft ein Problem fokussieren und eine kompromisslose Einstel-

---

[501] vgl. Princen, Thomas: NGOs: Creating a niche in environmental diplomacy, in: Finger, Matthias: NGOs and transformation: Beyond social movement theory, in: Princen, Thomas; Finger, Matthias: Environmental NGOs in World Politics – Linking the local and the global, New York u.a. 1994, 29ff

lung zu Umweltfragen haben. Im Gegensatz zu Regierungen, die wesentlich mehr bedenken müssen und mehr Probleme behandeln. Die Menschen mögen Greenpeace-Stunts dabei nicht nur, weil sie mutig und spektakulär sind, sondern weil die Greenpeacer sie nicht aus Selbstinteresse machen, sondern für die Umwelt. Sie riskieren ihr Leben und sind so Helden in einer Zeit, in der es wenige Helden gibt. Umweltschutz-NGOs nehmen große Probleme in Angriff und besitzen die Fähigkeit, die Transparenz der dominanten Akteure zu fördern. Sie haben einen überstaatlichen Charakter und Zugang zu internationalen Entscheidungsprozessen. Sie üben indirekt politischen Druck aus und beeinflussen direkt durch ihre Teilnahme an Konferenzen. NGOs verbinden das Lokale mit dem Globalen wo Staaten und internationale Organisationen nicht dazu in der Lage sind. In Entwicklungsländern können sie durch Maßnahmen wie das Kaufen von Schuldanteilen im Austausch gegen staatliche Umweltschutzmaßnahmen Einfluss nehmen auf die Praxis der Staaten. Da sie durch ihren überstaatlichen Charakter frei sind, können sie neue Verbindungen herstellen. Durch Projekte, Lobbyismus, Überwachung, Teilnahme an Verhandlungen, „Direct action" usw. errichten sie Kontakte zwischen Staaten und Organisationen, lokalen und globalen Akteuren. Umweltschutzorganisationen haben Einfluss durch Wissen in Gebieten, die anderswo ignoriert werden aufgrund von ökonomischen Interessen. Sie füllen eine Nische, die andere internationale Akteure nicht füllen können.[502]

10.3.2 Umweltschutz-NGOs und die Theorien sozialer Bewegungen

Die Theorie der sozialen Bewegungen kennt drei Hauptlehren:

1) Die Zyklische Theorie von Alain Touraine,

2) die Linearen Theorien z.B. von Claus Offe und Jürgen Habermas und

3) die Historischen Theorien.

---

[502] vgl. ebd. 35ff

10.3.2.1 Die Zyklische Theorie

Die Zyklische Theorie geht von einer materialistischen Weltsicht aus, innerhalb derer die soziale Bewegung darum kämpft, an der politischen Macht teilhaben zu können. Das Problem dieser Theorie ist, versucht man sie auf die Umweltschutz-NGOs zu übertragen, dass diese nicht primär darum kämpfen staatliche Macht zu erlangen, sondern versuchen die Staaten in ihrem Umgang mit der Umwelt zu beeinflussen.

10.3.2.2 Die Linearen Theorien

Auch die marxistisch inspirierten Linearen Theorie nach Offe und Habermas erklären das NGO-Phänomen nur unzureichend. Laut Offe helfen soziale Bewegungen der Regierung und sind nur eine Übergangserscheinung bis die Politik den richtigen Weg gefunden hat. Sie tragen zur Politisierung der Gesellschaft bei und helfen dem politischen System die Herausforderungen der industriellen Entwicklung anzunehmen. Laut Habermas sind soziale Bewegungen Ausdruck entfremdeter sozialer Realität und gleichzeitig eine gesunde Reaktion dagegen. Der Schlüsselbegriff lautet bei ihm „technische Rationalität". Je größer diese in der Lebenswelt ist, umso größer ist die Chance, dass Bürger sich in einer sozialen Bewegung engagieren. Eine technische Rationalität ist gleichbedeutend mit einer Schwächung des politischen Systems, bei der soziale Bewegungen auftauchen, um die Lücke zu füllen. Wenn sie es schaffen ihr zu begegnen, schaffen sie gleichzeitig die politische Autonomie wieder und sind Vermittler von Arbeit und Interaktion.

10.3.2.3 Die Historischen Theorien

Die Historischen Theorien versuchen durch Ressourcenmobilisierung gegen die Lücken in den marxistisch-inspirierten Theorien vorzugehen. Sie kombinieren dabei kollektive Aktionen mit der Organisationstheorie, die davon ausgeht, dass es rational ist für Bürger an einem politischen System mitzuwirken. Die Gesellschaft wird als ein Aggregat von rationalen individuellen Akteuren angesehen. Außer acht gelassen werden jedoch die emotionale Komponente und die Überstaatlichkeit.

Keine der oben genannten Theorien passt gut auf die soziale Bewegung in der globalen Dimension, da alle auf die nationale Ebene beschränkt sind.

10.3.2.4 Die Third System Theory

Der Wirklichkeit am nächsten kommt die Third System Theory u.a. von Marc Nerfin. Ihr Ausgangspunkt ist die „Entwicklungskrise", die es sowohl in den entwickelten als auch den unterentwickelten Ländern der Erde gibt. Sie ist sowohl wirtschaftlich, finanziell, ökologisch, sozial, kulturell, ideologisch als auch politisch geprägt. Die soziale Bewegung ist die Bewegung aller, die leiden.[503] Auf globaler Ebene gibt es daher eine große Vielfalt innerhalb der Bewegung. Die bürgerlichen Bewegungen haben die kritische Rolle der Katalysatoren inne, d.h. sie definieren die Politik neu, sie formen Institutionen um, um den Menschen eine Entwicklungsvision aufzuzeigen. Sie sind Beobachter des Systems und Opponenten, die Versöhnung mit Gerechtigkeit erleichtern und Entwicklungsprogramme einführen. Doch auch die Third System Theory erklärt das NGO-Phänomen unzureichend. Sie reduziert die Umwelt- und Entwicklungskrise auf eine politische Krise, die durch Nichtbeteiligung im Entwicklungsprozess verursacht ist. Daher muss die Beteiligung der Menschen am Entscheidungsprozess auf allen Ebenen der Gesellschaft vergrößert werden. Ein globales politisches System, wie es die Third System Theory verlangt, existiert jedoch nicht und ist möglicherweise auch nicht wünschenswert. Auch werden die kulturellen Hintergründe der Akteure vernachlässigt und soziologische Phänomene wie Institutionalisierung, Macht und Kontrolle außer Acht gelassen, genauso wie die Tatsache, dass NGOs nicht nur an Entscheidungsprozessen teilnehmen, sondern selbst welche schaffen. Dass der Prozess

---

[503] übereinstimmend: Galtung, Johan: The Green Movement: A Socio-Historical Exploration, in: Redclift, Michael; Woodgate, Graham (Ed.): The Sociology of the Environment Volume 1, Hants (UK) 1995, 352ff

der industriellen Entwicklung nicht nachhaltig ist, ist keine Sorge der Third World Theoretiker.[504]

10.3.3 NGOs als Übermittler soziales Lernens

Wie schon erwähnt ist eine rein politische Sichtweise der NGOs, auch wenn die Third System Theory die passendste ist, zu statisch. NGOs sind Ausdruck einer postmodernen Politik. Sie erscheinen in einer Welt, in der die traditionelle Politik die Probleme der Modernität nicht mehr zu lösen vermag. Vor diesem Hintergrund sind auch NGOs verstreut, fragmentiert und mitunter zusammenhangslos. Die Umweltzerstörung wird Hunger und Armut weiter vergrößern, zusätzliche soziale und politische Konflikte schaffen und negative Effekte auf Psyche und Kultur aller Einwohner dieses Planeten haben. NGOs jedoch zeigen den Weg aus dieser Misere durch soziales Lernen, sie schaffen Gemeinschaften, statuieren Exempel, ersetzen mehr und mehr traditionelle politische Aktionen.[505]

10.3.4 NGOs als Verbindung zwischen Biophysischem und Politischem, Lokalem und Globalem

Finger, Princen und Manno (1994) sehen die Hauptfunktion der NGOs in ihrer Verbindung von Biophysischem und Politischem auf der einen Seite, d.h. sie bringen Umweltthemen auf die politische Tagesordnung. Auf der anderen Seite stellen sie eine Verbindung von Lokalem zu Globalem her, indem sie örtliche Probleme in weltweiten Zusammenhang bringen.

Die Verbindungen zwischen Biophysischem und Politischem sowie Lokalem und Globalem sind notwendig aus drei Gründen:

---

[504] Finger, Matthias: NGOs and transformation: Beyond social movement theory, in: Princen, Thomas; Finger, Matthias: Environmental NGOs in World Politics – Linking the local and the global, New York u.a. 1994, 48ff
[505] vgl. ebd. 60ff

1) Die traditionelle Diplomatie und internationale Entwicklung sind nicht dazu in der Lage, die Umweltprobleme zu lösen. Die, die möglicherweise dazu in der Lage wären, sind nicht immer am Entscheidungsprozess beteiligt.

2) Staaten sind hauptsächlich dazu da, Grenzen zu verteidigen und die industrielle Entwicklung voranzutreiben. Sie sind entweder zu groß um mit lokalen Umweltbedürfnissen zu arbeiten oder zu klein, um globalen Problemen zu begegnen. Der Staat versucht, seine Integrität zu erhalten, wofür die wirtschaftliche Entwicklung sehr wichtig ist. (Was nicht bedeutet, dass der Staat Umweltprobleme völlig außer Acht lässt, es hängt allerdings oft an der Durchsetzung geschlossener Verträge.)

3) Obwohl lokale Probleme lokale Lösungen brauchen, benötigen sie auch eine fähige politische Umgebung. NGOs „zerren und ziehen" so durch ihre Verbindung zwischen Lokalem und Globalem, Biophysischem und Politischem an den Staaten.

NGOs leisten auf diese Weise einen Beitrag zur institutionellen Umformung, d.h. der Veränderung in Organisationen und Regimes als Antwort auf die Umweltzerstörung und ihren Beitrag zum sozialen Lernen. Sie verändern die Beziehung der Bürger zur traditionellen Politik qualitativ, d.h. in der Art, wie Politik empfunden und praktiziert wird. Dies tun sie teilweise durch das Fördern von Umweltbewusstsein und die Politisierung des Biophysischen, sowie die Verbindung zwischen Lokalem und Globalem. Ihr Beitrag zur gesellschaftlichen Veränderung besteht in der Beispielsetzung, der Gemeinschaftsbildung, Problemformulierung und dem Ersatz von Regierungsaktivitäten. Dabei mobilisieren sie nicht nur die Bürger, sondern üben selbst auch Druck auf die Regierungen aus. NGOs etablieren eine gemeinsame Sprache und manchmal eine gemeinsame Weltsicht. Sie ergänzen, ersetzen und umgehen die traditionelle Politik und fangen oft da an, wo die Arbeit der Regierung aufhört oder noch nicht begonnen hat.

10.4 Charakteristik von Umweltschutz-NGOs

Nach Goyder und Lowe sind die Ziele der Umweltschutzorganisationen ihr charakteristischstes Unterscheidungsmerkmal.[506] Viele Gruppen beginnen mit der Herausforderung von wichtigen Absichten der Regierungspolitik oder dominanten sozialen Werten. Abgesehen davon gibt es jedoch eine riesige Vielfalt an Umweltschutzorganisationen. Unterschiede bestehen u.a. in der Größe, d.h. dem Budget, dem Personal, der Bürofläche; der Dauer, Art und Breite von Aktionen (lokal bis international), oder in der Ideologie, die von realistisch-kompromissbereit bis zu fundamentalistisch-radikal reichen kann. Es gibt Umweltschutzorganisationen, die vom Feminismus, der „deep ecology", oder anderen Denkrichtungen inspiriert sind. Ihre kulturellen Hintergründe weichen voneinander ab, sie können beispielsweise politischer Natur sein oder ihre Wurzeln im Kampf für die Menschenrechte haben. Umweltschutz-NGOs haben oftmals sowohl unterschiedliche Organisationskultur als auch Rechtsstatus.[507]

10.4.1 Internationales oder lokales Arbeitsfeld

Die Ideologie der meisten internationalen Umweltschutz-NGOs unterscheidet sich von der der lokalen. Weltweit ist die Umweltbewegung eine Form der sozialen Kritik, im Westen besonders an Modernisierung und Wirtschaftswachstum, die nach einem neuen Verhältnis zwischen Mensch und Natur verlangt.[508] Im Gegensatz zu lokalen Gruppen haben internationale NGOs mehrere Vorteile wenn sie fernab vom Mutterland agieren. Zum einen wird ein Teilrisiko beim Misslingen der Aktion von der lokalen Bevölkerung getragen, zum anderen ist es

---

[506] vgl. Goyder, Jane; Lowe, Philip: Environmental Groups in Politics, London u.a. 1983, 33ff

[507] vgl. Finger, Matthias: NGOs and transformation: Beyond social movement theory, in: Princen, Thomas; Finger, Matthias: Environmental NGOs in World Politics - Linking the local and the global, New York u.a. 1994, 6ff

[508] vgl. Kalland, Arne; Persoon, Gerard (Hrsg.): Environmental Movements in Asia, Richmond 1998, 26

leichter, die Aufmerksamkeit der Presse auf sich zu lenken, weil man professioneller am Werke und außerdem an mehren Kampagnen gleichzeitig beteiligt ist. Lokale Gruppen hingegen sterben relativ schnell wieder aus, wobei es nur eine untergeordnete Rolle spielt, ob das Problem gelöst werden konnte oder nicht.[509] Viele Umweltorganisationen mit Hauptquartier in Europa oder den USA haben einen weltweiten Fokus und beteiligen sich an der Weltpolitik. Einige etablieren lokale Zweigstellen in anderen Ländern, dennoch sind sie fast immer finanziell abhängig von ihren westlichen Hauptquartieren. Große Organisationen organisieren weltweit Treffen, auf denen Probleme diskutiert werden können und knüpfen so Kontakte, die die Basis für eine Zusammenarbeit mit lokalen Organisationen bilden. Neben den vertikalen Verbindungen werden auch horizontale geschaffen, um die Verhandlungsstärke zu bündeln, und um gemeinsames Funding zu ermöglichen.[510]

10.4.2 Ökozentrische oder anthropozentrische Ideologie

Friends of the Earth wurde 1988 von Jonathon Porrit als die „only environmental organisation which argued that green growth is logically impossible." identifiziert.[511] Goyder und Lowe bezeichneten die unterschiedlich eingestellten Gruppen als „promotional groups", die soziale Veränderung wünschen und „emphasis groups", die moderater sind.[512] Laut Dobson sind Organisationen wie Greenpeace nicht unbedingt ökozentrisch und politisch „grün", auch wenn viele ihrer Mitglieder für

---

[509] vgl. ebd. 25

[510] ebd. 26f zitiert nach: Dalton, Russel: The Green Rainbow. Environmental Groups in Western Europe, New Haven 1994 u. Wapner, Paul: Environmental Acitivism and World Civic Politics, Albany, 1996

[511] vgl. Yearley, Steven: The Green Case - A sociology of environmental issues, arguments and politics, London 1991, 104 zitiert nach: Porritt, Johnathon: Greens and growth, UK CEED Bulletin, 1988, 22

[512] vgl. Goyder, Jane; Lowe, Philip: Environmental Groups in Politics, London u.a. 1983, 33ff

radikale Veränderungen im politischen und sozialen Leben einstehen.[513]

10.4.3 Demokratische oder autoritäre Entscheidungsprozesse

Obwohl sie „Grassroots-Bewegungen" sind, haben viele Umweltschutzorganisationen eine hierarchische Struktur mit nur wenigen Personen in entscheidungsfähigen Positionen.[514] Dieser Auffassung sind auch Goyder und Lowe[515], selbst die Entscheidungsprozesse sind oft nur bedingt demokratisch.

10.4.4 Gemäßigte oder radikale Aktionen

Unterschiede gibt es auch in den Methoden und Strategien der NGOs. Aktivisten, die ihre Ansichten nicht durch offizielle Kanäle durchsetzen können, benutzen "direct action" also Proteste, Demonstrationen oder sogar gewalttätige Aktionen der Sabotage. Sie werden oft als überemotional, irrational kritisiert und ihnen wird damit der Zugang zur Politik versagt, als eine Folge wird es sogar noch schwieriger für sie ihre Ansichten über normale Kanäle zu vermitteln. Dennoch helfen diese Aktionen den gemäßigten Organisationen, weil diese in besseres Licht gerückt werden und ihre Forderungen machbar erscheinen. Sie sehen rational und vernünftig aus, weil das Bild durch die „Extremen" in gewisser Weise verzerrt wurde. Die „direct activists" schaffen auf diese Weise kulturelle Freiräume, in denen die offiziell anerkannten Orga-

---

[513] vgl. Sutton, Philip W.: Explaining Environmentalism - In Search of a New Social Movement, Ashgate, Aldershot 2000, 124 zitiert nach: Dobson, Andrew: Green Political Thought, London 1990, 14

[514] vgl. Kalland, Arne; Persoon, Gerard (Hrsg.): Environmental Movements in Asia, Richmond 1998, 19ff

[515] vgl. Goyder, Jane; Lowe, Philip: Environmental Groups in Politics, London u.a. 1983, 50

nisationen im Sinne von allen arbeiten können.[516] Mitunter unterstützen die moderaten Organisationen die radikalen sogar finanziell.[517]

10.4.5 Funding: Unabhängig oder nach allen Möglichkeiten

Im Funding sind die Mitglieder Hauptressource für die meisten Gruppen. Diese haben unterschiedliche Gründe für die Unterstützung einer Umweltgruppe u.a. die Unterstützung der Ziele, materielle Vorteile, intrinsische Anerkennung, und Suche nach Macht.[518] Weitere Einkommensquellen sind Verdienste, Regierungsgelder, Geschenke oder Ausstattung, private Trusts oder Stiftungen, Investitionen und Sponsoring, d.h. Geld von Privatunternehmen. Je nach Art der Geldgeber ist die Organisation mehr oder weniger stark von diesen abhängig.[519] Organisationen wie Greenpeace legen viel Wert darauf von Politik und Wirtschaft unabhängig zu bleiben und lassen sich nur von Einzelpersonen sponsern. Andere Organisationen wie der WWF lassen sich sowohl von Unternehmen als auch Regierungen bezuschussen.

10.4.6 Pragmatische oder professionelle Arbeitsweise

Es gibt eine Tendenz von NGOs sich um einige Probleme zu scharen, während andere ignoriert werden. Die Schwere eines Umweltproblems ist nicht unbedingt ausschlaggebend für die Inangriffnahme oder Ablehnung des Problems durch NGOs. Im Gegenteil, für viele NGOs ist ausschlaggebend, wie groß die Erfolgsaussichten sind, da sie finanziell von ihren Mutterländern abhängig und Siege überlebenswichtig sind.[520]

---

[516] vgl. Milton, Kay: Loving Nature - Towards an Ecology of Emotion, London u.a. 2002, 132f

[517] vgl. Kalland, Arne; Persoon, Gerard (Hrsg.): Environmental Movements in Asia, Richmond 1998, 28

[518] vgl. Goyder, Jane; Lowe, Philip: Environmental Groups in Politics, London u.a. 1983, 39

[519] vgl. ebd. 43

[520] vgl. Goyder, Jane; Lowe, Philip: Environmental Groups in Politics, London u.a. 1983, 23ff

Dazu Steve Sawyer, Direktor von Greenpeace International: „Our philosophy on issues is extraordinarily pragmatic. We choose the ones we feel we might be able to win'.[521]

Viele anfangs eher lockere Organisationen wie Greenpeace arbeiten inzwischen sehr professionell und nicht mehr nur mit der „direct action", was sie bis heute erfolgreich macht.[522]

10.4.7 Beziehung zur Wissenschaft

Umweltschutzorganisationen prangern soziale Probleme an und finden dabei Unterstützung in der Wissenschaft. Sie ist der Freund der Umweltbewegung, auch wenn ihre Unterstützung keine Garantie für öffentliche Autorität und politischen Erfolg ist. Die Zukunft der Grünen wird daher nicht nur von dem Faktor der Wahrheit der umweltpolitischen Ansprüche abhängen, sondern beispielsweise von Faktoren wie dem Verhalten von Regierungen und Menschen in der Dritten Welt.[523]

10.4.8 Beziehung zu den Medien

Gute Kontakte zu den Medien sind lebenswichtig für die Unterstützung der Gruppen. Die Medien sind davon abgesehen nicht nur passive Berichterstatter, sondern oft auch Nährboden für das Aufkeimen des Umweltengagements von Journalisten.[524]

---

[521] ebd. 25 zitiert nach: Pearce, Fred: Green Warriors. The People and the Politics behind the Environmental Revolution, London 1991, 40

[522] vgl. Sutton, Philip W.: Explaining Environmentalism - In Search of a New Social Movement, Ashgate, Aldershot 2000, 124

[523] vgl. Yearley, Steven: The Green Case - A sociology of environmental issues, arguments and politics, London 1991, 147

[524] vgl. Goyder, Jane; Lowe, Philip: Environmental Groups in Politics, London u.a. 1983, 74

10.4.9 Beziehung zur Regierung

Regierungen reagieren in der Regel auf den Druck von Umweltgruppen, u.a. durch neue Formen der Konsultation, der Förderung der Gründung von Umweltschutz-NGOs und der Unterstützung beim Funding. Die Mehrzahl der von Goyder und Lowe 1983 untersuchten Gruppen hatte regelmäßig Kontakt zu den Regierenden.[525] Nur durch die enge Verbindung zur Regierung können die Gruppen viele der Informationen erwerben, die sie benötigen, um ihre Kritik an der öffentlichen Politik zu entwickeln. Die Beeinflussung von Umweltschutzgruppe und Regierung ist dabei ein zweiseitiger Prozess: Gruppen, die viel mit der Regierung arbeiten, werden moderater. Um unabhängig zu bleiben, werden von Seiten der Umweltschutzgruppen regelmäßige Konsultationen bevorzugt und eine dauerhafte Präsenz in Beratungsgremien abgelehnt. Das Verhältnis zur Regierung ist sowohl abhängig von der Gruppe als auch von den Regierungsvertretern. Zwei Hauptgründe für eine Gruppe, keine Beziehungen zur Regierung zu haben, sind, dass sie ganz neu ist oder gegen die autoritäre Politik der Regierung kämpft. Viele Umweltgruppen haben jedoch eine „verantwortungsbewusste" Art der Aktion. Sie arbeiten mit den lokalen Regierungen zusammen.[526] In vielen Ländern Afrikas, Lateinamerikas und Asiens werden NGOs von der Regierung finanziert und organisiert.[527]

Besonders in Asien spielen lokale und internationale Umweltschutzorganisationen eine immer wichtigere Rolle.[528] Um die chinesische Umweltbewegung konkret soll es im nächsten Kapitel gehen.

---

[525] vgl. ebd. 62ff

[526] vgl. ebd. 93

[527] vgl. Finger, Matthias: NGOs and transformation: Beyond social movement theory, in: Princen, Thomas; Finger, Matthias: Environmental NGOs in World Politics – Linking the local and the global, New York u.a. 1994, 9

[528] vgl. Kalland, Arne; Persoon, Gerard (Hrsg.): Environmental Movements in Asia, Richmond 1998, 2

11 Die Umweltbewegung in China (ohne NGOs)

„Wir sind wie Küken, die gerade aus dem Ei schlüpfen. Wir sind noch klein und zerbrechlich. Wenn ein Vogel größer wird, wird er auch aggressiver. "

Yang Xin, Umweltschützer und Gründer der NGO „Grüner Fluss"[529]

Kalland und Persoon haben in dem von ihnen herausgegebenen Buch „Environmental Movements in Asia" die typischen Charakteristika der asiatischen Umweltbewegung beschrieben. Diese sollen den Ausgangspunkt für die Erklärung der chinesischen Umweltbewegung bilden.

11.1 Die asiatische Umweltbewegung

Einige der Organisationen der asiatischen Umweltbewegungen nehmen eine Vielzahl von Problemen in Angriff und arbeiten über riesige Gebiete hinweg, andere konzentrieren sich nur auf ein Problem oder einen Standort. Wie überall auf der Welt gibt es viele Unterschiede hinsichtlich Philosophie, Organisationsstruktur und Art der Aktionen, die gewaltfrei bis militant sein können. Kampagnen können die Aufmerksamkeit der Öffentlichkeit suchen, Lobbyismus beinhalten sowie solide wissenschaftliche Forschung. Ermittelnder Journalismus und Umweltkritik im Rahmen von Kunstdarbietungen als Theater, Musik, Literatur oder Cartoons sind ebenso möglich.[530]

Nach Kalland und Persoon gibt es in Asiens Umweltbewegung zwei große Trends:

---

[529] o.V.: Umweltschützer in China haben es schwer. Sie müssen ihre Worte wägen, so wie Yang Xin. Der ehemalige Buchhalter kämpft von Kindesbeinen an für „seinen" Fluss: den Yangtse. Ein Porträt, (2000), www.greenpeace-magazin.de, 07.03.2002

[530] vgl. Kalland, Arne; Persoon, Gerard (Hrsg.): Environmental Movements in Asia, Richmond 1998, 11

1) Umweltschutzkampagnen in Asien neigen dazu, einen lokalen Fokus zu haben. Die Ursache dafür liegt in der partikularistischen
Sichtweise besonders der konfuzianischen Kultur.[531]

2) Umweltschutzkampagnen in Asien haben nicht nur mit Umweltproblemen zu tun, sondern müssen von einer weiteren Perspektive
aus gesehen werden. Umweltschutz kann Teil der Entwicklung[532],
von Kulturkritik, eine Form des politischen Widerstandes, aber auch
eine Manipulation von lokalen, ethnischen und nationalen Identitä-
ten sein.[533]

Im folgenden soll überprüft werden, inwiefern diese Trends in China zu
finden sind.

11.1.1 Lokaler Fokus in China

Wegen der späten Industrialisierung und politischen Unterdrückung ist
die Umweltbewegung in Asien ein neues Phänomen und steckt noch in
den Kinderschuhen. Die meisten Umweltschutzgruppen haben es noch
nicht geschafft, sich von Bürgeraktionsgruppen zu nationalen Organisationen weiter zu entwickeln. Laut Kalland und Persoon besteht der
Großteil der asiatischen Umweltbewegung aus relativ kleinen, vorüber-
gehenden Verbindungen von lokalen Gruppen, die gebildet wurden, um
die Ausbeutung der Natur durch Außenseiter zu verhindern oder ihre
eigene Umwelt gegen Verschmutzung zu schützen. Zusammenschlüsse
existieren vorrangig nur, um die lokale Position zu stärken. Ihre Ent-

---

[531] vgl. Kalland, Arne; Persoon, Gerard (Hrsg.): Environmental Movements in
Asia, Richmond 1998, 2 zitiert nach: Callicot, J. Baird; Ames, Roger T. (Hrsg.):
Nature in Asian Tradition of Thought: Essays in Environmental Philosophy, Albany 1989, 15
[532] vgl. Yearley, Steven: The Green Case – A sociology of environmental issues,
arguments and politics, London 1991, 191
[533] vgl. Kalland, Arne; Persoon, Gerard (Hrsg.): Environmental Movements in
Asia, Richmond 1998, 3 zitiert nach: Lohmann, Larry: Visitors to the commons:
Approaching Thailand's „environmental" struggles from a Western starting point,
in: Taylor, B.R. (Hrsg.): Ecological Resistance Movements. The Global Emer-
gence of Radical and Popular Environmentalism, Albany 1995, 109-126

wicklung geht oft unbemerkt vonstatten und wird nicht von den Massenmedien abgedeckt.[534]

Bis heute weiß man wenig über Umweltschutzorganisationen in China. Es scheint, dass die Mehrzahl der Organisationen sich in der Hauptstadt Beijing konzentriert, aber auch anderswo haben sie sich gegründet. Es ist schwierig eine allgemeingültige Aussage über sie zu machen, da einerseits Umweltschutzorganisationen erst seit Mitte der 90er Jahre entstanden sind – durch den Einfluss des weltweiten Trends zum Umweltschutz und der gravierenden Verschlechterung der Umweltsituation. Außerdem entwickelt sich der Sektor noch und es gibt kein Muster für die Entwicklung sozialer Organisationen in China. Abgesehen davon existiert eine Überlagerung von Aktivitäten und in der Art der Ressourcenmobilisierung, die eine strenge Klassifizierung bedeutungslos werden lässt.[535]

Dennoch ist bekannt, dass auch die Umweltbewegung der Post-Mao-Ära in China sehr regional war und der einzige Fall der für eine landesweite Diskussion sorgt, die Errichtung des Drei-Schluchten-Staudammes am Yangtze-Fluss ist.[536] Dies bestätigt Ho, der behauptet, es gebe keine grüne Bewegung in China, die fähig wäre nationale Demonstrationen zu organisieren. Vielmehr sei die Umweltbewegung fragmentiert und sehr stark lokalisiert.[537] Umweltschutzorganisationen gibt es vor allem in der Hauptstadt oder in Gebieten, wo die Umwelt am stärksten gefährdet ist. Ein Beispiel hierfür ist die Provinz Yunnan, die sich als fruchtbar für die Entstehung neuer NGOs in China erwiesen hat. Dort befindet sich Chinas Regenwald und viele weltweite einzigartige Tier- und Pflanzenarten.[538] Umweltschutzorganisationen gibt es außerdem in den Millionenstädten, die besonders hart von Wasser- und

---

[534] Kalland, Arne; Persoon, Gerard (Hrsg.): Environmental Movements in Asia, Richmond 1998, 14ff

[535] Ho, Peter: Greening Without Conflict? Environmentalism, NGOs and Civil Society in China, Development and Change, 2001, 907

[536] vgl. ebd. 899

[537] vgl. ebd. 897

[538] vgl. Quong, Andrea: Green NGOs proliferate in China's most biodiverse province, China Development Brief, Sommer 2001, 11

Luftverschmutzung betroffen sind bzw. dort, wo das Umweltwissen am
höchsten ist – an den Universitäten der großen Städte. Als charakteristisches Merkmal für chinesische Umweltschutzorganisationen sollte
daher die Inangriffnahme von sichtbaren Umweltproblemen, wie Verwüstung und Wasserverschmutzung genannt werden. Mit weniger
sichtbaren Problemen beschäftigen sich in China hauptsächlich die internationalen Organisationen.

11.1.2 Politisierung von Umweltproblemen

*„Chinese Greens are very much lighter on ideology. (...) Chinese
Greens are in fact rather moderate people, who just want a better deal
for nature."*[539]

Der von Kalland und Persoon genannte zweite Trend der asiatischen
Umweltbewegung, Umweltprobleme als Aufhänger für Widerstand
nach außen zu benutzen, trifft auf China nur mit Abstrichen zu. Zwar
sind auch in China Entwicklungsfragen und Umwelt eng miteinander
verknüpft. Die von Kalland und Persoon benannte Entwicklung, dass es
weltweit für kleine Gruppen salonfähig geworden ist, Umweltsorgen an
die Regierung heranzutragen, ist im Falle Chinas jedoch fraglich.[540]
Laut Kalland und Persoon verkehren sich nur wenige Umweltschutzorganisationen in anti-staatliche, sondern kleiden ihre Kritik am Staat in
Umweltkritik und fördern damit eher Reformen als radikalen Wandel.[541]

In China war der Trend der letzten Jahre zu politischer Liberalisierung
und Marktwirtschaft begleitet vom Auftauchen der ersten Umweltschutz-NGOs. Diese haben jedoch nicht die Unabhängigkeit und Autorität ihrer Counterparts im Westen. Sie sind nur ein erstes Zeichen für

---

[539] Young, Nick: Green groups explore boundaries of advocacy, China Development Brief, Sommer 2001, 7ff
[540] Kalland, Arne; Persoon, Gerard (Hrsg.): Environmental Movements in Asia,
Richmond 1998, 18ff
[541] vgl. ebd. 26

eine Umweltbewegung.[542] Der Bewegung fehlt allerdings die Möglichkeit, die Regierung zu konfrontieren. Dennoch oder vielleicht gerade
deshalb gibt es viele Formen der Interaktion mit dem Staat und auch
der Flucht aus seiner Aufsicht.[543]

Der bekannteste Fall, bei dem Umweltkritik auch mit einer Kritik am
Umgang mit Menschenrechten verknüpft worden ist, ist der Dai Qings,
von dem in vorangegangenen Gliederungspunkten bereits berichtet
wurde. Illegale Untergrundorganisationen, d.h. nur Organisationen, die
nicht registriert sind, können in China Ansichten haben, die die Regierung verurteilen. Offiziell registrierte Organisationen üben sich in Zurückhaltung wenn es um die Politisierung von Umweltproblemen
geht.[544]

Trotz der Nervosität der Regierung haben sich gesellschaftliche Grup-
pen wie Umweltschutz-NGOs, von der Regierung organisierte NGOs
(GONGOs), Studentenorganisationen und Aktivistengruppen weit ver-
breitet. Sie tauschen Informationen aus und arbeiten an gemeinsamen
Projekten zusammen mit westlichen Stiftungen und NGOs wie der
Ford-Stiftung und dem WWF.[545]

11.2 Status der chinesischen Umweltbewegung

*„Cynics pass the same judgement on the state of environmentalism in
China: DOA."*

(„dead on arrival", Anm. d. Verf.)[546]

---

[542] vglMa, Xiaoying; Ortolano, Leonardo: Environmental Regulation in China –
Institutions, Enforcement and Compliance, Oxford 2000, 155
[543] vgl. Ho, Peter: Greening Without Conflict? Environmentalism, NGOs and Civil
Society in China, Development and Change, 2001, 897
[544] vgl. Kalland, Arne; Persoon, Gerard (Hrsg.): Environmental Movements in
Asia, Richmond 1998, 2
[545] Shapiro, Judith: Mao's War Against Nature, Cambridge u.a. 2001, 209
[546] McCarthy, Terry; Florcruz, Jaime A.: World Tibet Network News,
(01.03.1999), www.tibet.ca, 19.03.2002

Wie konkret die chinesische Umweltbewegung aussieht, soll in den folgenden Abschnitten besprochen werden.

11.2.1 Die chinesische Umweltbewegung qualitativ

Trotz der obigen krassen Einschätzung ist in mehr und mehr Zeitungsartikeln die Rede von der Bedeutung chinesischer Umweltschutz-NGOs. Die China Daily zitiert John Prescott auf dem NGO-Workshop anlässlich des Weltgipfels für Nachhaltige Entwicklung in Johannesburg, Südafrika, als dieser die große Rolle der Umweltschutzorganisationen im Umweltschutz betont.[547] Im Oktober 2000 war die Rede davon, dass NGOs zur Politik beitragen und den Umweltgedanken vermitteln.[548] Liao Xiaoyi, Gründerin der Umweltschutz-NGO Global Village Beijing behauptet sogar, dass chinesische NGOs bereits zu einem Zeitpunkt aktiv waren, als man im Westen noch nicht so recht daran glaubte, dass Chinesen ihre Umweltprobleme in die Hand nehmen können.[549]

Auf die Frage hin: „Wie würden sie den Status der chinesischen Umweltbewegung beschreiben? Wer sind die Führer?" antwortet Liao Xiaoyi: „I don't think it's a movement; it's just the start of environmental consciousness. I like to use the image of awakening." Die Anführer der Umweltbewegung bezeichnet sie als „Motivatoren", darunter Persönlichkeiten wie Liang Congjie von der ebenfalls in Beijing ansässigen Umweltschutz-NGO Friends of Nature.[550] Liang Congjie mag sich selbst auch nicht als „activist" bezeichnen, weil seine kleine Gruppe nicht gegen jedes Umweltproblem ankäme, sondern sieht sich als

---

[547] vgl. o.V.: NGOs helpful, (21.05.02), www.1chinadaily.com.cn, 25.06.2002

[548] vgl. o.V.: Environmental fruits of ‚green' efforts now seen, (30.10.2000), www.1chinadaily.com.cn, 25.06.2002

[549] vgl. o.V.: Individuals Changing the World, Beijing Review, 14.08.2000, 13

[550] vgl. o.V.: Through a Green Light: Environmental Activism Puts Down Roots of China, (04/2000), www.satyamag.com, 28.06.2002

jemand, der das Umweltbewusstsein steigert und für die Aktivisten und Anführer der Umweltbewegung von Morgen den Weg ebnet.[551]

11.2.2 Die chinesische Umweltbewegung quantitativ

Während Ho von einem „Boom" sozialer Organisationen nach 1978 spricht, versuchen andere Autoren zu begründen, warum es in China so wenige Organisationen gibt. Für Ho gibt es zwei Gründe für die Entstehung vieler NGOs in China: 1. den Rückzug des Staates aus bestimmten Gebieten und 2. das steigende Bewusstsein der Regierung, dass eine Notwendigkeit zur Stärkung der Zivilgesellschaft besteht.[552] In Beijing stieg die Zahl der registrierten Umweltorganisationen von eine auf vier zwischen 1967 und 1992 und verdoppelte sich von 9 auf 18 in den Jahren 1995 bis 1996.[553] 1993 gab es fünf rein chinesische NGOs, die Umweltschutzaktivitäten organisierten, sie standen allerdings unter Aufsicht oder sogar Schirmherrschaft der staatlichen Umweltschutzbehörde.[554] Auch wenn Anfang der 90er Jahre nur wenige Umweltschutz-NGOs in China existierten, hatten diese Ende der 90er gemeinsam mit den Medien bereits einen großen Einfluss.[555] Dass viele bedeutende Umweltschutzorganisationen in China erst in den 90er Jahren gegründet wurden, zeigt auch die Übersicht am Ende des Kapitels.

Warum es dennoch (abgesehen von den Restriktionen durch die Regierung) angesichts Chinas riesiger Bevölkerung nur so wenige Organisationen gibt, begründen Dai und Vermeer wie folgt:

---

[551] vgl. Bessoff, Noah: One Quiet Step at a Time, (03/2000), www.beijingscene.com, 02.09.2002

[552] vgl. Ho, Peter: Greening Without Conflict? Environmentalism, NGOs and Civil Society in China, Development and Change, 2001, 902

[553] ebd. 901

[554] vgl. Bechert, Stefanie: Die Volksrepublik China in internationalen Umweltregimen – Mitgliedschaft und Mitverantwortung in regional und global arbeitenden Organisationen der Vereinten Nationen, Münster 1995, 39

[555] vgl. Ma, Xiaoying; Ortolano, Leonardo: Environmental Regulation in China – Institutions, Enforcement and Compliance, Oxford 2000, 74

1) Das Umweltbewusstsein der Bevölkerung besonders auf dem Lande ist zu gering.

2) Es fehlen fiskale Anreize zur Unterstützung von Organisationen und zur Förderung umweltfreundlichen Verhaltens bei Unternehmen.

3) Politischer Selbstschutz ist wichtig, weshalb verdächtige Aktivitäten vermieden werden.[556]

4) Im Konfliktfall erfolgt eine zu schnelle Auflösung der Organisation.

Aufgrund der chinesischen Tradition und der autokratischen Politik sind es die Menschen nicht gewohnt, sich für die Öffentlichkeit zu engagieren und für sie neue Formen der Konsultation und Kooperation zu nutzen.[557]

11.3 Akteure der chinesischen Umweltbewegung

Die verschiedenen Akteure der chinesischen Umweltbewegung werden im folgenden vorgestellt. Darunter sind engagierte Einzelpersonen, die von der Regierung organisierten NGOs (GONGOs), die „echten" NGOs, Studentenorganisationen, internationale Umweltschutzorganisationen und andere. Auf die staatlichen Umweltschutzbehörden wurde bereits an anderer Stelle genauer eingegangen.

11.3.1 Einzelpersonen

„Whatever else they do, Chinese Greens don't sleep much."[558]

---

[556] z.B. die Kontaktaufnahme mit Greenpeace traut sich fast niemand, weil sie unter starker Beobachtung durch die Regierung stehen.

[557] vgl. Dai, Qing; Vermeer, Eduard B.: Do Good Work, But Do Not Offend the „Old Communists" – Recent Acitivities of China's NG Environmental Protection Organizations and Individuals, in: Ash, Robert; Draguhn, Werner (Ed.): Chinas Economic Security, Richmond 1999, 145

[558] Young, Nick: Green groups explore boundaries of advocacy, China Development Brief, Sommer 2001, 7ff

Engagierten Einzelpersonen ist es zu verdanken, dass China über NGOs und aktive GONGOs verfügt. Beispiele dafür sind „Little Environmental Protection Angel" Zhou Meien, Gründer der Little Reporters Group oder Umweltschutzautor Tang Xiyang[559], der Fotograf und Filmemacher Xi Zhinong und dessen Ehefrau Shi Lihong, eine ehemalige Reporterin der China Daily, die sich für den Schutz des Goldäffchens einsetzten oder Fotograf Yang Xin, der die Quellen des Yangtze-Flusses zu schützen sucht sowie einzelne Geschäftsleute und andere Einzelkämpfer.[560] Zu den aktiven Schlüsselfiguren gehört auch Wen Bo, ein ehemaliger Korrespondent der China Environment News oder der wohlhabende Hu Jia, der auf eigene Faust Newsletter zum Schutz der Tibetischen Antilope produziert.[561] Andere, die sich für den Umweltschutz einsetzen sind Delegierte des Volkskongresses, die staatlichen Gewerkschaften und Nachbarschaftskomitees.[562] Auch Ausländer wie der Brite William Lindesay engagieren sich in China für den Umweltschutz. Der Autor des Buches „Alone on the Great Wall" sammelt seit mehr als zehn Jahren mit Hilfe anderer Expatriates von großen

---

[559] Er veröffentlichte u.a. das Buch „A Green World Tour", das Informationen über 23 Naturreservate in China und ihre einzigartigen Tier- und Pflanzenarten sowie weitere Reservate und Nationalparks in sieben Ländern Europas und Nordamerikas dokumentiert. Vor seiner Pensionierung war er außerdem Chefredakteur der chinesischen Zeitschrift „Natur", er setzte sich auch für den Schutz des Goldäffchens ein. vgl.: o.V.: Book promotes nature reserves, (14.03.2000), www.1chinadaily.com.cn, 25.06.2002

[560] vgl. Dai, Qing; Vermeer, Eduard B.: Do Good Work, But Do Not Offend the „Old Communists" – Recent Acitivities of China's NG Environmental Protection Organizations and Individuals, in: Ash, Robert; Draguhn, Werner (Ed.): Chinas Economic Security, Richmond 1999, 152

[561] vgl. Young, Nick: Green groups explore boundaries of advocacy, China Development Brief, Sommer 2001, 7ff

[562] vgl. Dai, Qing; Vermeer, Eduard B.: Do Good Work, But Do Not Offend the „Old Communists" – Recent Acitivities of China's Non-governmental Environmental Protection Organizations and Individuals, in: Ash, Robert; Draguhn, Werner (Ed.): Chinas Economic Security, Richmond 1999, 155

Unternehmen und Botschaften in Beijing Müll entlang der Großen Mauer und veranstaltet Ausstellungen dazu.[563]

11.3.2 Arten von Organisationen

Laut Howell lassen sich vier Kategorien von Organisationen hinsichtlich der Gesichtspunkte Autonomie, Freiwilligkeit und Spontaneität unterscheiden. Und zwar:

1) Alte, offizielle Organisationen (staatliche Einrichtungen wie Gewerkschaften etc.)

2) Neue, halb-offizielle soziale Organisationen (Government-Organized NGOs)

3) Neue, populäre Organisationen (NGOs)

4) Illegale soziale Organisationen (Demokratiebewegung etc.)[564]

Knup unterscheidet soziale Organisationen, die Vereinigungen, Gesellschaften, Bündnisse, Forschungsvereinigungen, Stiftungen und Freundschaftsgruppen sein können, vor allem anhand der Abhängigkeit von der Regierung. Eine Gruppe kann so an bestimmten quantitativen Merkmalen gemessen werden, und zwar:

1) dem prozentualen Anteil der Regierung am Funding,

2) der Anzahl der Regierungsvertreter am Personal oder im Board of Directors,

3) des Grades zu welchem Aktivitäten aus freien Stücken und nicht auf Initiative der Regierung zustande kommen.

Danach unterscheidet Knup in Government-organized NGOs (GON-GOs), Individual-organized NGOs und freiwillige Organisationen.

---

[563] vgl. o.V.: William Lindesay Challenges the Unconcern for Cultural Heritage, (15.04.2000), www.culturalheritagewatch.org, 25.06.2002
[564] vgl. Howell, Jude: Civil Society, in: Benewick, Robert u. Wingrove, Paul (Ed.): China in the 1990s, London 1995, 77ff

1) Unter „GONGOs" versteht Knup „quasi-governmental" NGOs, die vor allem die Zusammenarbeit mit internationalen NGOs fördern sollen. Beispiele hierfür wären die China Environmental Protection Foundation oder die China Society of Environmental Science. Ihr Vorteil gegenüber „echten" NGOs sind ihre professionellen Arbeitskräfte aus verschiedenen Gebieten.

2) Individual-organized NGOs sind den westlichen NGOs am ähnlichsten und weitaus autonomer als die GONGOs. Sie haben weniger Personal und sehr beschränkte finanzielle Ressourcen. Ihre Verbindung zur Regierung ist mitunter dennoch wichtig. Sie haben einen größeren Anteil von Mitgliedern und Freiwilligen an der Allgemeinbevölkerung und einen Fokus auf Umweltbildung und Umweltbewusstseinsbildung. Ihre Aktivitäten unterstützen die Umweltziele des Staates. Beispiele dafür sind Friends of Nature und Global Village Beijing, das Beijing Environment and Development Inistitute, das Center for Biodiversity and Indigenous Knowledge sowie das Institute of Environment and Development.

3) Freiwillige Organisationen, sind nicht registrierte „single-issue"-Organisationen, wie z.B. die Green Earth Volunteers.[565]

11.3.2.1 Government-Organized Non-Governmental Organizations (GONGOs)

Viele westliche Autoren scheinen es zu verurteilen, dass es in China kaum „echte" NGOs gibt oder sprechen sogar davon, dass der Begriff „chinesische NGO" ein Oxymoron ist.[566] Ob diese Existenz allerdings erstrebenswert ist, ist eine andere Frage. Die, die sich verdienterweise NGO nennen können, sind oft auch die, deren Einfluss am geringsten ist. Dagegen gibt es sehr effektiv arbeitende „Government-Organized NGOs" wie etwa die China Environmental Protection Foun-

---

[565] vgl. Knup, Elizabeth: Environmental NGOs in China: An Overview, (Herbst 1997), http://ecsp.si.edu, 16.05.2002

[566] vgl. Moore, Rebecca R.: China's fledging civil society: A force for democratization: World Policy Journal, Frühling 2001, 56ff

dation. Sie wurde 1993 als NGO gegründet, steht aber unter der Leitung von Qu Geping als Präsidenten, dem ehemaligen Chef der NEPA und Wan Li und Huang Hua, hohen nationalen Führern des kommunistischen Regimes als Ehrenpräsidenten. Ihre Hauptaufgabe besteht darin, Fundraising aus externen Quellen zu betreiben und damit inländische Umweltprojekte zu unterstützen.[567] Weiterhin zählen zu den GONGOs u.a. die folgenden Organisationen: die China Association of Environmental Industry und die Chinese Society for Environmental Science, der Green China Fund und das Beijing Energy Efficiency Centre[568], die Chinese Society of Environmental Sciences, das China Forum of Environmental Journalists, die China Environmental Culture Promotion Society und der China Environmental Protection Fund.

Trotz ihres politischen Profils engagieren sich GONGOs bei Aktivitäten der Gemeinschaft und der Arbeit von Freiwilligen. Sie unterstützen ebenfalls „echte" NGOs, weshalb der Begriff „government-organized" diskussionsbedürftig ist. Unter den GONGOs sind sowohl die, die nur die Interessen der Regierung vertreten, als auch die, die eine positive Rolle spielen gerade wegen ihrer Verbindungen zur Regierung und den damit zugänglichen Ressourcen.[569]

Die klassischen GONGOs folgen der Regierung in jeder Hinsicht und werden von ihr finanziert. Ihre Vorsitzenden und Mitarbeiter sind Regierungsvertreter. Dennoch spiegeln ihre Aktivitäten großes Umweltbewusstsein und professionelles Wissen wieder, zeigen Liebe und Verantwortungsgefühl für die Umwelt. zu einem gewissen Grad unterstützen sie auch die NGOs und ihre späteren Aktivisten.[570] Ein Beispiel für

---

[567] vgl. Lo, Carlos Wing Hung; Leung, Sai Wing: Environmental Agency and Public Opinion in Guangzhou: The Links of a Popular Approach to Environmental Governance, The China Quarterly, 2000, 679 Fußnote 11.

[568] vgl. Young, Nick: Analysis: Notes on environment and development in China, www.hku.hk, 28.06.2002

[569] vgl. Ho, Peter: Greening Without Conflict? Environmentalism, NGOs and Civil Society in China, Development and Change, 2001, 911ff

[570] vgl. Dai, Qing; Vermeer, Eduard B.: Do Good Work, But Do Not Offend the „Old Communists" – Recent Acitivities of China's Non-governmental Environ-

diese aktiven GONGOs ist die Beijing Environmental Protection Foundation. Ihre Direktorin, Jiang Xiaoke, versucht momentan, das chinesische Recht so zu reformieren, dass Unternehmen von vornherein zur Einhaltung von Umweltstandards gezwungen sind und nicht mehr auf „end-of-the-pipe"[571] Lösungen vertrauen.

Laut Young wäre ein treffenderer Begriff für die GONGOs „SONGOs", nämlich „State-Owned NGOs". Dennoch ist er der Auffassung, dass sich viele von ihnen hin zu mehr Autonomie entwickeln und selbst mehr Wert auf ihre Unabhängigkeit legen, was sich in ihrer Vermarktung zeigt.[572] Der Auffassung, dass GONGOs langfristig unabhängiger werden und Organisationen weiter blühen werden, ist auch Howell.[573] Auch vor dem Hintergrund, dass sich mehr und mehr GONGOs selbst finanzieren müssen, könnten in Zukunft mehr als 10.000 GONGOs zu „echten" NGOs werden.

11.3.2.2 Studentenorganisationen

Viele Umweltschutzorganisationen wurden von Studenten gegründet, so zum Beispiel die Qinghua University's Green Association, die Qinghua University Science Exploration Association, die People and Nature Association und die Environment and Development Association of the People's University, die Beijing University of Forestry's Mountain Promise Society, die Green Day Environmental Protection Association des Beijing Institute of Light Industry, Chongqing University's Green Earth, Sons of Nature an der Hebei University of Economics and

---

mental Protection Organizations and Individuals, in: Ash, Robert; Draguhn, Werner (Ed.): Chinas Economic Security, Richmond 1999, 155

[571] Unter „end-of-the pipe"-Lösungen wird ein Wirtschaften verstanden, bei dem nicht von vornherein auf Umweltverträglichkeit geachtet wird, sondern erst nach dem Produktionsprozess beispielsweise für Abfall- oder Abwasserbearbeitung gesorgt wird.

[572] vgl. Young, Nick: Searching for Civil Society, China Development Brief, 2001, 13f

[573] vgl. Howell, Jude: Civil Society, in: Benewick, Robert u. Wingrove, Paul (Ed.): China in the 1990s, London 1995, 82

Trade, die Bird Loving Association der Liaoning Normal University, die Environmental Protection Association der Jilin University oder Yunnan University's Call for a Green Society.[574]

Studentenorganisationen befassen sich mit einer Bandbreite von verschiedenen Themen. Sie tragen zur Umweltbildung bei, indem sie Schriften und Studien veröffentlichen, die Lokalbevölkerung über Zusammenhänge aufklären, grüne Camps veranstalten oder Vogelbeobachtungen durchführen. Sie fördern Verhaltensänderungen auf Veranstaltungen zum Weltumwelttag, setzen sich für Batterierecycling oder Wiederverwendung von Geschirr an den Unimensen ein und pflanzen Bäume. Sie sind meist unter der Communist Youth League eingetragen und finanzieren sich durch die Universität, Mitgliedsbeiträge oder Spenden von Unternehmen.[575]

Studenten ziehen ihre Informationen zu Umweltthemen vorwiegend aus den Printmedien, aber auch zu einem großen Teil aus dem Internet gefolgt von Fernsehen, Radio und Vorlesungen. Mit Hilfe des Internets konnte auch das erste Netzwerk von studentischen Umweltschutzorganisationen ins Leben gerufen werden, durch das ca. 270 Organisationen in China miteinander verbunden sind.[576]

Studentenorganisationen haben mit verschiedenen Problemen zu kämpfen. Besonders schwierig erweisen sich Funding und Öffentlichkeitsarbeit für sie. Sie haben zu wenig Zeit und verfügen über zu geringe organisatorische Fähigkeiten und Erfahrung. Es gibt einen ständigen Turnover von Mitgliedern und die Kommunikation innerhalb der Organisation krankt, selbst die Vermittlung von Stolz für Aktivitäten scheint nicht einfach.[577]

---

[574] vgl. Dai, Qing; Vermeer, Eduard B.: Do Good Work, But Do Not Offend the „Old Communists" – Recent Acitivities of China's Non-governmental Environmental Protection Organizations and Individuals, in: Ash, Robert; Draguhn, Werner (Ed.): Chinas Economic Security, Richmond 1999, 150f
[575] Shapiro, Judith: Mao's War Against Nature, Cambridge u.a. 2001, 210
[576] vgl. o.V.: China Green Student Forum, www.adb.org, 11.06.2002
[577] vgl. o.V.: Higher Education Student Environmental Associations in China: Three Phased Development, www.greensos.org, 27.03.2002

11.3.2.3 Internationale Organisationen

Seit Anfang der 80er Jahre ist China Mitglied von internationalen NGOs, vor allem solcher, die sich mit Artenschutz befassen. So führt die International Union for Conservation of Nature and Natural Resources in China Programme zum Artenschutz durch.[578] Die großen internationalen Umweltschutzorganisationen wie der World Wide Fund for Nature (WWF) und Friends of the Earth sind auch in China vertreten. Greenpeace existiert momentan nur in Hongkong und wird wohl auch in nächster Zeit kein gesamtchinesisches Büro eröffnen können. Das Asian Conservation Awareness Programme ist eine internationale Organisation, die sich für den Schutz von bedrohten Tierarten einsetzt. Sie wirbt mit dem chinesischen Superstar Jacky Chan.[579] Um WWF und Greenpeace in China wird es noch genauer im letzten Kapitel der Arbeit gehen.

11.3.2.4 Illegale Organisationen und spontane Aktivitäten

Spontane Aktivitäten und inoffizielle Organisationen gehören genauso zur Umweltbewegung Chinas. Laut Ho gibt es Grund zu der Annahme, dass die Mehrzahl der grünen Organisationen nicht registriert ist und so nicht in den offiziellen Zahlen der Regierung erscheint.[580] Spontane Aktivitäten werden von Gruppen wie den Green Earth Volunteers gefördert. Diese Gruppe wurde Ende 1996 von Frau Wang Yongcheng gegründet, einem früheren Mitglied von Friends of Nature, und schaffte

---

[578] vgl. Bechert, Stefanie: Die Volksrepublik China in internationalen Umweltregimen – Mitgliedschaft und Mitverantwortung in regional und global arbeitenden Organisationen der Vereinten Nationen, Münster 1995, 122

[579] Der Name der Homepage des Asian Conservation Awareness Programme lautet: www.acapworldwide.com

[580] vgl. Ho, Peter: Greening Without Conflict? Environmentalism, NGOs and Civil Society in China, Development and Change, 2001, 901

es bereits 10.000 Freiwillige für eine Anti-Verwüstungskampagne zu mobilisieren.[581]

11.4 Zusammenfassung

Nach Goyder und Lowe beginnen viele Umweltschutzorganisationen mit der Herausforderung von wichtigen Absichten der Regierungspolitik oder dominanten sozialen Werten.[582] Dies trifft auf die chinesische Umweltbewegung nicht zu. Vielmehr scheint China die linearen Theorien nach Habermas und Offe zu bestätigen, wonach soziale Organisationen eine vorrübergehende Erscheinung sind, die der Regierung in einer Phase helfen, in der sie nicht in der Lage ist, die Probleme selbst zu lösen. Dennoch ist das erklärte Ziel der Organisationen nicht, dass die Regierung irgendwann wieder alles allein übernimmt, sondern vielmehr Autonomie. Die chinesische Regierung wird auch in Zukunft nicht mehr in der Lage sein, sich um alle Probleme des Landes zu kümmern. Natürlich ist ihre Einbeziehung in den Umweltschutz unabdingbar. Aber sie selbst hat inzwischen schon mehrfach betont, wie wichtig die Unterstützung durch Umweltschutzorganisationen beispielsweise bei der Umweltbildung und der Hebung des Umweltbewusstseins in der Bevölkerung ist. Nichtsdestotrotz scheint die Regierung es vor allen den Umweltschutz-NGOs schwer zu machen, womit sich das nächste Kapitel beschäftigen wird.

---

[581] vgl. Young, Nick: Green groups explore boundaries of advocacy, China Development Brief, Sommer 2001, 7ff und Weller, Robert P.: Alternate Civilities – Democracy and Culture in China and Taiwan, Oxford 1999, 127

[582] vgl. Goyder, Jane; Lowe, Philip: Environmental Groups in Politics, London u.a. 1983, 33ff

12 Chinesische Umweltschutz-NGOs

These: Die politische Situation in China hat große Auswirkungen auf die Entstehung von NGOs und ihre Arbeitsweise.

Um chinesische Nichtregierungsorganisationen soll es im letzten Teil dieses Kapitels gehen. Die oben genannte These wird dabei auch in den nächsten Kapiteln wieder von Bedeutung sein, wenn es im Detail um das politische Umfeld chinesischer NGOs und den Vergleich mit der DDR und Taiwan geht.

12.1 NGOs – ein neues Konzept

Die klassische chinesische Tradition kannte keinen Begriff für „Zivilgesellschaft", selbst das Wort für Gesellschaft, *shehui,* ist ein neues Wort, das aus dem Westen über Japan am Ende des 19. Jahrhunderts nach China kam.[583] Der Begriff „zivil" ist sogar noch jünger. Vier verschiede Begriffe gibt es im Chinesischen, um das „zivil" in „Zivilgesellschaft" wiederzugeben. Intellektuelle in China bezeichnen die Zivilgesellschaft heute als *shimin shehui,* was wörtlich „Gesellschaft der städtischen Bevölkerung" heißt, *gongmin shehui* „Gesellschaft der Bürger" bzw. *minjian shehui* „Gesellschaft des Volkes" oder *wenming shehui* „zivilisierte Gesellschaft".[584]

Eines der größeren Probleme des NGO-Engagements ist, dass das Konzept „NGO" außerhalb der Metropolen weitgehend unbekannt ist. Neben der Unbekanntheit des NGO-Konzeptes ist der Glaube weitverbreitet, dass der Schutz der Umwelt allein in der Verantwortung der Regierung liegt.[585] Über die Zivilgesellschaft auf dem Lande weiß man nicht viel, was nicht bedeutet, dass sie nicht existiert.

---

[583] vgl. Liu, Lydia H.: Translingual Practice: Literature, National Culture, and Translated Modernity – China, 1900-1937, Stanford 1995, 336

[584] vgl. Madsen, Richard: Confucian Conceptions of Civil Society, in: Chambers, Simone; Kymlicka, Will (Ed.): Alternative Conceptions of Civil Society, Princeton 2002, 190

[585] vgl. Mao, Yang: China Country Report, www.oneworld.org, 11.06.2002

Nichtregierungsorganisation heißt auf Chinesisch *fei zhengfu zuzhi*. Es gibt allerdings Befürchtungen, dass die Phrase *fei zhengfu* (regierungs-unabhängig) mit *wu zhengfu* (ohne die Regierung) verwechselt wird, was bedeuten würde, dass die Regierung keine Rolle spielt oder sogar, dass eine solche Organisation *fan zhengfu*, gegen die Regierung ist. Auch die Begriffe *minban* (Gemeinschaft) und *feiyingli* (non-profit) geben unzureichend wieder, was gemeint ist und werden mitunter missverstanden. Sogar Konnotationen mit Begriffen wie *feifa* (gegen das Gesetz) werden hervorgerufen. [586] Daher wird hauptsächlich die oben bereits genannte Bezeichnung *shehui tuanti* verwendet, bezie-hungsweise legt man die Betonung auf den Non-Profit-Anspruch und nennt die Organisationen *fei yingli zuzhi* (Non-Profit-Organization).[587]

Shehui tuanti (soziale Organisation) ist der Begriff, den die chinesische Regierung verwendet um bürgerliche freiwillige Institutionen zu be-zeichnen, die auf einer Non-Profit-Basis ein gemeinsames Ziel verfol-gen.[588] Diese sozialen Organisationen tauchen in China in Formen auf, die es nie zuvor gegeben hat, weil sie in einem für China einzigartigen wirtschaftlichen, sozialen und politischen Kontext erscheinen.[589] So kritisiert auch Howell: wer erwartet, dass sich Chinas Gesellschaft genauso entwickelt wie im Westen „(...) not only assumes that history repeats itself regardless of different times and political cultures, but also imposes a set of political and moral values."[590]

---

[586] vgl. Young, Nick: Searching for Civil Society, China Development Brief, 2001, 17f

[587] vgl. Saich, Tony: Negotiating the State: The development of Social Organiza-tions in China, The China Quarterly, 03/2000, 124 Fußnote 1.

[588] Artikel 2, Chinese Ministry of Civil Affairs, 1998, 3 vgl.: Ho, Peter: Greening Without Conflict? Environmentalism, NGOs and Civil Society in China, Develop-ment and Change, 2001, 898

[589] vgl. Knup, Elizabeth: Environmental NGOs in China: An Overview, (Herbst 1997), http://ecsp.si.edu, 16.05.2002

[590] Howell, Jude: Civil Society, in: Benewick, Robert u. Wingrove, Paul (Ed.): China in the 1990s, London 1995, 81

12.2 Charakteristik chinesischer NGOs

Die Entwicklung chinesischer Umweltschutz-NGOs unterscheidet sich nur wesentlich von der in westlichen Ländern durch die fehlende Konfrontation mit der Regierung. Bezeichnend ist jedoch ihre Abhängigkeit von charismatischen Führungspersönlichkeiten.[591] Menschen, die in NGOs arbeiten sind Beobachter, „Störenfriede", Lehrer, Wissenschaftler, Lobbyisten, Reporter, Autoren, Gemeinschaftsorganisatoren, Entwicklungsarbeiter, Anwälte, Pfarrer, Mönche, Studenten und Intellektuelle.[592] Im Gegensatz zur westlichen Entwicklung wird der Umweltschutz in China hauptsächlich durch Individuen gefördert und nicht durch die breite Gesellschaft.[593]

Dennoch scheint die Umweltbewegung in China eine solide Basis zu schaffen. Typisch für sie ist eine „female mildness" , ein Grünwerden ohne Konflikt, für das auch Aktivisten wie Liao Xiaoyi, die Gründerin der Umweltschutz-NGO Global Village Beijing stehen.

Nur wenige Autoren glauben, dass es in China „echte" NGOs gibt.[594] Den Namen „NGO" haben nach Auffassung von Young die folgenden am ehesten verdient: das Beijing Environment and Development Institute, die Umweltschutzorganisation Friends of Nature, das Institute of Environment and Development und die Yunnan Man and Nature Foundation.[595]

In einem Artikel der China Daily vom Jahr 2000 werden die folgenden „NGOs" als die aktivsten gewürdigt (nur bei Friends of Nature handelt

---

[591] Dies ist langfristig gesehen problematisch, weil die Gründer eines Tages nicht mehr da sind und die Organisation dennoch weiter bestehen sollte.

[592] vgl. Kalland, Arne; Persoon, Gerard (Hrsg.): Environmental Movements in Asia, Richmond 1998, 2 zitiert nach: Rush, J.: The Last Tree. Reclaiming the Environment in Tropical Asia, New York 1991, 94

[593] vgl. McCarthy, Terry; Florcruz, Jaime A.: World Tibet Network News, (01.03.1999), www.tibet.ca, 19.03.2002

[594] vgl. Young, Nick: Searching for Civil Society, China Development Brief, 2001, 17f

[595] vgl. Young, Nick: Analysis: Notes on environment and development in China, www.hku.hk, 28.06.2002

es sich dabei tatsächlich um eine Nichtregierungsorganisation, die anderen sind allesamt staatlich initiiert):

- Die Green China Foundation (GCF) widmet sich seit 1994 dem Schutz und der Entwicklung von Steppe und Wald.

- Friends of Nature (FON) propagieren seit 1994 Umweltschutz und nachhaltige Entwicklung.

- Das Environmental Education Television Project for China (EETPC), ein Projekt von TVE Television Trust for the Environment und 6 chinesischen Partnern fördert das Umweltbewusstsein der chinesischen Bevölkerung.

- Die China Wildlife Conservation Association (CWCA), die seit 1983 aktiv ist, widmet sich inzwischen in 31 Zweigstellen auf Provinzebene und 260 weiteren mit einer Mitgliederzahl von 30.000 dem Artenschutz.

- Die China Environmental Protection Foundation (CEPF) ehrt seit 1993 Organisationen und Individuen, die sich im Umweltschutz verdient gemacht haben.[596]

12.2.1 Ziele und Motivationsgründe

Einige der lokalen NGOs agieren von einer negativen Agenda aus, d.h. sie kämpfen gegen etwas bestimmtes wie beispielsweise die Errichtung eines Dammes oder Massentourismus. Ein Beispiel für eine solche Organisation in China ist die Wild Yak Brigade, die gegen die Wilderung der Tibetischen Antilope kämpfte, inzwischen allerdings von der Regierung aufgelöst wurde. Auf der anderen Seite gibt es positive Aktionen zur Verbesserung der Umweltsituation, darunter sogar Selbsthilfegruppen, die sich selbst Beschränkungen auferlegen und diese einhalten

---

[596] vgl. o.V.: China's most active environmental NGOs, (30.10.2000), www.1chinadaily.com.cn, 25.06.2002

– wie kürzere Jagdzeiten oder Mülltrennung.[597] Nach Kalland und Persoon lassen sich weiterhin NGOs differenzieren, die für den totalen Schutz eines Gebietes oder einer Spezies sind oder andere, die akzeptieren, dass natürliche Ressourcen genutzt werden. Lokale Widerstands- und Aktionsgruppen, die dadurch motiviert sind, dass sie direkt einem Umweltproblem ausgeliefert sind unterscheiden sich von NGOs, die sich hauptsächlich damit befassen, das Umweltbewusstsein in der Öffentlichkeit zu steigern.[598]

Es gibt weiterhin fundamentale Unterschiede zwischen internationalen und lokalen NGOs wenn es darum geht, welches Problem zur Bearbeitung ausgewählt wird. Das nackte Überleben ist viel eher als der Erhalt einer schönen Landschaft Motivationsgrund für lokale Gruppen. Naturerhaltungsbewegungen sind daher entweder ausländisch initiiert oder von Eliten angeführt, die sich diese leisten können. Umweltprobleme in Asien sind oft verbunden mit der Frage nach sozialer Gerechtigkeit. In vielen Fällen kann Umweltzerstörung nicht vom Problem der Armut getrennt werden. Wirtschaftliche Entwicklung wird zur Voraussetzung für den Umweltschutz.[599]

Motivation für Umweltschutz kann jedoch auch aus Religion und Kultur kommen, wie bereits im Kapitel zu Kultur und Umwelt in China erwähnt.

12.2.2 Ideologie

Trotz der „harmlosen" Aktivitäten der Umweltschutzorganisationen haben einige ihrer Anführer Ansichten, die an die Ideologie der „deep greens" erinnern. Liao Xiaoyi, Vorsitzende der Umweltschutz-NGO Global Village Beijing und Liang Congjie, Gründer von Friends of Nature sind beide gegen westlichen Konsum- und Lebensstil. Sie versu-

---

[597] vgl. Kalland, Arne; Persoon, Gerard (Hrsg.): Environmental Movements in Asia, Richmond 1998, 12
[598] vgl. ebd. 13
[599] vgl. ebd. 25f

chen auf reformistische Art und Weise einen – auch für den Westen – revolutionären Gedanken zu fördern.

12.2.3 Aktivitäten und Kampagnen

> *„Radical activism is not practical in China. The police will say you are disturbing public order. They have hundred of reasons to stop you, even to arrest you. We have to find another way of doing it, a more Chinese Way."*[600]

Die meisten Aktivitäten der Umweltschutzorganisationen klingen „harmlos" wie das Beobachten von Vögeln oder Tieren, das Pflanzen von Bäumen, Säubern von Parkanlagen, Naturausflüge mit Schulklassen oder ähnliches. Dr. Eva Sternfeld vom China Environment and Sustainable Development Reference and Research Center (CESDRRC) schätzt auch ein, dass sich die Umweltbildung landesweit bisher überwiegend auf wenige Schwerpunkte konzentriert.[601]

Doch eine neue Generation von Umweltschützern reift heran. Dazu Umweltschützer Yang Xin: „ Die Jungen sind aggressiver und mutiger als wir. Sie wissen aus dem Internet, wie radikal andere Umweltschutzorganisationen im Rest der Welt sind. Sie werden sich nicht mehr lange mit dem Zählen von Vögeln oder Pflanzen von Bäumen zufrieden geben."[602]

Doch das politische System gibt den Organisationen auch kaum eine Möglichkeit, echten Einfluss zu nehmen. Die wichtigsten Umweltschutzorganisationen wie die China's Environmental Protection Foundation und Friends of Nature stehen unter strikter staatlicher Kontrolle.

---

[600] Bessoff, Noah: One Quiet Step at a Time, (03/2000), www.beijingscene.com, 02.09.2002

[601] vgl. Langner, Tilman: Einige Umwelt-Lernorte in Beijing, www.umweltschulen.de, 15.03.2002

[602] vgl. o.V.: Umweltschützer in China haben es schwer. Sie müssen ihre Worte wägen, so wie Yang Xin. Der ehemalige Buchhalter kämpft von Kindesbeinen an für "seinen" Fluss: den Jangtse. Ein Porträt, (2000), www.greenpeace-magazin.de, 07.03.2002

Ihnen bleibt oft nur auf die oben genannte Weise China's grünes Image zu fördern, ausländische Unterstützung anzuwerben, Umweltforschung zu betreiben, Menschen zu mobilisieren, die Umweltpolitik der Regierung zu unterstützen, und grüne Werte zu sozialisieren. Im politischen Prozess dürfen sie keine aktive Rolle spielen.[603]

12.2.4 Probleme chinesischer Umweltschutzorganisationen

Wie bereits an anderer Stelle beschrieben ist die chinesische Öffentlichkeit noch sehr ungebildet und unerfahren im Lösen von Umweltproblemen, weshalb sich viele Chinesen sehr umweltfeindlich verhalten. Das Konzept der NGO ist relativ unbekannt, dafür herrscht der Glaube vor Umweltschutz sei Sache der Regierung.[604] Hierin besteht die Herausforderung und Aufgabe der chinesischen Umweltschutz-NGOs. Sie müssen versuchen Menschen zu mobilisieren, die in Chinas Geschichte der letzten 60 Jahre passive Empfänger der Politik waren oder selbst in Truppen für die Erfüllung illusorischer Ziele der Kommunistischen Partei kämpften.[605]

Weitere Probleme sind:

Das Fehlen eines Netzwerkes zwischen den Umweltschutzorganisationen.[606]

Die mangelnde Durchsetzung von Umweltgesetzen oder zu flexible Auslegung durch die staatlichen Behörden.[607]

---

[603] vgl. Lo, Carlos Wing Hung; Leung, Sai Wing: Environmental Agency and Public Opinion in Guangzhou: The Links of a Popular Approach to Environmental Governance, The China Quarterly, 2000, 679

[604] vgl. Bos, Amelie van den: Global Village Beijing (GVB), www.oneworld.org, 11.06.2002

[605] Cannon, Terry (Ed.): China's Economic Growth – The Impact of Regions, Migration and the Environment, London u.a. 2000, 5

[606] vgl. o.V.: What is GreenSOS?, www.greensos.org, 27.03.2002

[607] vgl. Ma, Xiaoying; Ortolano, Leonardo: Environmental Regulation in China – Institutions, Enforcement and Compliance, Oxford 2000, 169

Das bürokratische Verwaltungssystem: Yang Xin musste vier Jahre warten, bis er die Erlaubnis erhielt, seine Umweltschutzorganisation „Grüner Fluss" zu gründen.[608] Mit Hilfe der Bürokratie war die chinesische Regierung auch schon in der Lage Organisationen wie die Organization of Tibetan Women, die Tibetan Rights Campaign, oder Human Rights in China zu blockieren.[609]

Das Funding: Laut Liao Xiaoyi ist eines der größten Hindernisse das unzureichend entwickelte Steuersystem Chinas[610], welches das Funding sehr schwierig macht[611]. Zwar trat im September 1999 das „Gesetz über Spenden für die Öffentliche Wohlfahrt" in Kraft, das den Finanzdruck auf NGOs erleichtern soll. Es räumt Spendern Steuerpausen für zum öffentlichen Wohl gespendetes Geld ein. Momentan jedoch ist noch unklar wie dieses Gesetz konkret in die Tat umgesetzt werden kann.[612] Sind die NGOs auf Mitgliedsbeiträge angewiesen, kann es passieren, dass viele Mitglieder für ihren Beitrag einen Service erwarten und andernfalls nicht zum Zahlen bereit sind.[613] Die beschränkte Sympathie im Inland fördert außerdem die Abhängigkeit von Spendern aus dem Ausland[614] – die Umweltschutz-NGO Global Village Beijing beispielsweise wird finanziell unterstützt von der UNDP, dem WWF und der Ford-Stiftung[615]

---

[608] vgl. o.V.: Umweltschützer in China haben es schwer. Sie müssen ihre Worte wägen, so wie Yang Xin. Der ehemalige Buchhalter kämpft von Kindesbeinen an für „seinen" Fluss: den Yangtse. Ein Porträt, (2000), www.greenpeace-magazin.de, 07.03.2002

[609] vgl. Kiernan, Denise: N.G.O. No Go, Village Voice, 18.07.95, 12

[610] Es gibt keine Steuervergünstigungen für Spender.

[611] vgl. o.V.: Individuals Changing the World, Beijing Review, 14.08.00, 17 übereinstimmend: o.V.: NGOs work to increase environment awareness, (25.04.2000), www.1chinadaily.com.cn, 25.06.2002

[612] vgl. Ho, Peter: Greening Without Conflict? Environmentalism, NGOs and Civil Society in China, Development and Change, 2001, 905f

[613] vgl. Chiu, Yu-tzu: Same war, different battles, (21.04.2001), www.taipeitimes.com, 25.06.2002

[614] vgl. o.V.: Through a Green Light: Environmental Activism Puts Down Roots of China, (04/2000), www.satyamag.com, 28.06.2002

[615] vgl. Mao, Yang: China Country Report, www.oneworld.org, 11.06.2002

Die prekäre soziale Lage: Durch die Beschäftigung mit Umweltproblemen, die häufig gleichzeitig soziale Probleme sind, leben Mitglieder von Umweltschutzorganisationen oft gefährlich: so mussten einige Mitglieder von Friends of Nature im Kampf gegen die Ausrottung der Tibetischen Antilope[616] bereits Morddrohungen hinnehmen, Mitglieder der ehemaligen Wild Yak Brigade sind unter mysteriösen Umständen ums Leben gekommen.[617]

12.2.5 Beziehungen zum Ausland

Neben den staatlichen chinesischen Strukturen spielen NGOs und ausländische Partner oftmals gemeinsam eine große Rolle. Ausländische Umweltschutzorganisationen bereichern die chinesische Umweltbildung mit Ideen, Know-how und auch Geld ganz enorm. Ein Referent des staatlichen Center for Environmental Education and Communication (CEEC) schätzte, dass 70% der Finanzierungen für die chinesische Umweltbildung aus dem Ausland kommen.[618] Ausländische Experten wie Dr. Eva Sternfeld, die für das Environmental Education Television Project for China arbeitet, unterstützen chinesische Grüne. Die genannte Organisation übersetzt, synchronisiert und produziert seit 1997 Umweltfilme in China.[619]

---

[616] Die tibetische oder „Chiru-" Antilope wird wegen ihres Fells am Hals gejagt, dem sogenannten „Shatoosh", aus dem Schals gefertigt werden. Diese lassen sich zu Preisen von bis zu 40.000 US$ in Europa und den USA absetzen. Ca. 20.000 dieser Tiere werden jährlich gejagt; eine Studie von 1995 zählte einen Bestand von 75.000 Tieren. vgl.: Xu, Zhiquan: Chiru's Guardian Angels Shedding Blood, Tears (18.01.2001), www.china.org.cn, 28.05.2002 und o.V.: Race to Save the Tibetan Antelope, www.beijingscene.com, 28.06.2002

[617] vgl. o.V.: China's ‚friends of nature' join the Tibetan antelope on the list of endangered species, (22.11.1998), www.tibet.ca, 19.03.2002

[618] vgl. o.V.: Strukturen der Umweltbildung in China, www.umweltschulen.de, 15.03.2002

[619] vgl. Sternfeld, Eva: Umwelterziehung in China, www.umweltschulen.de, 15.03.2002

12.2.6 NGOs und ihre Beziehung zur Regierung

> *„In the early 1990s, the term NGO was equivalent to troublemaker, „*
> *(...) I had to convince them (the bureaucrats of China, Anm. d. Verf.)*
> *we were coming to help."*
>
> Mei Ng, Vorsitzende von Friends of the Earth Hongkong[620]
>
> *„ (G)uide the public instead of blaming them and help the government*
> *instead of complaining about it. I don't appreciate extremist methods.*
> *I'm engaged in environmental protection and don't want to use it for*
> *political aims. This is my way and my principle, too."*
>
> Liao Xiaoyi, Vorsitzende der Umweltschutz-NGO Global Village Bei-
> jing[621]

Das für NGOs im Westen scheinbar typische „radical activist outfit" findet man nicht in China.[622] NGOs spielen eine einzigartige Rolle in Chinas Umweltschutz, da sie die unentbehrliche Verbindung zwischen Regierung und Bevölkerung herstellen. Umweltbildung in China wird nicht nur von nationalen und internationalen Agenturen, sondern auch von NGOs gemacht. Sie nutzen dabei die Bereitschaft vieler Chinesen aus, die dabei helfen möchten die Umwelt zu schützen, aber nicht wissen wie sie dies bewerkstelligen könnten.[623] Ihr Handlungsrahmen ist dabei aber genau von der Regierung vorgegeben. Die chinesische Regierung verlangt verschiedene Schritte für die Registrierung eine sozialen Organisation, die im nächsten Kapitel zum politischen Umfeld von Umweltschutz-NGOs in China genauer erklärt werden.[624]

---

[620] McCarthy, Terry; Florcruz, Jaime A.: World Tibet Network News, (01.03.1999), www.tibet.ca, 19.03.2002

[621] o.V.: Individuals Changing the World, Beijing Review, 14.08.2000, 17

[622] vgl. o.V.: Concerning NGOs, China had a point, Christian Science Monitor, 21.09.1995, 19

[623] vgl. Mao, Yang: China Country Report, www.oneworld.org, 11.06.2002

[624] vgl. hierzu Gliederungspunkt Politisches Umfeld von NGOs.

12.3 Das politische Umfeld von NGOs in China

„It wouldn't be difficult for FON to get a million members if it went for mass membership," says an NGO specialist in Beijing, „but they have a lot to lose if they push things to far."[625]

Wie bereits angekündigt, soll innerhalb dieses Kapitels das politische Umfeld chinesischer NGOs näher vorgestellt werden.

12.3.1 Umgang mit Nichtregierungsorganisationen in der Vergangenheit

Seit Beginn des 20. Jahrhunderts wurde die Bildung von Berufsvereinigungen in China als NGOs gefördert. Die frühesten Regulationen der kommunistischen Regierung für soziale Organisationen gehen zurück auf den September 1950, als das Ministerium für Innere Angelegenheiten die „Temporary Measures for the Registration of Social Organizations" erließ. Mit der Machtübernahme der Kommunistischen Partei wurde jedoch jede Art von nichtstaatlicher Vereinigung strengstens überwacht und die Organisationen, die sich in der Zeit danach gründeten, besaßen quasi-staatlichen Status. Die Folge war die Nichtexistenz einer Zivilgesellschaft in den Jahren 1956-1978, was sich mit dem Start der wirtschaftlichen Reformen aber schrittweise änderte.[626] Einen jähen Einschnitt in die Entwicklung von chinesischen Nichtregierungsorganisationen gab es 1989 mit der blutigen Niederschlagung der Studentenbewegung auf dem Platz des Himmlischen Friedens in Beijing. Seit dieser Zeit müssen sich alle Organisationen beim Ministry of Civil Affairs registrieren lassen.[627]

---

[625] Gittings, John: Green dawn, Via@e-p-r-f.org, 11.06.2002

[626] vgl. Ho, Peter: Greening Without Conflict? Environmentalism, NGOs and Civil Society in China, Development and Change, 2001, 901ff

[627] vgl. Howell, Jude: Civil Society, in: Benewick, Robert u. Wingrove, Paul (Ed.): China in the 1990s, London 1995, 74ff

12.3.2 Aktuelle Einschätzungen zu Nichtregierungsorganisationen

> *„Environmental NGOs in China share a common goal with the Chinese Government; they should be a partner and bridge for the government."*
>
> Chen Guoxin, Ecological Friends, Shanghai[628]

- Anlässlich der 4. nationalen Umweltschutz-Konferenz 1996 verlangte Song Jiang, Vorsitzender des Staatsrates, dass die Massenorganisationen Chinas sich mehr dem Schutz der Umwelt widmen sollten. Er erkannte außerdem die Rolle der Intellektuellen, der Bildungseinrichtungen und NGOs wie Friends of Nature an und sicherte ihnen staatliche Unterstützung zu.[629]

- 1997 betonten Regierungschef Jiang Zemin und Premierminister Zhu Rongji die Bedeutung von „social intermediary organizations".[630]

- Auf einer Veranstaltung der NGOs zum Weltumwelttag 2000 meinte ein Vertreter des Umweltschutzministeriums, dass eines der Probleme Chinas ein Mangel an NGOs sei. Die SEPA sei der Meinung, dass NGOs die Öffentlichkeit bilden und eine positive Voraussetzung für die Durchsetzung von Umweltgesetzen und die Verbesserung der Umweltsituation schaffen.

Laut Artikel 7 der Verfassung genießen die Bürger der Volksrepublik China die Freiheit der Rede, der Presse, der Versammlung, Vereinigung, Prozession und Demonstration. Dennoch muss jedes geplante

---

[628] o.V.: NGOs work to increase environment awareness, www.1chinadaily.com, 25.04.2000

[629] vgl. Dai, Qing; Vermeer, Eduard B.: Do Good Work, But Do Not Offend the „Old Communists" – Recent Acitivities of China's NG Environmental Protection Organizations and Individuals, in: Ash, Robert; Draguhn, Werner (Ed.): Chinas Economic Security, Richmond 1999, 143

[630] vgl. Saich, Tony: Negotiating the State: The development of Social Organizations in China, The China Quarterly, 03/2000, 126ff

Treffen von mehr als 20 Personen bei der Polizei angemeldet[631] und Massenorganisationen beim zuständigen Ministerium registriert werden. Zwischen 1992 und 1999 haben es nur zwei Umweltschutzorganisationen geschafft, sich als Massenorganisationen beim Ministry of Civil Affairs anmelden zu können. Andere konnten nur über das State Bureau for Industry and Commerce eine Registrierung erlangen, obwohl sie Non-Profit-Organisationen sind und durch diese Art der Registrierung wie alle Unternehmen Steuern zahlen müssen.[632] Trotz der oben genannten Wertschätzungen gibt es bis heute nur wenige chinesische NGOs. Warum das ist, soll im folgenden Abschnitt näher beleuchtet werden.[633]

12.3.3 Angst vor politischem Widerstand gekleidet in Umweltproteste

Seit den 80er Jahren gaben ökologische Probleme in sozialistischen Staaten in Ost- und Mitteleuropa Anlass zu sozialem Widerstand und Umweltprotesten. Die Umweltbewegung fungierte ebenso als ein alternativer Kanal, um Kritik am Gesamtsystem der kommunistischen Regimes zu üben. Daher rührt die Befürchtung der chinesischen Regierung, dies könnte sich in China genauso ereignen.[634] Dazu die Meinung eines Regierungsvertreters: „All civilian environmental protection or-

---

[631] vgl. o.V.: Umweltschützer in China haben es schwer. Sie müssen ihre Worte wägen, so wie Yang Xin. Der ehemalige Buchhalter kämpft von Kindesbeinen an für „seinen" Fluss: den Yangtse. Ein Porträt, (2000), www.greenpeace-magazin.de, 07.03.2002

[632] vgl. Dai, Qing; Vermeer, Eduard B.: Do Good Work, But Do Not Offend the „Old Communists" – Recent Acitivities of China's Non-governmental Environmental Protection Organizations and Individuals, in: Ash, Robert; Draguhn, Werner (Ed.): Chinas Economic Security, Richmond 1999, 145

[633] vgl. o.V.: Environmental Activism in China: Forming Non-governmental Organizations (NGOs), http://greennature.com, 25.06.2002

[634] vgl. Ho, Peter: Greening Without Conflict? Environmentalism, NGOs and Civil Society in China, Development and Change, 2001, 896

ganizations are factions which oppose government and make trouble."[635]

Das politische System gibt der Öffentlichkeit kaum eine Möglichkeit auf Entscheidungen von oben Einfluss zu nehmen. Die wichtigsten Umweltorganisationen wie Chinas Environmental Protection Foundation und Friends of Nature stehen unter strikter staatlicher Kontrolle. Die staatlichen Umweltbehörden, die Beschwerden der Bevölkerung entgegennehmen können, sind angewiesen, besonders kritische Probleme nicht an die Öffentlichkeit zu tragen, damit sich kein politischer Widerstand gegen die Regierung regt.[636]

Saich sieht die Gründe für die Bevorzugung der Kontrollmöglichkeit durch die Partei in der leninistisch-organisatorischen Neigung und der derzeitigen Reformphase, die die Rolle des Staates neu definiert und seine Einflussmöglichkeiten einschränkt. Eine große Pluralität soll einerseits verhindert werden, andererseits jedoch werden selbst durch die relativ wenigen erlaubten Organisationen auch neue Ideen an die Partei heran getragen. Auch Saich spricht die Entwicklung in Osteuropa in diesem Zusammenhang an. Man fürchtet in China die Entstehung von ähnlicher Macht wie in Polen durch die Solidarnosz-Bewegung oder in Indonesien. Zumal es in China bereits Untergrundorganisationen von Arbeitern gibt und Streiks und Sit-ins keine Fremdwörter mehr für die chinesische Gesellschaft sind. Dabei befindet sich die Kommunistische Partei Chinas in einem grundsätzlichen Dilemma: Auf der einen Seite verliert sie durch die wirtschaftliche Entwicklung und Öffnung des Landes an bürokratischem Einfluss und ist in bestimmten Gebieten auf die Unterstützung durch Organisationen angewiesen. Lässt sie die Or-

---

[635] vgl. Dai, Qing; Vermeer, Eduard B.: Do Good Work, But Do Not Offend the „Old Communists" – Recent Acitivities of China's Non-governmental Environmental Protection Organizations and Individuals, in: Ash, Robert; Draguhn, Werner (Ed.): Chinas Economic Security, Richmond 1999, 159 nach: Huang, Yong: Civilian Environmental Protection: the Little Lotus Reveals its Tip, China Environment News, 25.05.1997

[636] vgl. Lo, Carlos Wing Hung; Leung, Sai Wing: Environmental Agency and Public Opinion in Guangzhou: The Links of a Popular Approach to Environmental Governance, The China Quarterly, 2000, 690

ganisationen nicht zu, die die entstandene Lücke füllen, riskiert sie soziale Unruhen. Ihre leninistische Einstellung jedoch macht es eigentlich unmöglich Organisationen außerhalb ihrer Kontrolle agieren zu lassen.[637]

Noch 1994 schrieb Lappin, dass Umweltschutzorganisationen an zweiter Stelle nach Gewerkschaften und Studentenorganisationen als potentielle Quelle von negativer Stimmung gegen die Regierung rangieren. Mao Zedongs Warnung „A single spark can ignite a prairie fire." schien allgegenwärtig.[638]

Bis 1997 gab es keine bestimmten Regelungen für NGOs in China für ihre Gründung, ihr Management und ihre Aktivitäten. Lediglich die Regulations on the Registration and Administration of Social Organizations von 1989 waren vorhanden, die zwei Dinge verlangten:

1) Eine *guakao danwei*, einen Sponsor, als Verbindung zum Ministry of Civil Affairs und zur Beaufsichtigung.

2) Die Unterbreitung verschiedener Dokumente wie ein Mission Statement, eine Liste der führenden Mitglieder, Fundingquellen, Organisationsstruktur und andere „notwendige" Informationen.[639]

Ein Rundschreiben des Public Security Bureaus von 1997 schlug zur Beseitigung unerwünschter sozialen Organisationen folgende drei Methoden vor:

1) Die Sponsoragentur dazu bringen, dass sie die Unterstützung absagt.

2) Mit Hilfe von finanziellen Restriktionen „fangen".

---

[637] vgl. Saich, Tony: Negotiating the State: The development of Social Organizations in China, The China Quarterly, 03/2000, 128

[638] vgl. Lappin, Todd: Can Green mix with Red? (14.02.1994), www.fon.org, 17.09.2002

[639] vgl. Knup, Elizabeth: Environmental NGOs in China: An Overview, (Herbst 1997), http://ecsp.si.edu, 16.05.2002

3) Schlüsselmitglieder identifizieren und in staatliche Positionen beför-
dern, so dass sie keine Zeit mehr haben, sich in sozialen Organisationen zu engagieren.

Schließlich hat die Partei ihre Mitglieder auch in die Organisationen
eingeschleust, um Kontrolle und Überwachung zu gewährleisten. Gemäß der Verfassung der kommunistischen Partei soll in allen Organisationen „Zellen" eingerichtet werden, die drei oder mehr Mitglieder haben (Artikel 29). Wenn nicht genügend Mitglieder vorhanden sind, um
eine „Zelle" zu etablieren, sollen die Mitglieder mit der Parteizelle oder
der Sponsoragentur verknüpft werden.[640]

12.3.4 Aktuelles Registrierungsprozedere

*„Als ich nach vier Jahren die Erlaubnis (zur Gründung seiner Um-
weltschutzorganisation „Grüner Fluss", Anm. d. Verf.) erhielt, sagte
mir der Leiter der Verwaltungsstelle, ich könne machen, was ich wolle, solange ich mich nicht in die Politik einmische. Daran halte ich
mich." „Wie kann man Umweltzerstörung und Politik trennen? Yang
schmunzelt und schweigt."*[641]

Zeitgleich mit der Unterzeichnung des International Covenant on Civil
and Political Rights, das auch die Freiheit der Versammlung beinhaltet,
überarbeitete die chinesische Regierung 1998 sieben Gesetze zur Registrierung von Gruppen. Diese New Regulations on the Registration and
Management of Social Groups vom 25. Oktober 1998 brachten für soziale Organisationen viele Einschränkungen mit sich. Weiterhin wurden
die Provisional Regulations on the Registration and Management of the
People-Organized Non-Enterprise Units verkündet, die u.a. verhindern,

---

[640] vgl. Saich, Tony: Negotiating the State: The development of Social Organizations in China, The China Quarterly, 03/2000, 129

[641] www.greenpeace-magazin.de o.V.: Umweltschützer in China haben es schwer.
Sie müssen ihre Worte wägen, so wie Yang Xin. Der ehemalige Buchhalter kämpft
von Kindesbeinen an für „seinen" Fluss: den Yangtse. Ein Porträt, (2000),
07.03.2002

dass sich soziale Organisationen zukünftig als Non-Profit-Unternehmen registrieren lassen.[642] Diese Regulationen sollen die Kontrollmöglichkeit des Staates durch folgende Anforderungen bei der Registrierung einer NGO steigern:

1) Es muss eine *yewu zhuguan danwei*, „professional management unit" als Sponsor, *guakao danwei*, gefunden werden. Diese trägt umgangssprachlich den Spitznamen „Schwiegermutter", *popo*.[643] Nach dem Finden und Zulassung des Sponsors werden die Unterlagen der Organisation zum Ministry of Civil Affairs gesandt oder zu seiner entsprechenden Abteilung, *dengji guanli jiguan*. Darauf folgt ein doppeltes Registrierungsverfahren, dem die Aufnahme in die betreffende Institution der Registrierung vorausgeht. Der Sponsor hat die Aktivitäten und Gesetzmäßigkeit der Organisation zu überwachen. Er stellt fest, ob die Aktivitäten überhaupt notwendig sind und sie sich nicht mit Aktivitäten anderer Organisationen überschneiden. Der Sponsor ist außerdem verantwortlich für die Bewerbung beim Ministry of Civil Affairs um Registrierung (Artikel 9, 10, 28).

Schafft der Bewerber diese erste bürokratische Hürde nicht, sieht es schlecht für ihn aus: Es gibt zum einen kein Recht, gegen die Ablehnung der Registrierung zu protestieren und es ist unklar, ob sich eine Organisation für den Fall, dass der erste sie ablehnt einen neuen Sponsor suchen darf. Einige Abteilungen des Ministry of Civil Affairs werden überschwemmt mit Anträgen und können so nicht angemessen reagieren. Kritik an der Umständlichkeit des Systems besonders durch die Einrichtung der Sponsoring-Agentur wurde von einigen Parteimitgliedern jedoch nicht zugelassen, schließlich wollte man die Kontrolle verschärfen, nicht lockern.

---

[642] vgl. o.V.: China: No improvement in human rights. The imprisonment of dissidents in 1998, www.amnesty.ca, 04.06.2002

[643] Ein Kommentar von Wang Huizhan, der versuchte, eine NGO zu gründen, 2000: "Nobody dares to be your mother-in-law, as they fear that you will make trouble or arouse the people."

2) Soziale Organisationen müssen innerhalb der Abteilungen des Ministry of Civil Affairs von der Kommunalebene aufwärts registriert werden.[644]

Das bedeutet, dass es für lokale Gruppen unmöglich ist, Mitglieder aus anderen Gegenden anzuwerben bzw. Zweigstellen zu eröffnen. Damit wird die Größe der Organisationen eingeschränkt und die Entwicklung einer landesweiten Organisation verhindert.

3) Die Organisation muss eine feste Adresse und spezialisierte Mitarbeiter gemäß ihres Tätigkeitsfeldes haben und als nationale Organisation außerdem legale finanzielle Ressourcen von 100.000 Yuan RMB und als regionale Organisation 30.000 Yuan aufweisen können.

4) Innerhalb der selben Verwaltungsebene darf es keine weiteren Organisationen geben, die sich für das gleiche Aufgabenfeld bewerben.[645]

Daraus ergibt sich eine wesentlich geringer Anzahl von Organisationen. Das bedeutet für die Regierung ein Schutz der Organisationen, die staatlich sind und schon länger existieren, wie die GONGOs und schränkt die möglichen Gründungen von NGOs ein. Staatliche Massenorganisationen erhalten keine Konkurrenz. Umgekehrt haben es einige Organisationen abgelehnt, ein Monopol der Repräsentation anzunehmen: Nachdem Liang Congjie, heute Chef der Umweltschutz-NGO „Friends of Nature" bereits zehn Monate auf die Registrierung gewartet hatte, erfuhr er von der National Environmental Protection Agency, dass sie ihn nur dann registrieren würden, wenn er die Verantwortung für alle Chinesen übernähme, die um die Umwelt besorgt sind. Liang fand diese Vorstellung zu ehrgeizig und gab auf. Stattdessen ließ er seine Organisation 1994 von der Academy of Chinese Culture als sekundäre Organisation registrieren.

---

[644] vgl. Saich, Tony: Negotiating the State: The development of Social Organizations in China, The China Quarterly, 03/2000, 129ff
[645] vgl. Artikel 9-13 Regulations for Registration and Management of Social Organisations, 25.09.1998 des Ministry of Civil Affairs, 7-10

5) Der Name einer Organisation muss ihre Aktivitäten und ihre Natur widerspiegeln. Namen, die die Begriffe China, *zhongguo*, oder landesweit *quanguo* enthalten, können nur von staatlicher Seite vergeben werden, niemals aber darf eine lokal registrierte soziale Organisation einen solchen Namen annehmen (Artikel 10).[646]

Es scheint als wolle die Zentralregierung mit all diesen Maßnahmen die Entwicklung von NGOs eher einschränken als stimulieren. Vom Staat als Bedrohung erachtete Gruppen werden mitunter auch mit Gewalt unterdrückt oder als illegal erklärt. Als eine Konsequenz umgehen viele Organisationen die Prozedur, finden und fanden andere Wege.

12.3.4.1 Ausweichmöglichkeiten

Die Registrierung als Unternehmen war lange Zeit eine Ausweichmöglichkeit, seit 1998 ist allerdings auch diese gebannt. Eine weitere Option ist die Registrierung als Teil-Organisation „subsidiary organization" innerhalb einer grundsätzlich ruhenden sozialen Organisation. Ein Beispiel dafür war die Beijing Science and Technology Association, die dank ihrer vielen Unterorganisationen bald von der Regierung gefürchtet und gestoppt wurde. Sie arbeitete dann als Privatunternehmen mit Tochterunternehmen weiter. Eine andere Möglichkeit bietet die Registrierung als „secondary organization" an einer als Aufsichtsbehörde fungierenden Institution höherer Bildung, wie an den Universitäten. Schließlich gibt es auch noch die „Clubs" oder „Salons" die jeglichen offiziellen Status' entbehren.[647] Ansonsten helfen auch die *guanxi* (Beziehungen) dabei formale Hindernisse zu überwinden, besonders auf lokaler Ebene. So haben Bildungs- und Umweltorganisationen in China

---

[646] vgl. Saich, Tony: Negotiating the State: The development of Social Organizations in China, The China Quarterly, 03/2000, 129ff
[647] vgl. Ho, Peter: Greening Without Conflict? Environmentalism, NGOs and Civil Society in China, Development and Change, 2001, 903

im allgemeinen Erlaubnis erhalten und relativen Handlungsspielraum dazu.[648]

12.3.4.2 Schwierigkeiten nicht registrierter Organisationen

Eine nicht ordnungsgemäß registrierte Organisation hat es in mancher Hinsicht schwer.

1) Sie kann nicht als Rechtssubjekt auftreten, was den Abschluss von Verträgen, beispielweise mit Partnern internationaler Organisationen etc. schwierig macht.

2) Es ist schwierig für sie qualifiziertes Personal zu bekommen, da die Organisation weder Rente noch Geld für die Krankenversicherung bieten kann. So sind viele NGOs auf die Mithilfe von Freiwilligen und pensionierten Menschen angewiesen.

3) Es ist ihr nicht gestattet, ein eigenes Bankkonto zu haben, was das Fundraising erschwert, da Transparenz nicht gewährleistet ist. Dazu kommt, dass die Organisation ihre Einnahmen an die zuständige staatliche Abteilung als „management fee" überweisen muss.

Trotz all dieser staatlichen Bemühungen, so Ho, gelingt der Regierung im Moment nur das Gegenteil von dem, was sie geplant hatte. Der NGO-Sektor lässt sich nur zum kleinen Teil kontrollieren – der Großteil der NGOs bevorzugt es, seine wahre Identität zu verbergen.[649]

12.4 Schlussfolgerung

Viele zeitgenössische Beiträge zur Staat-Gesellschaftsbeziehung in China beschäftigen sich damit, wie die Regierung „von oben" die Kontrolle behält und die Organisationen in verschiedenen Varianten an staatliche Schirmherrschaft bindet. Die Öffnung des Staates geht von-

---

[648] vgl. Saich, Tony: Negotiating the State: The development of Social Organizations in China, The China Quarterly, 03/2000, 136

[649] vgl. Ho, Peter: Greening Without Conflict? Environmentalism, NGOs and Civil Society in China, Development and Change, 2001, 905f

statten während gleichzeitig der Partei-Staat weiterregiert und streng kontrolliert. Aber trotz der formalen Kontrollmöglichkeiten des Staates in China ist die chinesische Gesellschaft so dynamisch, dass es schwierig wird, die Kontrollen auch tatsächlich durchzuführen. Grundsätzlich gilt, je weiter entfernt vom Staat sich eine Gruppe im Spektrum von Regierungsschirmherrschaft und Autonomie befindet, desto verletzlicher ist sie und bedroht von Einmischung und Schließung.[650]

Die Umweltbewegung in China wurde einerseits durch das „Grünwerden" des chinesischen Staates motiviert andererseits aber auch ihrer Möglichkeit beraubt, die Regierung offen zu konfrontieren.[651] NGOs werden so lange geduldet bzw. sogar begrüßt, so lange sie dem Staat dabei helfen, sozialen Problemen zu begegnen und zwar in einer Art, die dem Staat angemessen erscheint. Auf diese Art braucht der Staat nicht zu befürchten, dass aus den Umweltschützern eine Partei erwachsen könnte. Im Gegenteil – Umweltschützer wie Liang Congjie fangen den Teil der Bevölkerung und die Fragen auf, die die Regierung unbeantwortet lässt und beugen damit politischen Unruhen vor.[652]

Wie ähnlich die Bedingungen für den Umweltschutz in einem anderen ehemals autoritären sozialistischen Staat aussahen, wird das nächste Kapitel zeigen.

---

[650] vgl. Saich, Tony: Negotiating the State: The development of Social Organizations in China, The China Quarterly, 03/2000, 126

[651] vgl. Ho, Peter: Greening Without Conflict? Environmentalism, NGOs and Civil Society in China, Development and Change, 2001, 905f

[652] vgl. Lappin, Todd: Can Green mix with Red? (14.02.1994), www.fon.org, 17.09.2002

13 Vergleich I: Umweltschutz in der DDR

Um die Bedeutung des politischen Umfeldes für die Umweltbewegung zu verdeutlichen, soll an dieser Stelle ein Vergleich zu einem ehemaligen sozialistischen Staat gezogen werden.

13.1 Umweltprobleme in der DDR

Die ökologischen Desaster in den sozialistischen Ländern des Ostblocks, auch der DDR, gab es sonst nur in der Dritten Welt, schreibt Ryle.[653] Hauptenergiequelle in der DDR war die stark schwefelhaltige Braunkohle. Saurer Regen die Folge. Daneben vergiftete die chemische Industrie um Halle, Leuna und Bitterfeld Luft, Wasser und Boden. In der Landwirtschaft sollten mit Hilfe von Chemikalien höhere Erträge erwirtschaftet werden, darunter litt der Boden. Aus Geldmangel handelte die DDR mit gefährlichen Abfällen aus westlichen Ländern. 1989 kamen fast 5 Millionen Tonnen aus dem Ausland, besonders der BRD, in den Osten.[654]

13.2 Politische Parallelen

Ähnlich der Volksrepublik China führte man in der DDR unter Walter Ulbricht in den 60er Jahren ein „Wirtschaftsexperiment" mit dem Namen „Neues Ökonomisches System der Planung und Leitung" (NÖSPL) durch, das verschiedenen Zwecken dienen sollte. U.a. sollten die Betriebe mehr Eigenverantwortung haben und wirtschaftlicher arbeiten. Das große Ziel dabei war, den Westen zu „überholen ohne einzuholen". Doch ebenso wie Chinas utopische Kampagnen der Mao-

---

[653] vgl. Ryle, Martin: Socialism in an Ecological Perspective, 1988, in: Redclift, Michael; Woodgate, Graham (Ed.): The Sociology of the Environment Volume 1, Hants (UK) 1995, 546

[654] vgl. Yearley, Steven: The Green Case – A sociology of environmental issues, arguments and politics, London 1991, 180

Zeit blieb es beim Versuch. „(M)it mehr Energie, mehr Rohstoffen und mehr Arbeitskraft (wurde) weniger hergestellt (...) als in der BRD."[655]

In der DDR war die Sozialistische Einheitspartei Deutschlands (SED) zuständig für den Umweltschutz. Die SED-Regierung erkannte früh den politischen Sprengstoff, der in der Umweltpolitik lag. Bereits 1971 wurde ein Ministerium für Umweltschutz eingerichtet. Daneben wurde die Gesellschaft für Natur und Umwelt (GNU) innerhalb des Kulturbundes unter staatlicher Kontrolle und Steuerung gegründet, die ein Sammelbecken für umweltbesorgte Bürger darstellen sollte. Vertreter der Staatssicherheit wurden in die wenigen vorhanden Umweltgruppen eingeschleust, was sogar dazu führte, dass an sich wertvolle wissenschaftliche Arbeiten von Umweltschützern der DDR sich auf Aussagen von ehemaligen Stasi-Spitzeln stützen, die sich als Umweltaktivisten ausgaben.[656] Schließlich versuchten „die Unabhängigen (...) die staatliche Organisation zu unterwandern, die SED versuchte, die Unabhängigen zu vereinnahmen.[657] Eine weitere Reaktion des Staates auf die neue Art des Bürgerprotestes war der Erlass eines den schon engen juristischen Spielraum noch mehr einschränkenden Gesetzes, der „Ordnungswidrigkeitsverordnung" im Jahre 1984. Damit wurden Festnahmen und hohe Geldstrafen legalisiert, die sowohl gegen die Anhänger der Friedens- als auch die der Umweltbewegung eingesetzt werden konnten. Auf diese Weise wurde der Einsatz für die Umwelt vom Staat kriminalisiert. Ähnlich scheint die Verschärfung der Gesetze von 1998 in China und der Umgang mit Kritikern der Umweltpolitik dort.

Wie auch in China wurden in der DDR die Medien systematisch vom obersten Zensor, dem SED-Propagandachef dirigiert. In der Wissenschaft wurden, um Konflikten vorzubeugen, wichtige Forschungsthemen ausgespart bzw. von Nichtfachleuten aus der SED bearbeitet. Kritische Schriftsteller wurden ausgebürgert; Verhaftungen, Einschrän-

---

[655] Bastian, Uwe: Zur Genesis ostdeutscher Umweltbewegung unter den Bedingungen des totalitären Herrschaftssystems, in: Bastian, Uwe: Greenpeace in der DDR – Erinnerungsberichte, Interviews und Dokumente, Berlin 1996, 75
[656] vgl. ebd. 85
[657] vgl. ebd. 94

kung wissenschaftlicher Arbeit und Rufschädigung von Wissenschaftlern gehörten zur Tagesordnung. Wie in China wurden die Menschenrechte auf freie Meinung, Kommunikation und Publikation ignoriert. 1982 trat das Gesetz zur Geheimhaltung von Umweltdaten in Kraft. Genau wie in China wurden jahrelang die wahren Erkenntnisse über die Umweltsituation des Landes der Öffentlichkeit vorenthalten. Für den staatlichen Umweltschutz in der DDR gab es kein Geld, weil ein Großteil des Budgets bereits für die Bekämpfung von Umweltarbeit ausgegeben wurde.

13.3 Umweltengagement in der DDR

Von großer Bedeutung für die DDR-Umweltbewegung war die Konfrontation mit der konkreten Umweltzerstörungen vor Ort einerseits und die Informationen über westdeutsche Funk- und Printmedien andererseits.[658] Das Umweltbewusstsein war wie in China dort am höchsten, wo die Zerstörung am offensichtlichsten war. Die Medienberichte steigerten das Umweltwissen und damit auch das Umweltbewusstsein. Vergleichbar mit den Informationen aus den Westmedien für die DDR ist für China das Internet, das sich von der Regierung schwer überwachen lässt.

13.3.1 Aktivitäten der ostdeutschen Umweltbewegung

Typisch für das DDR-Engagement waren ähnlich wie in China Exkursionen, Aktionen zum Weltumwelttag, „harmlose" Fahrraddemos und Baumpflanzaktionen, letztere in der DDR allerdings in den Neubaugebieten und nicht, um der Verwüstung zu begegnen. Interessanterweise wurden in Umweltprotesten auch Beerdigungsrituale imitiert, indem beispielsweise absterbende Bäume mit einem weißen Holzkreuz versehen wurden. Offener Protest führte sofort zu Verhaftungen und Repres-

---

[658] vgl. Bastian, Uwe: Zur Genesis ostdeutscher Umweltbewegung unter den Bedingungen des totalitären Herrschaftssystems, in: Bastian, Uwe: Greenpeace in der DDR – Erinnerungsberichte, Interviews und Dokumente, Berlin 1996, 84f

sionen durch die Regierung. Ein Pfarrer wurde wegen der Organisation einer Demonstration gegen die Chemiefabriken der Region Halle-Merseburg drei Jahre inhaftiert und anschließend abgeschoben. Dennoch zogen die Aktivitäten immer mehr junge Leute an und auch politische Gegner. Nach einer westdeutschen Greenpeace-Aktion[659] auf einer Dresdner Elbbrücke gegen die Wasserverschmutzung meldete man in den Nachrichten 1987 in Westdeutschland, dass die Aktion vor allem wegen des „mangelnden Umweltbewusstseins" der DDR-Bürger dort durchgeführt worden war. Ein ostdeutscher Umweltschützer des Ökologischen Arbeitskreises dazu: „Der Kommentar erwähnte nicht, dass wir nicht mit Flugblattaktionen, Protestdemonstrationen und dem Aufhängen von Bannern aktiv werden konnten – uns hätten solche Aktionen Schikanen, Gefängnis und natürlich das Ende der Umweltarbeit eingebracht."

13.3.2 Ein ideologisches Problem

Ein Problem stellte die Übernahme westlicher Ansätze der Umweltkrise einiger ostdeutscher Umweltschützer dar. Das westliche Umweltengagement war an Begriffe wie Wegwerfgesellschaft, Überproduktion und materielle „Konsumgesellschaft" festgemacht. Dies war auf den Osten und seine Umweltprobleme jedoch nicht übertragbar. Die teilweise Übernahme westlicher Theorieansätze mit der Orientierung zur materiellen Einschränkung führte Ende der 80er Jahre zu Akzeptanzproblemen der Umweltbewegung in der DDR.[660]

---

[659] Greenpeace konnte in der DDR nicht existieren, da es in Ländern, in denen die Organisation illegal gewesen wäre auch keine Aktionen geben konnte.

[660] vgl. Bastian, Uwe: Zur Genesis ostdeutscher Umweltbewegung unter den Bedingungen des totalitären Herrschaftssystems, in: Bastian, Uwe: Greenpeace in der DDR – Erinnerungsberichte, Interviews und Dokumente, Berlin 1996, 77

13.3.3 Schutz unter dem Dach der Kirche

Aus politischen Gründen war die Flucht unter das „schützende Dach" der Kirche nicht selten, denn innerkirchliche Aktivitäten wurden vom Staat geduldet. Treffen in kirchlichem Rahmen boten die einzige Möglichkeit über den Raubbau an der Natur zu sprechen. Seit 1984 fanden auf diese Weise Ökologieseminare in Ost-Berlin statt. Nach dem Reaktorunfall von Tschernobyl von 1986 entstand die erste unabhängige Zeitung größerer Auflage namens „Umweltblätter", mit ca. 2.000 Exemplaren monatlich. Bis 1988/89 gab es auf dem Gebiet der ehemaligen DDR ca. 80 unabhängige Umweltgruppen, die sich vor allem in den Ballungszentren mit deutlichen Umweltproblemen konzentrierten – auch hier findet sich eine Parallele zu China. Auf dem 4. Berliner Ökologieseminar in Berlin 1987 wurde die Errichtung eines Umweltnetzwerkes diskutiert, was 1988 zur Gründung des „Grün-ökologischen Netzwerkes Arche" führte.[661]

13.3.4 Umweltproteste als Form der Systemkritik

Umweltarbeit bot besonders Ende der 80er Jahre auch die Möglichkeit „gegen den kommunistischen Staat gerichteten Protest zu artikulieren" und zog nach und nach ein größeres Publikum an. Es nahmen auch die Menschen an Veranstaltungen teil, die insgesamt mit dem System nicht zufrieden waren. Die Umweltbewegung bekam mehr Aufmerksamkeit von Seiten des Staates, weitere Spitzel wurden eingeschleust, Akten angelegt und Gegenmaßnahmen geplant.[662] 1989 gab es dann eine Massenprotestaktion gegen die Umweltverschmutzung in Leipzig, die „Ostdeutsche Rally".[663]

---

[661] vgl. Bastian, Uwe: Zur Genesis ostdeutscher Umweltbewegung unter den Bedingungen des totalitären Herrschaftssystems, in: Bastian, Uwe: Greenpeace in der DDR – Erinnerungsberichte, Interviews und Dokumente, Berlin 1996, 93

[662] vgl. Naumann, Jörg: Von der Umweltbewegung der DDR zu Greenpeace-Ost, in: Greenpeace (Hrsg.) Das Greenpeace Buch – Reflexionen und Aktionen, München 1996, 51ff

[663] vgl. Ho, Peter: Greening Without Conflict? Environmentalism, NGOs and Civil Society in China, Development and Change, 2001, 916

13.4 Nach der Wiedervereinigung

Nach der Wiedervereinigung Deutschlands wurden verschiedene Umweltprobleme der DDR gelöst bzw. vermindert. Der Braunkohle- und
Uranbergbau wurden eingestellt, was die Luftqualität schlagartig verbesserte. Die Chemiebetriebe wurden neu ausgestattet und verschmutzten die Umwelt nicht mehr im früheren Maße. Dennoch brachte
das neue Wirtschaftssystem und die neuen Konsummöglichkeiten „ex-
plosionsartig wachsende Müllprobleme" auch in Ostdeutschland mit
sich. Neue gesellschaftliche und soziale Probleme wie die Arbeitslosigkeit wurden dringender als Umweltschutz. In einer Studie zum Umweltbewusstsein der Bürger der BRD vom Jahr 2000 weichen die Angaben der West- und Ostdeutschen immer noch voneinander ab. Unter
den wichtigsten Probleme in Deutschland[664] wurde der Arbeitsmarkt
von insgesamt 58% am häufigsten genannt. Davon jedoch von nur 55%
der Westdeutschen und immerhin 71% der Ostdeutschen. Es folgten
der Vertrauensverlust in die Politik/Spendenaffäre, Rentenpolitik/So-
zialpolitik und an vierter Stelle schließlich der Umweltschutz. Nur 16%
der Befragten insgesamt gaben ihn als dringendstes Problem Deutschlands an, davon 17% der Westdeutschen, 14% der Ostdeutschen. An
anderer Stelle[665] fand man heraus, dass man „(i)m Osten (...) vorrangig
an Wohnumfeldverbesserungen interessiert (ist) und vergleichsweise
weniger an den Themenbereichen Gesundheit und Dritte Welt."[666] Insgesamt wurde die Umweltsituation besser eingeschätzt als noch vor
zwei Jahren. Immer wieder gab es jedoch erhebliche Ost-West-
Differenzen. 77% der Befragten schätzten die Umweltqualität im Westen als „sehr gut" oder „recht gut" ein, während dies umgekehrt nur
35% der Westdeutschen für die neuen Bundesländer einschätzten. Es
zeigte sich, dass die Ost-West-Differenzen vor allem darauf zurückzuführen sind, dass die Westdeutschen die Umwelt in Ostdeutschland

---

[664] 6 häufigste Nennungen in Prozent, maximal zwei Nennungen waren möglich.

[665] vgl. „Umweltbewusstsein in Deutschland 2000" – Ergebnisse einer repräsentativen Bevölkerungsumfrage des Bundesministeriums für Umwelt, Naturschutz und
Reaktorsicherheit im Auftrag des Umweltbundesamtes, Berlin, 2000, 71

[666] ebd. 15

nach wie vor schlecht einschätzen, während die Ostdeutschen eine qualitative Steigerung in ihrer Heimat sehen. „(...) 1991, zu einem Zeitpunkt, als nicht einmal 50% der Westdeutschen die Umweltqualität im Westen als gut beurteilten, (waren) noch 80% der Ostdeutschen der Meinung, dass dort „im goldenen Westen" die Umweltqualität doch gut sein würde."[667] Finanzielle Aspekte spielen beim Konsumverhalten eine große Rolle – so achteten mehr ostdeutsche Bürger auf den Energieverbrauch beim Kauf von Haushaltsgeräten als westdeutsche. Diesen Haushalten steht meist auch weniger Geld zur Verfügung.[668]

13.5 Schlussfolgerung

Die Parallelen, die sich ergeben, wenn man diese beiden sozialistischen und autoritär regierten Staaten vergleicht, machen die große Rolle der politischen Umstände im Umweltschutz deutlich. Sie geben auch einen Hinweis darauf, dass nicht zwangsläufig das mangelnde Umweltbewusstsein der Bevölkerung Ursache für Umweltverschmutzung und fehlende Gegenwehr ist. Der Fall der DDR verdeutlicht auch, dass westliche Theorien zum Umweltschutz nicht immer und überall relevant und anwendbar sind. Nur in wohlhabenden chinesischen Großstädten gibt es inzwischen Konsummuster und Verhaltensweisen, die denen des Westens sehr stark ähneln. Der Vorrang anderer sozialer Probleme wie der Arbeitslosigkeit im Osten Deutschlands heutzutage lässt erahnen, wie problematisch Umweltschutz in einem Entwicklungsland sein muss.

Kulturell lassen sich zwischen China und der DDR wahrscheinlich nur auf die politische Kultur bezogen Parallelen finden. Auf Taiwan hingegen, dessen Vergangenheit anders, aber dennoch von einem autoritären

---

[667] vgl. „Umweltbewusstsein in Deutschland 2000" – Ergebnisse einer repräsentativen Bevölkerungsumfrage des Bundesministeriums für Umwelt, Naturschutz und Reaktorsicherheit im Auftrag des Umweltbundesamtes, Berlin, 2000, 24f

[668] ebd. 46; Tab. 33: Frage: Achten Sie beim Kauf von Haushaltgeräten auf einen niedrigen Energieverbrauch? Antwort Ja: 56% insgesamt, 54% der Westdeutschen, 67% der Ostdeutschen.

Regime geprägt war, herrscht die traditionelle chinesische Kultur vor. Welches Potential in Bezug auf den Umweltschutz möglicherweise in einem kulturell ähnlichen Staat schlummert, wenn sich das politische Umfeld ändert, soll im nächsten Kapitel behandelt werden.

14 Vergleich II: Umweltschutz in Taiwan

Dank des gemeinsamen historischen Hintergrundes verfügt Taiwan wie China über eine Kultur der Autorität, den Konfuzianismus, der im Westen mitunter sogar als Alternative zu den Menschenrechten erachtet wird. Die Frage für die westlichen Wissenschaftler ist, wie sich die westlichen Werte des Kapitalismus mit diesen kulturellen Wurzeln vertragen. Taiwan zeigt, das dies nicht unbedingt ein unlösbarer Konflikt sein muss.[669] Trotz der vom Festland Chinas sehr unterschiedlichen Geschichte hatten die Menschen auch in Taiwan bis 1987 mit der Aufhebung des Militärgesetzes unter einem autoritären Regime gelebt. Durch den Vergleich Chinas mit der neuen Demokratie Taiwans der letzten Dekade zeigt Weller, wie dennoch eine zivile Demokratie aus chinesischen kulturellen Wurzeln und autoritären Institutionen heranwachsen kann. Seiner Auffassung nach gibt es unabhängig von der Art des Regimes immer einen informalen Bereich in der Gesellschaft, in dem Platz ist für einen sozialen Sektor.[670] Wegen der gemeinsamen kulturellen Wurzeln und der Gemeinsamkeit einer autoritären Führung bis in die 80er Jahre, lassen sich im Bereich des Umweltschutzes viele Parallelen zwischen den beiden chinesischen Ländern finden. Taiwans unabhängige Entwicklung mit Beginn seines Demokratisierungsprozesses Mitte der 80er Jahre kann aber möglicherweise Aufschluss über das Potential einer chinesischen Umweltbewegung unter anderen politischen Umständen geben.

14.1 Politischer Umschwung in Taiwan

Als die regierende Kuomintang-Partei Mitte der 80er Jahre demokratische Institutionen eingerichtet hatte, stieg die Anzahl der Umweltbe-

---

[669] vgl. Weller, Robert P.: Alternate Civilities – Democracy and Culture in China and Taiwan, Oxford 1999, 4

[670] ebd. XII

schwerden in der zweiten Hälfte der 80er Jahre drastisch an. [671] Nach der Aufhebung des Militärgesetzes 1987 hatte Taiwan innerhalb weniger Monate eine Umweltbewegung[672], eine Frauenbewegung und eine Arbeiterbewegung.[673] Vor 20 Jahren interessierte man sich in Taiwan kaum für Umweltprobleme, die im Westen und in Japan schon für Aufregung sorgten, schrieb Weller 1999. In den späten 1980ern stieg die Zahl der Umweltproteste und in den drei Jahren von 1988 bis 1990 wurde um 12 Mrd. NT (ca. 500 Millionen US$) in Umweltfällen vor Gericht gestritten. Die meisten der derzeitigen Umweltschutzorganisationen wie die New Environment Foundation, Greenpeace Taiwan, die Taiwan Environmental Protection Union und die Homemakers' Union Environmental Protection Foundation wurden innerhalb weniger Monate nach der Aufhebung des Militärgesetzes 1987 gegründet.

Dieses plötzliche Interesse war allerdings teilweise auch eine Antwort auf die Verschmutzung. Wie auch im Westen sorgten der Umzug in die Städte, die Mechanisierung des täglichen Lebens, die Veränderung der menschlichen Beziehungen und eine Entfremdung von Natur und Traditionen für eine neue Wertschätzung der Natur auf Taiwan.[674] Daneben gab es seit Mitte der 90er Jahre heftige Kritik von internationalen Umweltschutzorganisationen und 1994 sogar Handelssanktionen in Form des Pelly-Amendment für Taiwan. Daraufhin stieg die Abdeckung der Thematik in den Medien.[675]

Gerade erlebt Taiwan eine Blütezeit der zivilen Gesellschaft.[676] Doch auch dort müssen Organisationen innerhalb eines Regierungsministeriums registriert werden und akzeptieren so gewissermaßen die Beaufsichtigung durch den Staat. Allerdings gibt es inzwischen so viele die-

---

[671] vgl. Tang, Shui-Yan; Tang Ching-Ping: Democratization and the Environment: Entrepreneurial politics and interest representation in Taiwan, The China Quarterly, 06/1999, 350ff

[672] Vor 1987 gab es nur wenige, kaum effektive Umweltschutzorganisationen.

[673] vgl. Weller, Robert P.: Alternate Civilities – Democracy and Culture in China and Taiwan, Oxford 1999, 6

[674] vgl. ebd. 111f

[675] vgl. Hwang, Jim: Es grünt so grün, www.gio.gov.tw, 30.01.2002

[676] Bereits 1996 gab es mehr als 14.000 registrierte NGOs.

ser Gruppen, dass es der Regierung unmöglich ist, diese zu regulieren, selbst wenn sie das wollte. So funktionieren die taiwanesischen Umweltschutz-Gruppen durchaus als autonome, freiwillige Vereinigungen.[677] Gesetzlich gab es in Taiwan wie auch in China einige Neuerungen in den vergangenen Jahren[678]. Dennoch fehlt – wie auf dem Festland – nach wie vor ein stabiler gesetzlicher Rahmen und lokale Kreisvorsteher bestimmen über die Durchsetzung des Umweltrechts.[679] Je nachdem wie sich die Regierungsorganisationen entwickeln, sieht Weller in ihnen und in den von der Regierung kontrollierten Vereinigungen ein Potential, das für den zukünftigen Wandel von Taiwans Umweltsituation entscheidend sein kann.[680]

14.2 Politisierung der Umweltschutzbewegung

Laut Weller waren in der Vergangenheit taiwanesische Gruppen, die sich mit der Umwelt beschäftigten niemals explizit politisch, motivierten aber dennoch politischen Wandel.[681]

Kim sieht die Umweltbewegung Taiwans als Teil der Demokratiebewegung gegen die Regierung der Kuomintangpartei. Demnach entwickelten sich aus den lokalen, schwach organisierten Umweltprotesten der frühen 80er Jahre zunächst eine Naturschutzbewegung, die den Erhalt der Wildnis betonte. Sie wurde angeführt von einer Elite von Journalisten, Wissenschaftlern und Regierungsvertretern. Die Bewegung schaffte es zwar öffentliche Aufmerksamkeit auf sich zu lenken, man-

---

[677] vgl. Madsen, Richard: Confucian Conceptions of Civil Society, in: Chambers, Simone; Kymlicka, Will (Ed.): Alternative Conceptions of Civil Society, Princeton 2002, 193f

[678] z.B. 1992 Pollution Dispute Resolution Act und 1994 Environmental Impact Assessment Act vgl. Hsiao, Hsin-Huang Michael; Milbrath, Lester W.; Weller, Robert P.: Antecedents of an Environmental Movement in Taiwan, Capitalism. Nature. Socialism. A Journal of Socialist Ecology, 09/1995, 94ff

[679] vgl. Hwang, Jim: Es grünt so grün, www.gio.gov.tw, 30.01.2002

[680] vgl. Weller, Robert P.: Alternate Civilities – Democracy and Culture in China and Taiwan, Oxford 1999, 128

[681] vgl. ebd. 14

gelte aber einer klaren Strategie und einer einheitlichen Führung.[682] Erst nach 1986/87 wurden Umweltprobleme ein landesweites Thema und Umweltgruppen gewannen an politischem Einfluss. Das Jahr 1986 markierte einen Wendepunkt mit dem erfolgreichen Widerstand gegen die Emissionen der San-Yu-Chemiefabrik, bei der Anwohner in einer Serie gut organisierter Massendemonstrationen den Bau einer neuen Fabrik durch den Chemieriesen DuPont blockierten. Da die Kuomintang das Projekt unterstützte, mussten sich die Gegner mit der Regierung auseinandersetzen und forderten ihre Autorität und Legitimität heraus. Anfang 1987 wurde schließlich die Taiwan Environmental Protection Union (TEPU) gegründet. 1986 war ein bedeutendes Jahr für den Demokratisierungsprozess Taiwans. Am 28. September wurde die Democratic Progressive Party (DPP) gegründet, deren Anstrengungen die Aufhebung des Militärgesetzes 1987, wichtige Reformen der Verfassung, die Parlamentswahlen von 1992 und die direkten Präsidentenwahlen von 1996 zu verdanken sind. Von Anfang an setzte sich die DPP, deren Parteifarbe grün ist, auch für Umweltfragen ein und kooperierte mit Umweltgruppen. Sie übte Kritik an der Regierung und es bildete sich eine Bewegung, die auch *tangwai* („außerhalb der Kuomintang-Partei") genannt wurde.[683] Mit der Aufhebung des Militärgesetzes 1987 nahm die Kuomintang ihren Gegnern den Wind aus den Segeln. Für den Schritt zur Demokratie gewann sie Anerkennung und Zeit für die politische Liberalisierung. Zusätzlich versuchte die Regierung Massenmedien und öffentliche Meinung in Bezug auf Umweltfragen zu manipulieren, indem sie die Umweltbewegung und ihre Verbindung mit der DPP schlechtzumachen suchte.[684]

---

[682] vgl. Chan, Deborah The Environmental Dilemma in Taiwan, Journal of Northeast Asian Studies, 1993, 51

[683] vgl. Kim, Sunyuk: Democratization and Environmentalism: South Korea and Taiwan in Comparative Perspective, Journal of Asian and African Studies, 2000, 294 zitiert nach: Gold, Thomas B.: Taiwan: Still Defying the Odds, in: Diamon, Larry (Hrsg.): Consolidating the Third Wave Democracies: Regional Challenges, Baltimore 1997, 172

[684] vgl. Kim, Sunyuk: Democratization and Environmentalism: South Korea and Taiwan in Comparative Perspective, Journal of Asian and African Studies, 2000, 287ff

14.3 Charakteristik der taiwanesischen Umweltbewegung

Viele Umweltproteste wurden anfangs von lokalen Anführern initiiert, die die Bewohner mobilisierten, indem sie für finanzielle Entschädigung durch die Verursacher plädierten. Als jedoch diese monetäre Kompensation gesichert war, verlor man das Interesse am Umweltschutz in den Gemeinden. Zwischen 1988 und 1991 waren 84% der Umweltschutzaktivitäten reaktiv und mit Forderungen für Entschädigungen verbunden.[685]

Die Regierung stellte sich den Umweltgruppen vor allem dann in den Weg, wenn sie große wirtschaftliche Projekte in Gefahr sah.[686] Auch von Hsiao, Milbrath und Weller wird die taiwanesische Umweltbewegung als eine Bewegung der Opfer von Umweltverschmutzung beschrieben und nicht als eine breite bürgerliche Bewegung. Nach der Beendigung einer reaktiven Aktion behalten nur wenige Beteiligte ihr Umweltbewusstsein und ihre Aktivität bei. So kommt es, dass die Naturschutzbewegung in Taiwan, die schon wesentlich älter ist als die Bewegung der Umweltopfer[687] viel weniger Anhänger hat als letztere.[688] Charakteristisch war weiterhin das NIMBY-Syndrom[689] und ein mangelndes Vertrauen in die Kontrollpraxis des Staates. Hsiao, Milbrath und Weller charakterisieren die taiwanesische Umweltbewegung als „local victims' short-term collective actions". In einer Studie fanden sie heraus, dass

- 88% der Proteste von lokalen Anwohnern initiiert wurden;

---

[685] vgl. Hsiao, Hsin-Huang Michael; Milbrath, Lester W.; Weller, Robert P.: Antecedents of an Environmental Movement in Taiwan, Capitalism. Nature. Socialism. A Journal of Socialist Ecology, 09/1995, 99
[686] vgl. Tang, Shui-Yan; Tang Ching-Ping: Democratization and the Environment: Entrepreneurial politics and interest representation in Taiwan, The China Quarterly, 06/1999, 350ff
[687] Seit 1982 gibt es z.B. die Society for Wildlife and Nature (SWAN).
[688] vgl. Hsiao, Hsin-Huang Michael; Milbrath, Lester W.; Weller, Robert P.: Antecedents of an Environmental Movement in Taiwan, Capitalism. Nature. Socialism. A Journal of Socialist Ecology, 09/1995, 99
[689] NIMBY = Not in my Backyard – Was mich nicht persönlich betrifft, geht mich auch nichts an.

- die restlichen 12% durch Außenseiter wie Politiker, Umweltgruppen, Wissenschaftler und Studenten ins Leben gerufen wurden;

- in 86% der Fälle nach Beendigung der Aktion Schluss mit dem Engagement war.

Wenige Menschen haben ein tiefes Umweltbewusstsein entwickelt und sich langfristig für den Umweltschutz eingesetzt. Abgesehen davon gab es bislang kaum eine Auseinandersetzung mit Taiwans Rolle im globalen Rahmen und den Konsequenzen für Taiwan durch globale Veränderungen.[690]

Weller spricht dennoch von „zwei Gesichtern" der taiwanesischen Umweltbewegung. Seiner Auffassung nach muss sowohl dem informellen als auch dem formellen Aspekt der Umweltbewegung Aufmerksamkeit geschenkt werden.[691] Unter dem ersten Gesicht versteht Weller die spontanen, lokalen und direkten Reaktion auf Umweltprobleme, die sich schnell wieder auflösen. Unter dem zweiten versteht er die landesweiten Gruppen, die sich dauerhaft mit Umweltproblemen beschäftigen.[692]

14.3.1 Protestformen

Trotz der politisch schwierigen Situation vor 1987 hatten Umweltschutzaktivitäten in Taiwan sowohl vor als auch nach der Aufhebung des Militärgesetzes oft einen „confrontational style". Demonstrationen und Sit-Ins waren häufige Protestformen. Lin Sheng-chung, Kopf der Ecology Conservation Allieance, die aus 44 Grassroots-Organisationen besteht, zu diesem Thema: „We now challenge laws, budgets allocated

---

[690] vgl. Hsiao, Hsin-Huang Michael; Milbrath, Lester W.; Weller, Robert P.: Antecedents of an Environmental Movement in Taiwan, Capitalism. Nature. Socialism. A Journal of Socialist Ecology, 09/1995, 94ff

[691] Dies gelte auch für China.

[692] Weller, Robert P.: Alternate Civilities – Democracy and Culture in China and Taiwan, Oxford 1999, 110f

by governmental agencies and even personnel arrangement."[693] Moderne Aktivitäten von taiwanesischen Umweltschutzorganisationen beinhalten Aufmärsche, Blockaden, Aufstände, Sabotage etc. Hsiao, Milbrath und Weller jedoch sind 1995 der Auffassung, dass viele Proteste mehr als eine Taktik beinhalteten und Petitionen oder Vermittlung dabei genauso beliebt waren wie gewalttätigere Formen wie Straßendemos und Aufstände. Von Umweltzerstörung Betroffene versuchten selten mit Hilfe der Gesetze ihr Recht durchzusetzen, entweder weil der entsprechende gesetzliche Rahmen fehlte oder die vorhandenen Gesetze wenig Durchsetzungskraft besaßen. Im Gegensatz zu China verbieten die taiwanesischen Gesetze es den Opfern von Umweltverschmutzung auf Schadenersatz zu klagen. Ähnlich wie in China gibt es keine Tradition der organisierten zivilen Gruppen. Briefe und Petitionen an Regierungsvertreter werden weder von Bürgern noch von der Regierung als wirksame Instrumente angesehen.[694]

Zusätzlich zu dem bereits Genannten meinte Weller 1999, dass vor und kurz nach Aufhebung des Militärgesetzes überwiegend friedlich protestiert wurde, u.a. in Form von Petitionen. Erst als dies nicht viel nutzte, wurde zu anderen Mitteln gegriffen und die Zahl der illegalen Proteste wie Blockaden, Aufstände, Straßendemonstrationen nahm enorm zu. 1991 gab es dann wieder eine Wende hin zu legalen Mitteln, weil sich die Politik der Regierung änderte und Taiwans staatliche Umweltschutzinstitutionen sich mehr um öffentliche Forderungen kümmerten. Laut Weller hängt die Häufigkeit und Art der Proteste nicht nur von der Einräumung von mehr Platz in der Gesellschaft ab. (Obwohl nur die Verzweifeltsten sich unter Chiang Kai-shek trauten, Einspruch zu erheben und formelle Vebindungen wie Umweltschutz-NGOs unter dem Militärgesetz keinen Platz hatten.). Vielmehr ist er der Ansicht, dass

---

[693] vgl. Chiu, Yu-tzu: Same war, different battles, (21.04.2001), www.taipeitimes.com, 25.06.2002
[694] vgl. Hsiao, Hsin-Huang Michael; Milbrath, Lester W.; Weller, Robert P.: Antecedents of an Environmental Movement in Taiwan, Capitalism. Nature. Socialism. A Journal of Socialist Ecology, 09/1995, 98

sich das soziale Kapital von Taiwans zukünftiger bürgerlicher Gesellschaft schon vor 1987 entwickelte.[695]

14.3.2 Aktivitäten langfristiger Umweltschutzorganisationen

Organisationen wie Greenpeace Taiwan und New Environment verfügen über keine Basismitgliederzahl und fördern vor allem Vorlesungen und ähnliche Aktionen zur Steigerung des Umweltbewusstseins. Lin Junyi, Gründer von Greenpeace Taiwan sagte dazu „(...) Taiwan was twenty to thirty years behind the American environmental movement in building a following, and in fostering any kind of environmental consciousness in Taiwan." Der Einfluss der westlichen Umweltschutzbewegung ist teilweise so groß, dass ihre Prinzipien nicht hinterfragt werden. Westliches grünes Denken taucht auf, das Ökologie mehr schätzt als Ökonomie, Natur mehr als Kultur, Gleichgewicht mehr als Transformation.[696]

14.3.3 Kultur in der taiwanesischen Umweltbewegung

Taiwan hat sich im Verlaufe seiner wirtschaftlichen und politischen Veränderung nicht von den traditionellen chinesischen Werten abgewandt, sondern erlebt gerade eine „Renaissance" derselben.[697] Trotz der westlichen Wurzeln gibt es wesentliche Unterschiede zwischen der Umweltbewegung in Taiwan und im Westen bezüglich der Kultur und der sozialen Organisation. Die Umweltbewegung Taiwans ist komplexer und weniger klar organisiert und behandelt vor allem drei Haupt-

---

[695] vgl. Weller, Robert P.: Alternate Civilities – Democracy and Culture in China and Taiwan, Oxford 1999, 121ff

[696] vgl. Weller, Robert P.; Hsiao, Hsing-Huang Michael: Culture, Gender and Community in Taiwan's Environmental Movement, in: Kalland, Arne; Persoon, Gerard (Hrsg.): Environmental Movements in Asia, Richmond 1998, 83ff

[697] vgl. Weller, Robert P.: Alternate Civilities – Democracy and Culture in China and Taiwan, Oxford 1999, 7

themen: Ökologie, Gemeinschaft und Familie.[698] Dabei gibt es große Unterschiede zwischen lokalen und landesweiten Gruppen. Während lokales Engagement untrennbar mit Kultur und Religion verbunden ist, wenden sich Anführer nationaler Gruppen von den religiös und durch Verwandtschaftsbeziehungen beeinflussten Methoden der lokalen Gruppen ab.

14.3.3.1 Götter und die Gemeinschaft

Auf Taiwan dienen Tempel oft als politische Basen für Fraktionen, denn unter dem Dach der Religion kann die Lokalbevölkerung leichter überzeugt werden. Das gilt sowohl für die Regierung und die Wirtschaft als auch für die Umweltschützer, die Anhänger für ihre Aktionen suchen. Einzige Schwierigkeit: auch die lokalen Behörden müssen von der Notwendigkeit der Aktion überzeugt werden.[699] Ein Beispiel für eine religiöse motivierte Umweltschutzorganisation ist die Taipei Jinghua Social and Cultural Education Foundation.

14.3.3.2 Kindliche Pietät und Begräbnisrituale

Die Familie und ihre Riten, insbesondere das Bestattungsritual bilden eine weiteren Ausgangspunkt für Taiwans Umweltbewegung. Dabei spielt die Forderung nach der Bewahrung von Ressourcen für die Nachkommen eine wichtige Rolle. Der konfuzianische Gedanke, nach dem die Familie nur mit der Geburt eines Sohnes weiterbesteht, ist auf Taiwan noch lebendig. Es ist wichtig, Kinder zu haben, die später für die Eltern sorgen. Diese Verantwortung für die nächste Generation und ihre Zukunft gilt dabei vor allem für die *eigenen* Kinder und nicht wie im Westen für die Kinder allgemein. Lokale Umweltbewegungen nut-

---

[698] vgl. Weller, Robert P.; Hsiao, Hsing-Huang Michael: Culture, Gender and Community in Taiwan's Environmental Movement, in: Kalland, Arne; Persoon, Gerard (Hrsg.): Environmental Movements in Asia, Richmond 1998, 87ff
[699] ebd. 93ff

zen dieses Verantwortungsgefühl der traditionellen Kultur gegenüber Kindern und Kindeskindern.

Der Symbolgehalt von Beerdigungsritualen als Ausdruck von kindlicher Pietät wird im taiwanesischen Umweltschutz häufig genutzt. Symbolische Beerdigungen drücken dabei Trauer aber auch politische Proteste aus. In vielen Fällen verkörpern das Land, die Flüsse oder das Meer den toten Elternteil, der beerdigt wird. Auf diese Weise wird für moralische Werte gekämpft. Staat oder Wirtschaft werden angeklagt, die Umwelt „umgebracht" zu haben.[700]

14.3.3.3 Unterschiede im Engagement der Geschlechter

Frauen sind gewöhnlich nicht die Anführer lokaler Aktionen, spielen aber eine sehr aktive Rolle und betonen den Naturschutz an sich mehr als das Schaffen einer Welt für die Nachkommen. Sie stellen den Großteil der Mitglieder vieler nationaler Organisationen. Wichtig für diese Frauen ist vor allem die Gesundheit ihrer Kinder. Der Begriff Umwelt wird auf diese Weise sehr weit ausgedehnt. Der Ökozentrismus von grünen Anführern jedoch hat keinen Platz in den Metaphern der Verwandtschaftsbeziehungen. Die Natur wird eher als Eigentum der Familie angesehen. Sie bedarf Schutz, wird aber weniger als ein vom Menschen bedrohtes Gut betrachtet. Taiwanesische Organisationen sprechen im allgemeinen selten davon, die Natur um der Natur willen schützen zu wollen. Immer geht es auch um ihre Nutzung durch den Menschen – angemessen und den menschlichen Bedürfnissen angepasst.[701] Weller stellte 1999 fest, dass Männer meist die Akademiker sind, die die größeren Umweltschutzorganisationen anführen, es jedoch

---

[700] vgl. Weller, Robert P.; Hsiao, Hsing-Huang Michael: Culture, Gender and Community in Taiwan's Environmental Movement, in: Kalland, Arne; Persoon, Gerard (Hrsg.): Environmental Movements in Asia, Richmond 1998, 87ff
[701] vgl. ebd. 100ff

auch bedeutende Frauengruppen gibt, die über eine wesentlich breitere Basis verfügen.[702]

14.4 Umweltbewusstsein heute

Heute belegen Studien ein gestiegenes Umweltbewusstsein und die Umweltprobleme rangieren inzwischen unter den wichtigsten des Landes. Sie werden von der Bevölkerung als sehr ernst empfunden, wenngleich wie überall die sichtbaren Probleme als schwerwiegender eingeschätzt werden als die weniger offensichtlichen wie nukleare Abfälle oder Pestizide. Viele Taiwanesen glauben laut einer Untersuchung, dass industrielle Entwicklung langfristig die Umwelt zerstört und auch, dass Wissenschaft, Technik und Industrie die Konsumgesellschaft erschaffen. Dennoch möchten die Menschen, dass sich das Land vorerst auf das Wirtschaftswachstum konzentriert.[703]

Neben großen und gut organisierten Protestbewegungen gegen Atomkraftwerke und Ölraffinerien gibt es eine Vielzahl von Umweltorganisationen. Die Regierung selbst produziert inzwischen Cartoons, um die Umweltbildung zu verbessern. Die Abdeckung der Thematik in den taiwanesischen Medien in den letzten Jahren ist enorm gestiegen. Taiwan beginnt so sich ernsthaft mit dem Erbe von Jahrzehnten des rapiden Wirtschaftswachstums zu beschäftigen.[704]

---

[702] vgl. Weller, Robert P.: Alternate Civilities – Democracy and Culture in China and Taiwan, Oxford 1999, 111

[703] vgl. Hsiao, Hsin-Huang Michael; Milbrath, Lester W.; Weller, Robert P.: Antecedents of an Environmental Movement in Taiwan, Capitalism. Nature. Socialism. A Journal of Socialist Ecology, 09/1995, 97

[704] vgl. Weller, Robert P.; Hsiao, Hsing-Huang Michael: Culture, Gender and Community in Taiwan's Environmental Movement, in: Kalland, Arne; Persoon, Gerard (Hrsg.): Environmental Movements in Asia, Richmond 1998, 83ff

14.5 Schlussfolgerung

Die Bewegungsfreiheit chinesischer NGOs entspricht ungefähr der der taiwanesischen Gruppen vor der Aufhebung des Militärgesetzes 1987. Dennoch, so Weller, verfügt China heute über wesentlich mehr Umweltschutzorganisationen als Taiwan vor 30 Jahren.[705] Angesichts der Politisierung von Umweltschutzorganisationen und ihrer Macht in Taiwan heute schauen chinesische Führungskräfte ängstlich nach Taiwan und sehen das politische Potential, das in der Umweltbewegung dort steckt.[706] Laut Kim ist es wahrscheinlich, dass Taiwans Umweltbewegung stark politisiert bleiben wird.[707] Das Beispiel Taiwans zeigt, dass das politische Umfeld eine wichtige Rolle im Umweltschutz spielt. Ein liberales System macht Umweltproteste möglich, Versammlung und Vereinigung zum Schutz der Umwelt leicht. Es zeigt gleichzeitig aber auch, dass die kulturelle Komponente bei Änderung des politischen Umfeldes als Konstante ihre Bedeutung beibehält. Eine Kultur, die nicht umweltfreundlich eingestellt ist, ändert nicht zwangsläufig Einstellung und Verhalten, wenn sich andere wie die politische Komponente ändern. Die Mitglieder einer Kultur, die jedoch Handlungsbedarf entdeckt und ein tieferes Umweltbewusstsein entwickelt haben, haben unter einem demokratischen Regierungssystem weitaus bessere Möglichkeiten, ihre Mitmenschen zu beeinflussen und ihre Ideen unzensiert zu verbreiten.

Die beiden letzten Kapitel stellen vier Umweltschutzorganisationen in China vor. Im folgenden Kapitel geht es um die beiden nationalen NGOs Global Village Beijing und Friends of Nature.

---

[705] vgl. Weller, Robert P.: Alternate Civilities – Democracy and Culture in China and Taiwan, Oxford 1999, 127

[706] vgl. Knup, Elizabeth: Environmental NGOs in China: An Overview, (Herbst 1997), http://ecsp.si.edu, 16.05.2002

[707] vgl. Kim, Sunyuk: Democratization and Environmentalism: South Korea and Taiwan in Comparative Perspective, Journal of Asian and African Studies, 2000, 299

15 Zwei nationale NGOs: Friends of Nature und Global Village Beijing

> *„When we first started to talk about our goals, the typical reaction was, ‚Are you crazy?' But now that we have some solid achievements, people are starting to ask, ‚May I join?'"*
>
> Liang Congjie, Gründer und Vorsitzender[708]

In der Literatur über chinesische Umweltschutzorganisationen fallen in den letzten Jahren immer wieder die Namen zweier „echter" NGOs: Friends of Nature und Global Village Beijing. Dabei nennen vor allem westliche Autoren diese Umweltschutzorganisationen, weil sie ein Aufkeimen der chinesischen Zivilgesellschaft darin erkennen. Doch auch in dem chinesischen Buch von Zheng Yisheng und Qian Yihong zur Frage von Chinas Problem der nachhaltigen Entwicklung (*Shendu you huan – dangdai zhongguo de kechixu fazhan wenti*) von 1998 sind Friends of Nature neben Global Village Beijing die einzigen erwähnten NGOs.[709] Diese beiden Umweltschutzorganisationen, hinter denen jeweils ein engagierter Mann bzw. eine Frau stecken, werden im Folgenden vorgestellt.

15.1 Friends of Nature (*Ziran Zhiyou*)

15.1.1 Registrierung

> *„We knew from television about Greenpeace. But there wasn't anything like that in China (...) My friends and I began wondering, why not here? We decided to try."*
>
> Liang Congjie[710]

---

[708] McCarthy, Terry; Florcruz, Jaime A.: World Tibet Network News, (01.03.1999), www.tibet.ca, 19.03.2002

[709] vgl. Zheng, Yisheng; Qian, Yihong: Shendu you huan – dangdai zhongguo de kechixu fazhan wenti, Beijing 1998, 318

[710] Gluckmann, Ron: Nature's Friend, (04.04.2000), www.asiaweek.com, 05.09.2002

Friends of Nature (FON) wurden 1993 von Liang Congjie, dem heutigen Vorsitzenden gegründet. Die NGO ist unter dem offiziellen Namen „China Cultural Academy Green Culture Branch" beim Ministerium für Kultur registriert.[711] Liang Congjie hatte sich zunächst beim National Environmental Proctection Agency beworben, wurde jedoch abgelehnt.[712] Kein Regierungsvertreter befindet sich in der Organisation – die anderen Gründungsmitglieder sind ein Bildungsforscher, ein Herausgeber einer Zeitschrift, ein Schriftsteller und ein Geschäftsmann.[713]

15.1.2 Zur Person: Liang Congjie

„Liang is a consummate workaholic. He puts in an average of 65 hours per week, much of it spent in his office – which features souvenirs from his projects across China and a banner autographed by U.S. President Bill Clinton."[714]

Liang Congjie, heute 70 Jahre alt[715] ist pensionierter Geschichtsprofessor und Mitglied der Chinese People's Political Consultative Conference. Er spricht fließend Englisch[716] und repräsentierte chinesische NGOs bereits bei Treffen mit internationalen Köpfen wie Bill Clinton und Tony Blair. Dank seiner Herkunft genießt Liang Congjie soziales und politisches Ansehen. Liangs Großvater, Liang Qichao (1873-1929), war ein Reformer

---

[711] vgl. Dai, Qing; Vermeer, Eduard B.: Do Good Work, But Do Not Offend the „Old Communists" – Recent Acitivities of China's Non-governmental Environmental Protection Organizations and Individuals, in: Ash, Robert; Draguhn, Werner (Ed.): Chinas Economic Security, Richmond 1999, 146

[712] vgl. o.V.: China's ‚friends of nature' join the Tibetan antelope on the list of endangered species; World Tibet Network News, (22.11.98), www.tibet.ca, 19.03.2002

[713] vgl. o.V.: Nature finds an independent ally, (South Morning Post, 02.04.1994), www.fon.org.cn, 19.03.2002

[714] Bessoff, Noah: One Quiet Step at a Time, (03/2000), www.beijingscene.com, 02.09.2002

[715] Liang wurde 1932 geboren.

[716] vgl. McCarthy, Terry; Florcruz, Jaime A.: World Tibet Network News, (22.11.1998), www.tibet.ca, 19.03.2002

der Qing-Dynastie (1644-1911)[717] und wie sein Vater ein bekannter Architekt. Sein Vater, Liang Sicheng (1901-1972) machte sich verdient um die Konservierung von Beijings historischer Innenstadt[718] und wurde nach seinem Tode für sein umweltfreundliches Design geehrt.[719] Liang Congjies Begabungen, Verbindungen und politischen Fähigkeiten ist es zu verdanken, dass Friends of Nature manche Erfolge feiern konnten.[720] „Liang is a charismatic role model" sagt Zhang Jilian, Manager von FON, der stolz darauf hinweist, dass die Visitenkarten von der Organisation auf recyceltes Papier gedruckt sind. „He personifies and epitomizes the spirit of Friends of Na-ture. It wouldn't be what it is today without his efforts." Auch seine Frau bezeichnet ihn als „consummate workaholic". Der ehemalige Historiker der Academy for Chinese Culture ist Editor einer 74 Bände umfassenden chinesischen Enzyklopädie und verfasste das Buch „For Nature's Sake".[721] Seinen Lebensunterhalt verdient sich Liang mit Vorlesungen.

15.1.3 Zielstrategie

„We are not career environmentalists or watchdogs, we are just a loose gathering of ordinary people trying to raise public awareness."

Liang Congjie[722]

---

[717] vgl. o.V.: Love nature and create a green culture, (15.09.2000), www.1chinadaily.com.cn, 25.06.2002

[718] In einem anderen Artikel ist allerdings die Rede davon, dass sein Vater erfolglos versuchte, in den 50er Jahren, die alten Beijinger Stadtmauern zu retten... vgl. o.V.: Love nature and create a green culture, (15.09.2000), www.1chinadaily.com.cn, 25.06.2002

[719] vgl. Bessoff, Noah: Teacher's pet: Antelope Car drives home environmental lessons, (19.06.2000), www.chinaonline.com, 15.02.2002

[720] vgl. Saich, Tony: Negotiating the State: The development of Social Organizations in China, The China Quarterly, 03/2000, 137

[721] vgl. o.V.: Love nature and create a green culture, (15.09.2000), www.1chinadaily.com.cn, 25.06.2002

[722] Woo, Amy: First Ever NGO Challenges Traditions, (18.03.1997), http://forest.org, 05.09.2002

Für Liang ist die Erhöhung des Umweltbewusstseins der Bevölkerung mit Hilfe der Medien und der Bildung die beste Langzeitstrategie für Chinas Umweltschutz.[723] Zielgruppe sind zunächst Kinder und Lehrer, dazu Liang: „Children are ignorant of environmental issues because their teachers are ignorant."

15.1.4 Ideologie

„We are advocates of controlled consumption, not suspension of development." (…) Pursuing the culture of waste is a dead end for China. If everyone tries to have a life like that, our future is bleak. "

Liang Congjie zu dem Vorwurf, Umweltschutzorganisationen störten die wirtschaftliche Entwicklung Chinas[724]

Liang Congjie spricht sich für umweltfreundlichen Lebensstil und Konsumgewohnheiten aus und fordert die Verbesserung der Umweltpolitik für eine nachhaltige Entwicklung. FON als größte chinesische Umwelt-NGO[725] zeigte wenig Interesse an den ursprünglichen chinesischen Vorstellungen von der Natur (womit sie die Akademie für Chinesische Kultur zur Registrierung überzeugt hatten), sondern fördern einen Umgang mit der Natur wie er weltweit gepredigt wird.[726] In einem Artikel der Asiaweek heißt es FON wären ausgesprochene Kritiker des Bau des Drei-Schluchten-Staudamms und der industriellen Verschmutzung, auf die Richtigkeit dieser Aussage hat die Autorin allerdings keine weiteren Hinweise finden können.[727]

---

[723] vgl. o.V.: Love nature and create a green culture, (15.09.2000), www.1chinadaily.com.cn, 25.06.2002

[724] Bessoff, Noah: One Quiet Step at a Time, (03/2000), www.beijingscene.com, 02.09.2002

[725] vgl. o.V.: Environmentalist Says Western Lifestyles Not Right for China, (28.12.1999), www.chinaonline.com, 15.02.2002

[726] Weller, Robert P.: Alternate Civilities – Democracy and Culture in China and Taiwan, Oxford 1999, 126

[727] vgl. Gluckmann, Ron: Nature's Friend, (04.04.2000), www.asiaweek.com, 05.09.2002

15.1.5 Organisationsstruktur

> *„It's less like a Western environmental lobby and more like a club. We have a homey atmosphere. And I like it that way."*
>
> Liang Congjie[728]

Friends of Nature sind eine relativ gut organisierte Umweltschutzgruppe. Wichtige Entscheidungen werden vom Rat entschieden, dem 39 Leute angehören. Kleinere Entscheidungen werden vom Direktor in Absprache mit dem Sekretariat und den Gruppenverantwortlichen getroffen. Der Direktor wird für zwei Jahre bestimmt, wobei die Amtszeit verlängert werden kann. Das Sekretariat ist mit zwei Kräften besetzt. Daneben gibt es fünf weitere Mitarbeiter, davon vier Vollzeit- und ein Teilzeitbeschäftigter. Diese sind verantwortlich für die vier Arbeitsgruppen: die Vogelgruppe, die Grüne Vorlesungsgruppe, die Mediengruppe und die Lehrer- und Bildungsgruppe.

1999 kooperierten FON mit 21 anderen Umweltschutzgruppe und nahmen auch die Hilfe von Hunderten von Freiwilligen in Anspruch. Momentan hat die Umweltschutzorganisation etwa 1.000 Mitglieder.[729]

15.1.6 Funding

Trotz der juristischen Stellung unter der Academy of Chinese Culture können FON frei operieren und verfügen trotz fehlendes Status' als Rechtssubjekt über eine eigene finanzielle Verwaltung und ein Konto.[730] FON können es sich leisten, eine Mitgliedergebühr zu verlangen, die 20 Yuan pro Jahr ausmacht.[731] Dennoch bleibt das größte Problem

---

[728] ebd.

[729] vgl. Gu, Limian: Friends of Nature (Sommer 1996), www.fon.org.cn, 19.03.2002

[730] vgl. Hu, Wen'an: Ziran Zhi You: Ge'An Yanjiu (Friends of Nature – Eine Fallstudie), in: Ming Wang (Hrsg.) Zhongguo NGO Yanjiu (NGO-Studie in China) No. 38, Beijing, 2000

[731] vgl. Ho, Peter: Greening Without Conflict? Environmentalism, NGOs and Civil Society in China, Development and Change, 2001, 912f

der Organisation das Fundraising. Es erfolgt zum größten Teil noch über westliche Organisationen und Stiftungen, was Abhängigkeit erzeugt.[732]

15.1.7 Politische Einstellung

> *„You can't expect to change the world by lifting your hand: it's not like the West where you can have demonstrations. The system here is 'from top to bottom' and you have to keep the government on your side."*
>
> Liang Congjie[733]

Liang Congjie kämpft für die Natur „the Chinese way". Die Regierung sieht er als das Mutterhaus der unabhängigen Organisationen an.[734] FON als größte und erfahrenste Umweltschutz-NGO Chinas versucht eine Beziehung zur Regierung zu pflegen, die sich mit den Worten „mutual cooperation" beschreiben ließe. Liang scheut sich, das was er tut als „activism" zu bezeichnen und ähnelt dabei Xiao Liaoyi, der Chefin von Global Village Beijing, die Schwierigkeiten hat, sich als „leader" und das Umweltengagement als „movement" anzuerkennen. Obwohl Liang seine Gruppe nicht als „Öko-Rambos" ansieht, sagte er doch: „We have to consider any tactic to get the message across."[735] Er ist der Meinung, dass seine kleine Gruppe kaum gegen jedes Umweltproblem kämpfen könne, sondern sieht sich als jemanden, der das Umweltbewusstsein steigert und die Aktivisten und Anführer von Morgen fördert, als auch die Verschmutzer und Konsumenten der Zukunft

---

[732] vgl. McCarthy, Terry; Florcruz, Jaime A.: World Tibet Network News, (22.11.1998), www.tibet.ca, 19.03.2002

[733] Gittings, John: Green Dawn, Via@e-p-r-f.org, 11.06.2002

[734] Zitat Liang Congjie: „In traditional Chinese culture ‚children' should never criticize their ‚parents'. They're only allowed to help by doing some housework."

[735] vgl. Gluckmann, Ron: Nature's Friend, (04.04.2000), www.asiaweek.com, 05.09.2002

beeinflusst.[736] Er betont, dass die Strategie von Friends of Nature sehr verschieden ist von Greenpeace – seine Organisation sympathisiere mit den Einwohnern, die stark von natürlichen Ressourcen abhängen.[737] Liangs Organisation versucht der Regierung zu helfen, anstelle sie anzugreifen. So berichtet sie beispielsweise von Gesetzesverstößen der Lokalregierungen.[738] Momentan sind die Verbindungen zur Regierung relativ schwach, die Anerkennung durch Regierungskreise jedoch schon so hoch, dass FON zu bestimmten Veranstaltungen des Umweltschutzministeriums SEPA mit eingeladen wurde.[739] Für die Zukunft, so heißt es in einem anderen Artikel, haben FON die Hoffnung, eines Tages Regierung und Behörden unter Druck setzen zu können, zur Zeit funktionieren jedoch nur Zusammenarbeit und Vertrauensgewinn.[740]

Folgende Aussage Liangs könnte als indirekte Kritik der chinesischen Regierungsparolen verstanden werden: „The green culture in China is not a green salon where people sit around and chat about the green mountains and make up slogans like „Give back our blue sky" or „Return our clean water," Liang said. „It is easy to shout the slogans, but you have to do something. You have to contribute your own efforts, your energy, your money and your health."[741]

---

[736] vgl. Bessoff, Noah: One Quiet Step at a Time, (03/2000), www.beijing-scene.com, 02.09.2002

[737] vgl. Young, Nick: Analysis: Notes on environment and development in China, www.hku.hk, 28.06.2002

[738] vgl. o.V.: Chinese Environmentalist Liang Congjie on NGO Life, www.us-embassy-china.org.cn, 28.05.2002

[739] vgl. Ho, Peter: Greening Without Conflict? Environmentalism, NGOs and Civil Society in China, Development and Change, 2001, 912f

[740] vgl. o.V.: Umweltschützer in China haben es schwer. Sie müssen ihre Worte wägen, so wie Yang Xin. Der ehemalige Buchhalter kämpft von Kindesbeinen an für „seinen" Fluss: den Yangtse. Ein Porträt, (2000), www.greenpeace-magazin.de, 07.03.2002

[741] vgl. o.V.: Love nature and create a green culture, (15.09.2000), www.1china-daily.com.cn, 25.06.2002

15.1.8 Soziales Problem Umweltschutz

> *„It's really a dilemma (...) But to me it's a matter of time. If you destroy your resources now, your children will suffer. You will not be so poor but your children will be even poorer. But I know it's difficult, so I always make sure I avoid empty ‚green' words – slogans that have no practical value. We have to work very hard to solve problems pragmatically."*
>
> Liang Congjie[742]

Im Kampf von Friends of Nature für das Überleben des Goldäffchens stand man vor dem Problem, dass ein totales Abholzverbot die Lebensgrundlage der Menschen der Region zerstören würde. FON setzten sich daher dafür ein, dass die Regierung der betroffenen Bevölkerung eine Entschädigung von 11 Millionen RMB zahlt.[743]

15.1.9 Auszeichnungen

1995 gewann Liang Congjie für sein Engagement den Asian Environmental Cup, der in Tokio verliehen wird. Ebenfalls 1995 wurde FON-Mitarbeiterin Wang Yongcheng von den Environmental News Beijing geehrt.[744] Liang Congjie erhielt im Jahr 2000 den Ramon Magsaysay Award for Public Service der Philippinen.[745] Dieser ist nach dem ehemaligen philippinischen Präsidenten benannt (1907-1957) und angeblich Asiens Äquivalent des Nobelpreises.[746] Liang erhielt die Auszeich-

---

[742] Bessoff, Noah: One Quiet Step at a Time, (03/2000), www.beijingscene.com, 02.09.2002

[743] ebd.

[744] vgl. Dai, Qing; Vermeer, Eduard B.: Do Good Work, But Do Not Offend the „Old Communists" – Recent Acitivities of China's Non-governmental Environmental Protection Organizations and Individuals, in: Ash, Robert; Draguhn, Werner (Ed.): Chinas Economic Security, Richmond 1999, 148

[745] vgl. o.V.: Love nature and create a green culture, (15.09.2000), www.1chinadaily.com.cn, 25.06.2002

[746] vgl. o.V.: In Brief, 3, (09.08.2000), www.1chinadaily.com.cn, 25.06.2002

nung „(f)or his courageous pioneering leadership in China's environmental movement and nascent civil society."[747]

15.1.10 Aktivitäten und Kampagnen

Ohne Anspruch auf Vollständigkeit sollen im Folgenden die wichtigsten Kampagnen von Friends of Nature vorgestellt werden.

15.1.10.1 Artenschutz: Goldäffchen[748]

Wie wichtig *guanxi* (Beziehungen) auch für NGOs sind, demonstrierte der Fall der Goldäffchen in Yunnan, in dem Liang Congjie seine persönlichen Kontakte nutzen musste. Die Goldäffchen sind noch seltener als Pandabären und sehr stark vom Aussterben bedroht. Liang Congjie verfasste u.a. Briefe an den Vizepremier Jiang Chunyun und den Minister für Wissenschaft und Technologie Song Jian, woraufhin ein offizielles Jagdverbot erging.[749] Doch das Goldäffchen ist nicht nur durch Jagd, sondern auch durch den Verlust seines Lebensraumes vom Aussterben bedroht. In einer groß angelegten Publicity-Kampagne in Zusammenarbeit mit den Medien, vor allem dem Fernsehen, schafften es FON das Denqin-Gebiet in der Provinz Yunnan, die Heimat des Äffchens, zu schützen.[750] Die medienwirksame Kampagne FONs motivierte vor allem viele junge Leute, besonders Studenten an Beijinger Universitäten zum Mitmachen. Die Kombination von sozialer Mobilisierung, Medienunterstützung und die Angst der Führer vor studentischen Aktionen führte dazu, dass die Partei das Verbot des illegalen Abholzens verstärkte.[751] Doch selbst danach ging das illegale Abholzen

---

[747] vgl. o.V.: Magsaysay Award 2000, http://rmaf.xorand.com, 05.09.2002

[748] Englisch: golden monkey oder snub-nosed monkey

[749] vgl. Weller, Robert P.: Alternate Civilities – Democracy and Culture in China and Taiwan, Oxford 1999, 128

[750] Ma, Xiaoying; Ortolano, Leonardo: Environmental Regulation in China – Institutions, Enforcement and Compliance, Oxford 2000, 72

[751] vgl. Saich, Tony: Negotiating the State: The development of Social Organizations in China, The China Quarterly, 03/2000, 137

weiter, erste ein nochmaliger Bericht über diese Verstöße durch FON brachte schließlich im betroffenen Gebiet neue Regierungsvertreter auf die Posten und damit Besserung.[752] Laut Woo war die Kampagne für das Goldäffchen aus einem anderen Grund nur kurzzeitig von Erfolg gekrönt: Da die Regierung bestimmten Bezirken Geld gegeben hatte, um gegen das Abholzen zu kämpfen, versuchen jetzt auch andere, die Regierung zu erpressen. Sie holzen die Bäume ab, bis sie Geld bekommen.[753]

15.1.10.2 Artenschutz: Tibetische Antilope[754]

In der „bisher radikalste(n) Aktion chinesischer Umweltschützer", ging es wiederum um die Kontrolle eines Abholzverbotes zum Schutz einer bedrohten Tierart. In der Provinz Sichuan, im Bezirk Hongya kämpften FON mit der Unterstützung von ca. 500 ihrer Mitglieder für den Erhalt der Tibetischen Antilope.[755] Verkleidet als Touristen mit versteckten Videokameras nahmen die Umweltschützer Gespräche mit lokalen Regierungsvertretern auf, die ihnen Wald zum Verkauf anboten. Danach wurde die Sendung im nationalen Fernsehen gezeigt.[756] FON unterstützten ebenfalls die lokale Umweltschutzgruppe Wild Yak Brigade, die für den Erhalt der Tibetischen Antilope kämpfte. Dies allerdings erfolglos – die Wild Yak Brigade wurde von der Regierung geschlos-

---

[752] vgl. Bessoff, Noah: One Quiet Step at a Time, (03/2000), www.beijingscene.com, 02.09.2002
[753] vgl. Woo, Amy: First Ever NGO Challenges Traditions, (18.03.1997), http://forest.org, 05.09.2002
[754] Auch Chiru-Antilope genannt.
[755] vgl. o.V.: Umweltschützer in China haben es schwer. Sie müssen ihre Worte wägen, so wie Yang Xin. Der ehemalige Buchhalter kämpft von Kindesbeinen an für „seinen" Fluss: den Yangtse. Ein Porträt, (2000), www.greenpeace-magazin.de, 07.03.2002
[756] vgl. o.V.: China's ‚friends of nature' join the Tibetan antelope on the list of endangered species; World Tibet Network News, (22.11.98), www.tibet.ca, 19.03.2002

sen und nur wenige ihrer ehemaligen Mitglieder in die staatlichen Umweltschutzbüros vor Ort eingegliedert.[757]

15.1.10.3 Olympische Spiele 2008 in Beijing

20 in Beijing sitzende Umweltgruppen unterzeichneten im Mai 2000 den „Action Plan for a Green Olympics", darunter auch Global Village Beijing und FON.[758] Dieser Plan sieht vor, Beijing zu einer grünen Stadt werden zu lassen. Dabei sollen die Emissionen von Autos eingeschränkt, Wasserressourcen geschützt und die Infrastruktur der Stadt verbessert werden. Die Emissionen durch Kohleverbrennung sollen ebenso vermindert werden. Die Artenvielfalt soll erhalten bleiben und Ökosysteme rund um die Hauptstadt unter Naturschutz gestellt werden. Abgesehen davon soll die Errichtung des Olympischen Dorfes die Natur in Beijing nicht beeinträchtigen.[759]

15.1.10.4 Umweltbildung

Gemeinsam mit der deutschen Stiftung Save Our Future (SOF), schafften FON am 31. Mai 2000 das erste mobile Klassenzimmer für Umweltbildung in Beijing an. SOF arbeitet seit 1997 mit der chinesischen Umweltschutzorganisation zusammen. 1997, 98 und 99 bezahlte SOF den Besuch von chinesischen Journalisten und Delegierten in Deutschland, um Umweltprojekte und Umweltbildung hier kennen zu lernen.[760]

---

[757] vgl. Xu, Zhiquan: Chiru's Guardian Angels Shedding Blood, Tears, (18.01.2001), www.china.org.cn, 28.05.2002

[758] vgl. o.V.: Capital city cleaning up its act for Olympics, (25.08.2000), www.1chinadaily.com.cn, 25.06.2002

[759] vgl. o.V.: Action Plan for the Green Olympics, www.beijing-olympic.org.cn, 24.09.2002

[760] vgl. Bessoff, Noah: Teacher's pet: Antelope Car drives home environmental lessons, (19.06.2000), www.chinaonline.com, 15.02.2002

15.1.10.5 Studie zum Umweltbewusstsein der chinesischen Printmedien

Seit 1995 untersuchen FON jährlich die Umweltberichterstattung in chinesischen Zeitungen (*Zhongguo baozhi de huanjing yishi*, Survey of Environmental Reporting in Chinese Newspapers.)[761] Einige Ergebnisse dieser Studie wurden bereits im Kapitel Chinesisches Umweltbewusstsein behandelt.

15.1.10.6 Weitere Kampagnen

U.a. versuchten FON das Quellgebiet des Yangtze zum Naturschutzgebiet machen[762], führten 1999 im Auftrag von Shell ein Projekt in Hongkong, Guangzhou und Shanghai durch, bei dem Schüler dahingehend motiviert werden sollten, kleine Initiativen zur Verbesserung der Umweltsituation in Nachbarschaft und Schule zu starten. Shell unterstützte diese Kampagnen jeweils mit 3.000 RMB (370 US$).[763] Auch in der Inneren Mongolei setzten sich FON gegen die Abholzung ein. Eine weitere Kampagne ist die gegen das Einsperren von Vögeln in Käfigen.[764] Dabei versuchen FON gegen die tausendjährige Tradition der Singvogelhaltung vorzugehen. Jedes Jahr werden etwa 50.000 Vögeln gekauft, eine Million jedoch fällt schon während des Fangens dem sinnlosen Tod zum Opfer. Alle gefangenen weiblichen Vögel werden umgebracht, weil sie nicht singen können.

---

[761] vgl. Lo, Carlos Wing Hung; Leung, Sai Wing: Environmental Agency and Public Opinion in Guangzhou: The Links of a Popular Approach to Environmental Governance, The China Quarterly, 2000, 682 Fußnote 25

[762] vgl. Gille, Hans-Werner: 5000 Jahre China (II) Wirtschaft: Big boom – der Griff nach den Sternen, (14.08.2000), www.br-online.de, 30.01.2002

[763] vgl. Bessoff, Noah: Teacher's pet: Antelope Car drives home environmental lessons, (19.06.2000), www.chinaonline.com, 15.02.2002

[764] vgl. o.V.: China's ‚friends of nature' join the Tibetan antelope on the list of endangered species; World Tibet Network News, (22.11.1998), www.tibet.ca, 19.03.2002

15.1.11 Zusammenfassung

FON sind eine moderate, aber „echte", d.h. regierungsunabhängige Umweltschutz-NGO, an deren Spitze ein hoch motivierter Idealist steht. Trotz der sehr unterschiedlichen Arbeitsfelder der Gruppe, hat sie sich im wesentlichen der Hebung des chinesischen Umweltbewusstseins verschrieben.

Dies ist auch eines der Hauptziele der nun folgenden chinesischen NGO Global Village Beijing.

15.2 Global Village Beijing (*Beijing diqiu cun*)

„Really, what I've done many other Chinese could do, too, if only they were willing."

Liao Xiaoyi, Gründerin und Vorsitzende[765]

Wie auch FON zählen Global Village Beijing (GVB) zu den bekanntesten Umweltschutzorganisationen und NGOs Chinas. In den letzten drei Jahren wurden GVB über 200 mal in den Medien erwähnt und ihnen wurden viele Möglichkeiten geboten, ihre Botschaft zu verbreiten, Unterstützung von der Regierung und der Öffentlichkeit anzunehmen. Global Village Beijing sind aktives Mitglied der internationalen NGO-Gemeinschaft. Sie nahmen u.a. teil an Aktivitäten in Nord-Amerika, Süd-Amerika, Ostasien und Europa. 1998 wurden GVB von der Global Environmental Facility (GEF) zum NGO Regional Focal Point ernannt und dienen so als Verbindung zwischen der chinesischen Regierung, internationalen Organisationen und anderen chinesischen NGOs. GVB nutzten ihren internationalen Status, um die NGO-Entwicklung in China zu fördern und dadurch die Bevölkerung zur Teilnahme an der Zivilgesellschaft zu motivieren.[766] Im Jahr 2001 hatten Global Village Beijing mehr als 60 Mitglieder.[767]

---

[765] o.V.: Individuals Changing the World, Beijing Review, 14.08.2000, 15
[766] vgl. Bos, Amelie van den: Global Village of Beijing (GVB), www.one-world.org, 11.06.2002
[767] vgl. o.V.: 2002 Year, www.gvbchina.org, 30.04.2002

15.2.1 Registrierung

Die Umweltschutz-NGO Global Village Beijing wurde im März 1996 unter dem offiziellen Namen „The Environmental Culture Center of the Global Village of Beijing" gegründet. Sie hat ihren Hauptsitz in der Beiyuan- Road 86, Jiamming Garden im Chaoyang District von Beijing. Präsidentin und Gründerin ist die ehemalige Journalistin Liao Xiaoyi.[768] Global Village Beijing ist als Non-profit-Unternehmen unter der Chinese Commercial Agency[769] registriert, weshalb es zwar vom Staat unabhängig, aber wie alle Unternehmen zur Zahlung von Steuern verpflichtet ist.[770]

15.2.2 Zur Person: „Sheri" Xiaoyi Liao[771]

Liao Xiaoyi studierte internationale Umweltpolitik an der North Carolina State University, wo sie mit dem Dreieck des Umweltschutzes[772] vertraut gemacht wurde. Seit 1996 veröffentlichte sie zahlreiche Aufsätze und Artikel zum Umweltschutz und gab mehr als 100 Vorlesungen landesweit. Liao Xiaoyi liebt die traditionelle chinesische Philosophie, die ihrer Ansicht nach die Harmonie von Natur und Mensch und zwischen Yin und Yang (negatives und positives Prinzip der Natur) betont.[773] Kurz nach der Gründung von Global Village Beijing hatte sie es sehr schwer: Wegen der finanzieller Limits musste sie alles selbst tun. Ging es um Fernsehproduktionen war sie Direktor, Editor und Gastgeber in einer Person. Freunde verschafften ihr kostenlose Dreh-

---

[768] vgl. o.V.: Global Village of Beijing, www.usembassy-china.org.cn, 25.06.2002

[769] vgl. Ma, Xiaoying; Ortolano, Leonardo: Environmental Regulation in China – Institutions, Enforcement and Compliance, Oxford 2000, 73

[770] vgl. Bos, Amelie van den: Global Village of Beijing (GVB), www.oneworld.org, 11.06.2002

[771] Viele Chinesen, die mit Ausländern zu tun haben, geben sich selbst einen englischen Vornamen, um die Kommunikation zu vereinfachen. Ihr englischer Name ist „Sheri". Die korrekte Variante des rein chinesischen Namens lautet Liao Xiao-yi.

[772] Ökologischer Naturschutz, Verschmutzungskontrolle und ein umweltfreundlicher Lebensstil

[773] vgl. o.V.: Individuals Changing the World, Beijing Review, 14.08.2000, 15

zeit in den Fernsehstudios meist jedoch mitten in der Nacht. Alle Wege erfuhr sie per Fahrrad. Sie hatte kein Geld, um sich eine eigene Wohnung leisten zu können und wohnte bei Freunden. Ihr Bett war so klein, dass sie ihre Beine nicht ausstrecken konnte. Der Workaholic über sich selbst: "Sometimes I cannot understand myself how I keep going."[774]

15.2.3 Zielstrategie

Liao Xiaoyi sieht in ihrer Aufgabe eine doppelte Mission: Zum einen widmet sie sich der Umweltbildung, zum anderen die Entwicklung des NGO-Sektors in China.[775] Ersteres versucht sie durch ein Angehen der komplexen Umweltprobleme Chinas, der Verfechtung einer Verschmutzungskontrolle, umweltfreundliches Ressourcen-management und einen nachhaltigen Lebensstil zu erreichen. Dabei setzt sie sich vor allem für die „5R" ein: *reduce, reevaluate, reuse, recycle* und *rescue*. Letzteres nimmt sie mit der Gründung ihrer eigenen Umweltschutz-NGO aber auch durch das Knüpfen von Kontakten mit NGOs und lokalen Gemeinden in China und der ganzen Welt in Angriff.[776]

15.2.4 Ideologie

Wie Liang Congjie ist Liao Xiaoyi ein ausgesprochener Gegner des westlichen Lebens- und Konsumstils. Ihrer Meinung nach sollten die Chinesen mit Hilfe ihres Umweltbewusstsein den Lebensstil boykottieren, der in China gerade modern ist und ihrer Ansicht nach im Westen schon eliminiert wurde. Sie wünscht sich, dass Umweltschutz zur neuen Mode im Leben der Chinesen wird.[777]

---

[774] vgl. o.V.: Through a Green Light: Environmental Activism Puts Down Roots of China, (04/2000), www.satyamag.com, 28.06.2002
[775] vgl. ebd.
[776] vgl. o.V.: Individuals Changing the World, Beijing Review, 14.08.2000, 18
[777] vgl. Dai, Qing; Vermeer, Eduard: Do Good Work, But Do Not Offend the „Old Communists" – Recent Acitivities of China's Non-governmental Environmental

15.2.5 Organisationsstruktur

Das Personal von Global Village Beijing besteht aus nur einem ein Mann und dem Rest Frauen.[778] Geht man davon aus, dass in China Männer mehr interessiert sind am politischen Geschehen und einen stärkeres Vertrauen darin haben, politisch etwas bewegen zu können und Politik zu verstehen, ist diese Tatsache umso erstaunlicher.[779] Vizepräsidentin ist Song Qinghua.[780] Typisch für GVB sind Informalität und teilnehmende Strukturen bei Entscheidungsprozessen. Die Organisation ist horizontal strukturiert, ohne formale Entscheidungsprozeduren und ohne festgesetzte Meetings. Man setzt sich zusammen, wenn das nötig ist. Im Dezember 1999 arbeiteten 8 Frauen Vollzeit und ein Mann als Freiwilliger aus den USA. Im März 2000 gab es nur noch 6 Vollzeitmitarbeiterinnen, dafür zwei Teilzeitmitarbeiter und fünf freiwillige Mitarbeiter.[781] Feng Ling, Sozialforscher, sagt über Global Village Beijing: „The necessary reporting between the responsible persons of Global Village is lacking. This causes duplication of work, the wasting of human resources, and decrease in working efficiency."[782]

15.2.6 Funding

In den letzten Jahren finanzierten sich GVB überwiegend durch Sponsoring durch internationale NGOs und über den Verkauf ihrer Fernsehproduktionen.[783] So wurden GVB u.a. finanziell unterstützt von der

---

Protection Organizations and Individuals, in: Ash, Robert; Draguhn, Werner (Ed.): Chinas Economic Security, Richmond 1999, 148

[778] vgl. Huang, Wei: Daughters of the Earth, Beijing Review, 14.04.2000, 19f

[779] vgl. Shi, Tianjian: Cultural Values and Democracy in the People's Republic of China, The China Quarterly, 06/2000, 554

[780] vgl. o.V.: 2002 Year, www.gvbchina.org, 30.04.2002

[781] vgl. Ho, Peter: Greening Without Conflict? Environmentalism, NGOs and Civil Society in China, Development and Change, 2001, 909

[782] vgl. Feng, Ling: The Beijing Global Village Environmental Culture Centre, in: Ming Wang (Hrsg.): Zhongguo NGO Yanjiu, Beijing 2000, 148ff

[783] vgl. o.V.: Individuals Changing the World, Beijing Review, 14.08.2000, 17

UNDP, dem WWF und der Ford-Stiftung. Sie verfügten nicht über inländische Geldgeber und haben dennoch schon acht Jahre überlebt.

15.2.7 Politische Einstellung

GVB sagt man eine „female mildness" nach, radikale Methoden sind auch dieser Umweltschutzorganisation fremd. „(G)uide the public instead of blaming them and help the government instead of complaining about it."[784] So sieht es Liao Xiaoyi. Durch ihre Arbeit haben GVB bereits bewiesen, dass durch das Vermeiden der Konfrontation mit der Regierung, die Unterstützung durch die Medien und die Stärkung der internationalen Zusammenarbeit, chinesische NGOs eine bedeutende Rolle spielen könne.[785]

15.2.8 Auszeichnungen

Im Jahr 2000 gewann Liao Xiaoyi den „Nobelpreis für die Umwelt", den norwegischen Sophie-Preis für die Förderung des chinesischen Umweltbewusstseins und die Änderung des Lebensstils zugunsten der Umwelt sowie die Mobilisierung von Millionen von Menschen zum Engagement im konstruktiven Dialog mit Medien und Regierung für die Umwelt.[786] GVB planen mit Hilfe der 100.000 US$ Preisgeld die Einrichtung eines inoffiziellen „sustainable environmental protection award" in China.[787]

---

[784] ebd.
[785] vgl. van den Bos, Amelie: Global Village of Beijing (GVB), www.one-world.org, 11.06.2002
[786] vgl. o.V.: Individuals Changing the World, Beijing Review, 14.08.2000, 12
[787] vgl. ebd. 17

15.2.9 Aktivitäten und Kampagnen

15.2.9.1 Umweltbildung

> *„I tell them (the grown-ups, Anm. d. Verf.) to save the water after washing rice and vegetables for mopping the floor, economize on the use of water when operating the washing machine, and minimize the use of detergents since they are a source of pollution."*
>
> „Children's Environmental Guide" kommentiert vom 11jährigen Fan Jiaxu[788]

GVB unterstützen das von verschiedenen Zeitungen ins Leben gerufene Umweltschutzprojekt an Schulen namens *shoulashou* (eine Hand greift die andere). [789] GVB haben für viele Zeitschriften Beiträge geschrieben wie die China Daily, die Chinese Youth Daily, die Chinese Consumers' Daily und die Chinese Women's Daily. Sie veröffentlichten selbst den „Citizen's Environmental Guide" und den „Children's Environmental Guide", die das Umweltministerium SEPA indossiert hat. Diese Führer werben für die „5 Rs" und werden in Schulen und Gemeinden verteilt als Umweltbildungsinstrument für die Öffentlichkeit. Sie wurden als Chinas erste Werke dieser Art von mehr als 30 Mediengruppen nachgedruckt. Momentan schreiben GVB an zwei weiteren Büchern, dem „Leader's Environmental Guide" und dem „Business Environmental Guide". GVB produzieren außerdem Kalender und Poster, die das Umweltbewusstsein erhöhen sollen. [790]

---

[788] o.V.: Making greener communities, (13.03.2000), www.1chinadaily.com.cn, 25.06.2002

[789] vgl. www.umweltschulen.de o.V.: Strukturen der Umweltbildung in China, 15.03.2002

[790] vgl. Bos, Amelie van den: Global Village of Beijing (GVB), www.oneworld.org, 11.06.2002

15.2.9.2 Fernsehproduktionen

Seit dem 22. April 1996 produzieren GVB ein regelmäßiges 10-minütiges Programm „Time for the Environment", das wöchentlich auf China Central Television Channel 7 (CCTV-7) ausgestrahlt wird. GVB sind damit die erste und einzige NGO weltweit, die ein unabhängiges TV-Programm landesweit ausstrahlt.[791] Die Videos zu den Sendungen dienen auch als Lehrmaterialien. „Time for the Environment" zeigt die Umweltbedingungen aus Sicht der NGO, folgt „grünen" Aktionen, macht Handlungsvorschläge, ermutigt zur öffentlichen Beteiligung und verbreitet Umwelterfahrung weltweit. Das Produktionsteam ist eine Gruppe bestehend aus Umweltschützern, Umweltbildungsexperten und Filmemachern, die in den letzten 3 Jahren mehr als 150 Programme gedreht haben. Die Themen erstrecken sich von lokalen zu internationalen Problemen z.B. „Umweltschutz in den USA", „Das Chinesisch-Kanadische Kooperationsprojekt für Cleaner Production" etc. Ziel ist es, dass die Menschen von den entwickelten Ländern lernen und nicht deren Fehler wiederholen. Prominente Gäste wie Qu Geping oder Gro Harlem Brundtland, ehemalige Premierministerin Norwegens und Vorsitzende der Welt-Gesundheits-Organisation und andere traten in den Sendungen auf. Für die Zukunft sind folgende Serien geplant: Green Life – Sustainable Consumption Series; Clean Production – Sustainable Production Series, Last Legacy – Biodiversity and Cultural Diversity Series, Safeguard the Environment – Environmental Law Series; Global Environmental View – International Experience Series; Green Civilization and China – China Environmental Report Series. Das Programm erhielt bereits zwei besondere Fernsehpreise von CCTV.[792]

---

[791] vgl. o.V.: Through a Green Light: Environmental Activism Puts Down Roots of China, (04/2000), www.satyamag.com, 28.06.2002

[792] vgl. Bos, Amelie van den: Global Village of Beijing (GVB), www.one-world.org, 11.06.2002

15.2.9.3 Environmental Education and Training Centre

In der Nähe von Badaling, einem touristisch populären Abschnitt der Großen Mauer, 50km entfernt von Beijings Zentrum bauten GVB das Yanqing County Environmental Education and Training Centre auf. Es verfügt über eine Ausstellungshalle auf einem Gebiet von 187 Hektar ursprünglichen natürlichen Gebiets, das sowohl Feuchtgebiete, bewaldetes Gebiet, kultiviertes Land, Lebensräume für Vögel, Felsformationen als auch eine natürliche Quelle umfasst. Es ist das erste von einer chinesischen NGO etablierte Naturschutzgebiet, das dazu dienen soll Umweltbildung, Beratung und Trainingsprogramme für die Öffentlichkeit in einer schönen Umgebung anzubieten. Derzeitige Funktionen und Aktivitäten sind folgende:

Trainingsprogramme: Die Teilnehmer rangieren von Gemeindevorstehern oder NGO-Leitern bis zu Journalisten und Lehrern. Trainingsthemen sind Umweltpolitik, Recht, nachhaltiger Konsum und Antworten auf die Frage wie das Umweltbewusstsein angehoben werden kann.

Informationsservice: Es wird Umweltberatung angeboten, Bildungsmaterialien wie Videos, Veröffentlichungen, Poster, Kalender und Broschüren werden zur Verfügung gestellt.

Verbesserung der Kommunikation: Foren und Treffen werden veranstaltet, auf denen der Austausch von Umweltinformationen und -erfahrungen auf lokaler und internationaler Ebene angeregt werden soll.

Naturbeobachtung: Regelmäßig gibt es Studienseminare, die Vogelbeobachtung, Feuchtlanderkundung, den Genuss von Quellwasser und Bergklettern beinhalten. Baum-Adoption und Artenschutz sind auch Themen. Zukunftspläne beinhalten grüne Gebäude und Ausstellungen – sie sollen als Modelle für grüne Konstruktion in China gelten, aber auch als Ausstellungsräume dienen für Öko-Kunst und Umweltausstellungen zu Themen wie Energie, Wasserressourcen, Müll, Ökologischem Landbau, Artenvielfalt usw.

Förderung von Umwelttechnik: Der Öffentlichkeit sollen Umwelttechnik und ihre Produkte vorgestellt, Seminare und Wettbewerbe veranstaltet werden. Ein Cleaner-Production-Förderzentrum soll entstehen.

Ökologischer Landbau: Als Anschauungsmodell und zur Hilfestellung für Bauern gedacht, die grünen Landbau für eine nachhaltige Landwirtschaft betreiben möchten.[793]

15.2.9.4 Recycling

Im Jahr 1999 führten GVB das erste Müll-Recycling-System im Xuanwu-Distrikt in Beijing ein und stellten das Projekt als Modell dem Nationalen Volkskongress vor.[794] Das Jiangongnanli Wohnviertel war fortan eine „Green Community" bestehend aus 680 Familien. Von der Distrikt-Regierung wurde es zur „Grünen Modelleinheit" ernannt. Die Wohnungen verfügen über Sparwasserhähne und Toilettenspülungen, sowie Energiesparlampen. Die 66jährige Li Shuzhen kommentierte die Recyclingbemühungen wie folgt: „The method is easy but it works.", sie sagte auch, dass sie vorher nicht wusste, wie sie zum Umweltschutz beitragen könne.[795] Dank dieses Engagements waren GVB die einzige NGO, die zur International Exposition of Green Cities & Environmental Protection in Xiamen im November 2001 eingeladen wurde.[796]

15.2.9.5 Motivation anderer Umweltschutzgruppen

GVB motivieren Studenten an Beijinger Universitäten Umweltgruppen zu bilden und halten Vorlesungen um das öffentliche Bewusstsein zu steigern. Diese Gruppen geben ihr Wissen an Schulen und Gemeinden weiter und fördern so umweltbewusstes Verhalten. GVB haben den

---

[793] vgl. Bos, Amelie van den: Global Village of Beijing (GVB), www.oneworld.org, 11.06.2002
[794] vgl. ebd.
[795] vgl. o.V.: Making greener communities, (13.03.2000), www.1chinadaily.com.cn, 25.06.2002
[796] vgl. o.V.: 2002 Year, www.gvbchina.org, 30.04.2002

Studenten in Beijing nach eigener Aussage klar machen können, wie NGOs funktionieren und so die Kommunikation mit der Öffentlichkeit effektiver gestaltet. Seit 1996 gibt es das „Annual Forum on Journalists and the Environment", das von der „Beijing Women Journalists Association" und lokalen Regierungsbüros mitorganisiert wird. Ziel dieses Forums ist die Mediengemeinschaft über den Zustand von Chinas Umwelt zu informieren und Journalisten dazu zu bewegen, mehr Aufmerksam auf öffentliche Umweltprobleme zu richten.[797] GVB helfen außerdem anderen NGOs bei der Gründung und liefert manchmal sogar das Startkapital.[798]

15.2.9.6 Weltumwelttag

Stellvertretend für alle andere chinesischen Umweltschutz-NGOs, die jedes Jahr zum Weltumwelttag Aktivitäten in ganz China veranstalten, an dieser Stelle einige Worte zu den Aktivitäten des Global Village Beijing zum 30. Weltumwelttag in China im Jahr 2000. Der Name „Earth Day 2000 – China Action" war Programm – GVB verteilten rund 300.000 Umweltforschungskarten in China und bekam davon etwa 70.000 von Leuten zurück, die ihr Versprechen gaben, einen umweltfreundlichen Lebensstil anzunehmen. Die von GVB u.a. Umweltschutzgruppen ins Leben gerufene China Earth Week begann am 15. April und beinhaltete verschiedene Aktivitäten für jeden Tag der Woche.[799]

15.2.9.7 Zusammenfassung

Ähnlich Friends of Nature engagieren sich Global Village Beijing in verschiedenen Gebieten des Umweltschutzes unter der Leitung einer

---

[797] vgl. Bos, Amelie van den: Global Village of Beijing (GVB), www.one-world.org, 11.06.2002

[798] vgl. Bos, Amelie van den: Global Village of Beijing, (03.03.2000), www.grist-magazine.com, 28.06.2002

[799] vgl. o.V.: NGOs work to increase environment awareness, (25.04.2000), www.1chinadaily.com.cn, 25.06.2002

starken Einzelpersönlichkeit. Im Gegensatz zu FON setzen sich Global Village Beijing vor allem in Beijing für den Umweltschutz ein, was der Name der Gruppe bereits vermuten lässt. Andererseits schaffen sie es durch die Produktion von TV-Programmen landesweit Einfluss zu üben. Wie FON sind sie politisch moderat und dennoch regierungsunabhängig und kämpfen in erster Linie um ein höheres Umweltbewusstsein in der chinesischen Bevölkerung.

Im letzten Kapitel der Arbeit werden zwei internationale NGOs und ihre Arbeit in China vorgestellt – der World Wide Fund for Nature und Greenpeace.

16 Zwei internationale NGOs: Greenpeace und der World Wide Fund for Nature

Bevor die beiden weltweit wohl bekanntesten internationalen Umwelt-schutzorganisationen vorgestellt werden, soll im ersten Teil dieses Gliederungspunktes die Bedeutung internationaler Organisation für China allgemein geklärt werden.

16.1 Bedeutung internationaler Umweltschutzorganisationen für China

> *„To demonstrate this (environmental protection, Anm. d. Verf.) through practical interventions is perhaps the greatest contribution that international NGOs can make to China's development."*
>
> Nick Young[800]

Das weltweite Aufblühen der Umweltbewegung hat China auf allen Ebenen beeinflussen können, meinen Dai und Vermeer. Gleichzeitig verschlechterten Wirtschaftswachstum und moderner Lebensstil die Situation der Umwelt in China. Internationale Umweltschutzorganisa-tionen können Chinas Organisationen unter die Arme greifen durch:

1) Hilfe bei der Kontaktaufnahme,

2) Technische und finanzielle Projektunterstützung,

3) Einladung zu gemeinsamen Aktivitäten und

4) Gewährung von Vervielfältigungsrechten für Filme, Fernsehen, Bü-cher und Broschüren.[801]

Young bemerkt, dass finanzielle Unterstützung durch internationale Organisationen nur eine vorübergehende Lösung sein kann, weil sie in

---

[800] Young, Nick: Analysis: Notes on environment and development in China, www.hku.hk, 28.06.2002

[801] vgl. Dai, Qing; Vermeer, Eduard B.: Do Good Work, But Do Not Offend the „Old Communists" – Recent Acitivities of China's Non-Governmental Environ-mental Protection Organizations and Individuals, in: Ash, Robert; Draguhn, Werner (Ed.): Chinas Economic Security, Richmond 1999, 160ff

einigen Fällen mehr schadet als nützt. Sie kann lokale Organisationen davon abhalten selbst ein langfristiges Fundraisingsystem zu etablieren, zu Überschätzung und zu risikoreichen Aktionen motivieren und schlimmstenfalls Korruption fördern. Bis jetzt haben sich aber internationale NGOs in China auf die Zusammenarbeit mit der Regierung konzentriert.[802] Die Fordstiftung beispielsweise schaffte es, erfolgreich die NGO-Entwicklung in China zu unterstützen.

Internationale Umweltschutzorganisationen können Druck auf Länder ausüben. In China ist dies besonders in Bezug auf Artenschutz geschehen, indem traditionelle chinesische Medizin, Essgewohnheiten, Kommerz, unmenschliche Zoos und Haltung in Tierfarmen kritisiert worden.[803] Sie sind außerdem in der Lage, gegen umweltfeindliche Entwicklungsprojekte Einspruch zu erheben und die beteiligten „Global Players" zu beeinflussen.[804]

16.2 Mitunter problematisch: Internationale Gedanken auf lokaler Ebene

Wie an anderer Stelle bereits festgestellt, unterscheidet sich die Ideologie der meisten internationalen NGOs stark von der lokaler Organisationen. Weltweit ist die Umweltbewegung eine Form der sozialen Kritik, im Westen besonders an der Modernisierung und dem Wirtschaftswachstum und verlangt nach einem neuen Verhältnis zwischen Mensch und Natur. Unter den westlichen Umweltschützern gibt es die Anhänger der „deep ecology" und sogar militante Gruppen, die radikale politische Veränderungen wollen. Aber selbst die für den Westen eher „harmlosen" Konzepte der Organisationen, die sich für die Rechte von Tieren und den Erhalt der Wildnis einsetzen, sind fremd für die meisten Asiaten und geraten leicht in Konflikt mit lokalen Interessen.[805] NGOs

---

[802] vgl. Young, Nick: Searching for Civil Society, China Development Brief, 2001, 18

[803] vgl. Shapiro, Judith: Mao's War Against Nature, Cambridge u.a. 2001, 214

[804] vgl. Milton, Kay: Environmentalism and Cultural Theory – Exploring the role of anthropology in environmental discourse, London u.a. 1996, 211

[805] vgl. Kalland, Arne; Persoon, Gerard (Hrsg.): Environmental Movements in Asia, Richmond 1998, 26

aus Westeuropa oder den USA sind vor allem motiviert durch Werte, die hauptsächlich der städtischen Mittelklasse entsprechen. Diese Art von Umweltsorgen, entstanden durch den westlichen Lebens- und Konsumstil, gehen oftmals völlig an den Interessen der Lokalbevölkerung asiatischer Länder vorbei.[806] China wird in vielerlei Hinsicht von globalen Institutionen wie der Weltbank, dem UNDP, oder der GEF unterstützt. Diese internationale Hilfe bringt China die Veränderung von Normen und Regeln, die Einrichtung neuer Mechanismen, Strukturen und die Mobilisierung inländischer Ressourcen, Hilfe bei der Personalentwicklung und einen Aufbau von Kapazitäten. Dabei gibt es aber auch viele Probleme. Zum einen verfügen ausländische Experten meist über zu wenig lokales Wissen. D.h. teilweise müssen Chinesen die Experten erst über die Situation aufklären, zu der die Ausländer sie dann beraten sollen. Zum anderen gibt es kulturelle Barrieren. Ausländern, besonders aus westlichen Kulturen fällt es schwer, die chinesische Art zu Denken, zu Begründen, zu Verhandeln und zu Diskutieren zu verstehen. Einige verwirrt die Arbeitsweise von organisatorischen Strukturen und das Interesse der Gegenspieler. Ein weiteres Problem ist die Koordination für eine effektive Projektdurchführung. Dazu kommt häufig Zeitmangel. Da in China internationale Organisationen (NGOs) vielfach mit der Regierung zusammenarbeiten, passiert es, dass diese die Bedeutung und den Bedarf für die Einbeziehung lokaler NGOs ignorieren. Traditionell erfolgt die Durchführung eines Projektes „von oben nach unten". Dies macht Erfolge schwierig und ist wenig kosteneffektiv, da die lokale Unterstützung fehlt. Abgesehen davon schluckt häufig die Konsultation ausländischer Experten einen großen Anteil des Budgets.[807]

Im Verlaufe dieses Kapitels sollen die beiden internationalen Umweltschutzorganisationen Greenpeace und World Wide Fund for Nature und ihr Einfluss auf den chinesischen Umweltschutz näher beleuchtet

---

[806] vgl. ebd. 10

[807] vgl. Lin, Gan: World Bank Policies, Energy Conservation and Emissions Reduction, in: Cannon, Terry (Ed.): China's Economic Growth – The Impact of Regions, Migration and the Environment, London u.a. 2000, 201ff

werden. Interessant dabei sind die völlig verschiedenen Ausgangs-
punkte, Philosophien und Handlungsweisen der beiden Organisationen.

16.3 Greenpeace

„Greenpeace made me into an environmentalist."
Wen Bo, ehemaliger Journalist der China Environment News und Mit-
gründer des China Green Student Forum[808]

Bevor ein Blick auf die Arbeit von Greenpeace in China geworfen
wird, folgt an dieser Stelle die Vorstellung der Organisation auf internationaler Ebene.

16.3.1 Greenpeace International

Greenpeace wurde 1971 in den USA gegründet und hat sein Hauptquartier heute in den Niederlanden in Amsterdam. Bis Mitte der 70er
Jahre widmete sich Greenpeace nur dem Kampf gegen Atombomben-
tests, 1975 gab es dann erstmals eine Kampagne gegen den Walfang,
1976 gegen den Fang von Robben. 1977 wurde die erste Außenstelle in
Frankreich gegründet. 1977 folgte ein Büro in Großbritannien, 1978
eines in den Niederlanden. Seit 1978 kämpft Greenpeace gegen die
Verklappung von radioaktivem Müll auf See. Bis Mitte der 80er Jahre
hatte es die Organisation geschafft, sich gut zu organisieren, war beträchtlich gewachsen und verfügte über ein starkes Selbstvertrauen. Die
Steigerung seiner Professionalität spiegelt sich u.a. in der Einrichtung
von Labors zur unabhängigen Umweltforschung wider.[809]

16.3.1.1 Ziele

Greenpeace' Zielstellungen beinhalten:

---

[808] McCarthy, Terry; Florcruz, Jaime A.: World Tibet Network News,
(01.03.1999), www.tibet.ca, 19.03.2002
[809] vgl. Yearley, Steven: The Green Case – A sociology of environmental issues,
arguments and politics, London 1991, 69ff

- den Schutz der natürlichen Umwelt vor nuklearer und toxischer Verschmutzung,

- den Stopp der kommerziellen Ausbeutung von Spezies wie Robben und Wale,

- den Stopp von Tests und Produktion von nuklearen Waffen,

- die Behinderung der Aufrüstung auf See,

- den Kampf gegen die Bergung und Nutzung von nuklearen Brennstoffen,

- die Verhinderung der Ausbeutung des Antarktischen Kontinents,

- die Vermeidung der Zerstörung von Meeresressourcen durch unangebrachte Fischfangmethoden,

- die Verhinderung der Zerstörung der Ozonschicht und

- die Bekämpfung der menschliche Beeinflussung des Weltklimas.

Boltz weist auf das idealistische Oberziel von Greenpeace hin. Die Organisation arbeitet darauf hin, eines Tages überflüssig zu sein – nämlich dann, wenn es keine Umweltverbrechen gibt und eine neue Zeit des „grünen Friedens" beginnt.[810]

16.3.1.2 Ideologie

Bei all ihren Aktionen halten Greenpeacer an drei Hauptprinzipien fest:

1) Es darf keine Verbindung mit politischen Parteien und keine politischen Handlungen geben außer zum Schutz der Umwelt.

2) Die Organisation bleibt unabhängig von jeder Regierung, Gruppe bzw. Individuen.

3) Greenpeace befürwortet Gewaltfreiheit und lehnt Attacken auf Personen oder Eigentum ab.

---

[810] vgl. Boltz, Dirk-Mario: Konstruktion von Erlebniswelten – Kommunikations- und Marketingstrategien bei CAMEL und GREENPEACE, Berlin 1994, 113

Boltz charakterisiert Greenpeace mit folgenden Attributen: ökologisch, gewaltfrei, international, überparteilich und kontinuierlich.[811] Greenpeace ist dabei kompromisslos – es macht auf Umweltprobleme aufmerksam, fühlt sich aber nicht für ihre Beseitigung verantwortlich. Nach der Auffassung der Greenpeacer ist die Beseitigung der Probleme Sache der Verursacher und nicht der Umweltschutzorganisation.[812]

16.3.1.3 Kampagnenfelder

Auf vier Gebieten führt Greenpeace Kampagnen durch:

1) Nukleares und Abrüstung,

2) Chlor- und Gifthandel,

3) ozeanische Ökosysteme,

4) Klima und Ozon.

Abgesehen davon widmet sich Greenpeace der Umweltforschung, der öffentlichen Bildung und dem Lobbyismus bei den Vereinten Nationen und der Europäischen Union.[813]

16.3.1.4 Organisationsstruktur

Greenpeace verfügte 1993 über 27 Büros in 27 Ländern.[814] Inzwischen hat die Organisation über Büros in 39 Ländern und ihr Name ist als Marke registriert.[815] Eine Abteilung der Organisation ist ausschließlich damit beschäftigt, neue Büros zu eröffnen bzw. Kontakte zu interessierten Personen und Gruppen herzustellen in Ländern, in denen

---

[811] vgl. Boltz, Dirk-Mario: Konstruktion von Erlebniswelten – Kommunikations- und Marketingstrategien bei CAMEL und GREENPEACE, Berlin 1994, 86
[812] vgl. Yearley, Steven: The Green Case – A sociology of environmental issues, arguments and politics, London 1991, 69ff
[813] vgl. Deziron, Mireille; Bailey, Leigh: A Directory of European Environmental Organizations, 2. Aufl., Oxford 1993, 158
[814] vgl. ebd.
[815] vgl. Bond, Michael: A new environment for Greenpeace, Foreign Policy, 11-12/2001, 66f

Greenpeace (noch) kein Büro hat.[816] Die Gründung neuer Büros in Staaten, in denen es keine Tradition des Spendens an gemeinnützige Organisationen gibt, muss gründlich überlegt werden, denn die Arbeit der Greenpeacer dort muss von der Zentrale in Amsterdam finanzierbar sein.[817] Greenpeace ist eine hierarchisch und zentralistisch organisierte professionelle Organisation. Nach eigener Aussage ist sie jedoch für die, die das Innere kennen, flexibler als es von außen scheinen mag.[818]

16.3.1.5 Funding

Greenpeace finanziert sich vorwiegend durch kleinere Beiträge von mehr als 3 Millionen Förderern aus 143 Ländern. Ein kleiner Teil der Einnahmen stammt aus den Verkäufen von Publikationen und dem Greenpeace-Warenversand durch die Tochtergesellschaft Greenpeace Umweltschutzverlag GmbH. Die Gewinne gehen an den „gemeinnützigen" Verein Greenpeace e.V. Im Gegensatz zum WWF akzeptiert Greenpeace weder Industriesponsoring noch staatliche Mittel.[819] Vier- bis fünfmal pro Jahr wird ein Mailing an die Fördermitglieder von Greenpeace verschickt mit der Bitte um aktive oder finanzielle Unterstützung bei bestimmtem Projekten. Spenden werden auch in Form von Sachspenden angenommen, das kann z.B. auch die kostenlose Schaltung einer Greenpeace-Werbung in einer Zeitschrift sein. Greenpeace betont, dass das Ziel des Fundraising nicht die Spendenmaximierung, sondern der Start politischer Anliegen ist.[820] Greenpeace verfügt weltweit über ein Jahresbudget von etwa 100 Millionen US-Dollar.[821]

---

[816] vgl. Deziron, Mireille; Bailey, Leigh: A Directory of European Environmental Organizations, 2. Aufl., Oxford 1993, 158

[817] Greenpeace (Hrsg.) Das Greenpeace Buch – Reflexionen und Aktionen, München 1996, 70ff

[818] vgl. ebd. 225ff

[819] vgl. Greenpeace (Hrsg.) Das Greenpeace Buch – Reflexionen und Aktionen, München 1996, 247ff

[820] vgl. ebd. 94ff

[821] vgl. Bond, Michael: A new environment for Greenpeace, Foreign Policy, 11-12/2001, 66f

16.3.1.6 Besonderheiten von Greenpeace

In den nächsten Abschnitten werden die Charakteristika von Greenpeace betont, die es von anderen Umweltschutzorganisationen unterscheidet: in Bezug auf die Auswahl von Kampagnen, die Kampagnenform und die Beteiligung der Zielgruppe am Arbeitsprozess.

16.3.1.6.1 Auswahl von Kampagnen

> *„Our philosophy on issues is extraordinarily pragmatic. We choose the ones we feel we might be able to win."*
>
> Steve Sawyer, Direktor von Greenpeace International[822]

Neben dieser pragmatischen Grundeinstellung engagiert Greenpeace sogar Meinungsforschungsinstitute, um populäre Umweltprobleme zu identifizieren.[823] Inzwischen hat Greenpeace – beinahe unabhängig davon, ob eine Bedrohung echt ist – die Fähigkeit soziale Problem publik zu machen und Unterstützung dafür zu bekommen.[824]

16.3.1.6.2 Direct Action und Konfliktorientierte Öffentlichkeitsarbeit

Greenpeace' klassische Aktionsform ist die „direct action", mit deren Hilfe die Aktivisten gewaltfrei, aber mutig, medienwirksam und uner-

---

[822] Kalland, Arne; Persoon, Gerard (Hrsg.): Environmental Movements in Asia, Richmond 1998, 25 zitiert nach: Pearce, Fred: Green Warriors. The People and the Politics behind the Environmental Revolution, London 1991, 40

[823] ebd. 25 zitiert nach: Schwarz, Ulrich: Geldmaschine Greenpeace, Der Spiegel, 1991, 99

[824] Diese Macht von Greenpeace hat auch Schattenseiten: So wurde bereits Kritik an der Anti-Walfang-Kampagne laut, weil damit teilweise Wale geschützt werden, die nicht vom Aussterben bedroht sind, aber eine Lebensgrundlage für bestimmte Menschengruppen darstellen. Andere tatsächlich bedrohte Walarten werden von Greenpeace nicht beachtet.

bittlich auf Umweltprobleme aufmerksam machen.[825] „Die Planung einer Kampagne ist die Planung einer öffentlichen Konfrontation." Die Aktion dient als Instrument, öffentlich Druck zu erzeugen und Umweltverschmutzer zur Änderung ihres Verhaltens zu bewegen. Greenpeace strebt dabei vor allem die Diskussion in der Öffentlichkeit an. Um dies zu erreichen, werden verschiedene Medien eingesetzt.[826] Beinahe automatisch werden Greenpeace-Stunts von den Medien in die täglichen Nachrichten aufgenommen. Greenpeace selbst bedauert allerdings, dass die Medien nur den spektakulären Konfliktsituationen Aufmerksamkeit widmen und es bei der Berichterstattung an Kontinuität mangelt. Lösungen und Hintergrundinformationen über die Greenpeace häufig verfügt, werden auf diese Weise von der Öffentlichkeit nicht wahrgenommen. Ein Beispiel hierfür ist die „Greenfreeze"-Kampagne, innerhalb derer Greenpeace gemeinsam mit der ostdeutschen Firma Foron die weltweit ersten FCKW-freien Kühlgeräte entwickelte.[827]

Nach Boltz laufen Greenpeaceaktionen immer nach einem bestimmten Grundschema ab: Zunächst wird entsprechend der Kampagnethemen ein Umweltskandal erfasst, und anschließend der Tatort lokalisiert. Die Medien werden informiert und eingeladen über Aktionen zu berichten. Es folgt die Aktion selbst, in Form eines physischen Besetzens des Tatorts oder der Etikettierung des Tatorts mit einer Botschaft. Danach wird die Aktion von den Medien dokumentiert. Die Handlungen haben zumeist symbolischen Charakter und zeichnen ein deutliches Feindbild. Am Kommunikationsprozess beteiligt sind drei Gruppen: die Medien, Greenpeace selbst und das Medienpublikum. Die Bilder haben einen hohen Beteiligungs- und Identifikationswert, mit ihrer Hilfe empfinden die Zuschauer Sympathie und Betroffenheit. Obwohl nur wenige Menschen tatsächlich an der Durchführung der teils waghalsigen Aktionen beteiligt sind, kann sowohl das eigene Schuldgefühl als auch das

---

[825] vgl. Yearley, Steven: The Green Case – A sociology of environmental issues, arguments and politics, London 1991, 69ff
[826] vgl. Greenpeace (Hrsg.) Das Greenpeace Buch – Reflexionen und Aktionen, München 1996, 211
[827] vgl. ebd. 218ff

Handlungsbedürfnis des unbeteiligten Publikums über die Organisation kanalisiert werden. Das Konzept von Greenpeace, mit der es seine Aktionen in Szene setzt und vermarktet, bezeichnet Boltz als „Erlebnismarketing".[828] „Tue Gutes und rede darüber" ist das Motto der Greenpeace-Aktionen und der Selbstdokumentation. Texte in Büchern und auf Homepages werden wie Tagebuchseiten gestaltet, die Geschichtsschreibung bevorzugt individualisiert, d.h. Greenpeaceaktivisten schildern die Aktionen aus ihrer persönlichen Sicht.[829]

Um der Sensationsspirale, d.h. dem Zwang immer spektakulärer zu werden, um die Medienaufmerksamkeit zu erlangen, zumindest anteilig zu entkommen, hat Greenpeace seine Strategien erweitert. 1991 beispielsweise veröffentlichte Greenpeace innerhalb seiner Papierkampagne die erste Tiefdruckzeitschrift ohne Chlor, das „Plagiat". Den Namen erhielt die Zeitschrift auf Grund der in ihr enthaltenen Verfremdung von Unternehmensanzeigen, die auch auf der hinteren Umschlagseite des Greenpeace-Magazins unter dem Titel „keine Anzeige" zu finden sind.[830]

Im Laufe der Zeit haben sich Greenpeace' Methoden geändert bzw. den Verhältnissen unterschiedlicher Länder angepasst. Ging es ganz am Anfang hauptsächlich um Konfrontation, geht es heute um Versöhnung. Friedliche Proteste von Greenpeace waren auch in Ländern wie China, Russland und der Türkei möglich.[831]

16.3.1.6.3 Greenpeace interaktiv

Greenpeace möchte den Dialog mit dem Publikum. Fast alle Greenpeaceanzeigen enthalten daher Reaktionsmöglichkeiten für den Leser, wobei der Aktionscharakter betont wird. Die Zielgruppe von Greenpeace

---

[828] vgl. Boltz, Dirk-Mario: Konstruktion von Erlebniswelten – Kommunikations- und Marketingstrategien bei CAMEL und GREENPEACE, Berlin 1994, 128

[829] vgl. ebd. 87ff

[830] vgl. ebd. 90ff

[831] vgl. Bond, Michael: A new environment for Greenpeace, Foreign Policy, 11-12/2001, 66f

wird hauptsächlich altersspezifisch bearbeitet. Für die Kinder gibt es die „Greenteams", und für die Älteren die Greenpeace Seniorenteams. Ausstellungen, Protestpostkarten, Kontaktgruppen und Publikationsmöglichkeiten oder die Protest-Mails via Internet motivieren zum Mitmachen. Zahlreiche physische und psychische Beteilungsangebote stehen zur Auswahl. Der Zielgruppe wird dabei ein relativ hoher Bildungsstand unterstellt. Auf einem hohen Gestaltungsniveau ohne Selbstironie wird Umweltschutz als Wert mit Perspektive vermittelt.[832]

Greenpeace-Cyberaktivisten: Greenpeace bietet im Internet eine Möglichkeit der Partizipation an Kampagnen als „Cyberaktivist". Cyberaktivisten verfassen E-Mails an bedeutende Entscheidungsträger, wenn z.b. die Abholzung von Regenwald in einem bestimmten Gebiet gestoppt werden soll oder wenn Wissenschaftler an ihrer Arbeit behindert oder sogar unrechtmäßig inhaftiert werden, weil sie politischen oder wirtschaftlichen Interessen im Wege stehen. Zur Gemeinschaft der Cyberaktivisten stellt Greenpeace regelmäßig neue Statistiken ins Internet.

Kontinent	Anteil an der Cyberaktivistengemeinschaft in %	Zum Vergleich
Nordamerika	35%	Am 10.06.02 gab es 2.095 eingetragene deutsche Cyberaktivisten, 57 russische und 245 chinesische. 223 Cyberaktivisten aus Hongkong fanden sich außerdem in der Statistik, in der Hongkong und China noch getrennt aufgeführt wurden. Weltweit gab es insgesamt 57.679 Greenpeace-Cyberaktivisten.
Zentral- und Südamerika	6%	
Europa	41%	
Asien	7%	
Afrika	1%	
Ozeanien	9%	

Tabelle 16-1 Greenpeace Cyberaktivisten (vgl. o.V.: Cyberaktivist Community (10.06.02), www.greenpeace.org, 11.06.02)

Inhalt des folgenden Abschnitts sind das einzige Greenpeace-Büro Chinas in Hongkong und Greenpeace-Aktionen in China.

---

[832] vgl. Boltz, Dirk-Mario: Konstruktion von Erlebniswelten – Kommunikations- und Marketingstrategien bei CAMEL und GREENPEACE, Berlin 1994, 95ff

16.3.2 Greenpeace Hongkong *(Lüse heping)*

„China cannot afford to get rich first and clean up later (...) it must urgently invest in clean production technologies, energy efficiency and renewable energy programs if it is to avoid an environmental meltdown. "

(Ho Wai Chi, Greenpeace China Executive Director)[833]

Aus vorangegangenen Kapiteln wurden zwei wichtige Aspekte des Umweltschutzes in China deutlich. Zum einen ist der Umweltschutz in einem Entwicklungsland eng verknüpft mit den Grundbedürfnissen der Menschen und so ein soziales Problem. Zum zweiten müssen Umwelt-schutz-NGOs, die Veränderung bewirken möchten, mit der Regierung zusammenarbeiten. Es verstößt gegen die Grundregeln von Greenpea-ce, sich an jegliche politische Kraft zu binden. Da eine Organisation wie Greenpeace in China illegal ist, dürfte es Greenpeace China ei-gentlich nicht geben. Ein Greenpeace-Büro in Hongkong wird dennoch von der chinesischen Regierung geduldet. Wahrscheinlich aber unter der Prämisse, dass sich Greenpeace wirklich nur um Hongkong küm-mert und keine Kampagnen auf dem Festland startet.

16.3.2.1 Inhalte von Greenpeace-Kampagnen in Hongkong

Kampagnen von Greanpeace Hongkong richten sich:

- gegen die Verklappung von Industriemüll, Hausmüll und Hafenab-fällen auf See (Ocean Dumping[834]).

- gegen den Einsatz von Gentechnik ohne fundiertes Wissen über die möglichen Folgen (Genetic Engineering).

---

[833] o.V.: China's Environmental Problems threaten World's Future, (27.08.1999), http://archive.greenpeace.org, 28.03.2002
[834] In Klammern jeweils die Original-Bezeichnung des Arbeitsfeldes auf der Home-page von Greenpeace Hongkong.

- gegen die Konsumgesellschaft und Müllverbrennung wegen der dabei freiwerdenden Schwermetalle und Dioxine (Toxics Campaign).

- gegen den Verlust von Urwäldern als Schadstoffspeicher und Lebensraum auch in Hinsicht auf die Klimaveränderung (Ancient Forests).

- gegen die Verschmutzung des Dongjiang-Flusses in Hongkong, der Trinkwasserquelle für mehr als 10 Millionen Menschen ist (Dongjiang River Pollution).

- gegen bestimmt Praktiken der Abfallwirtschaft, die mit täglich 18.000 Tonnen Müll (davon 9.000 Tonnen Stadtmüll, 8.000 Tonnen Abfälle aus Baumaßnahmen) in Hongkong fertig werden müssen (Waste Management).[835]

16.3.2.2 Einige Aktionen im Kurzüberblick

16.3.2.2.1. Anti-Atomtest-Kampagne

Im August 1995 entrollten Greenpeace-Aktivisten auf dem Platz des Himmlischen Friedens in Beijing ein Banner gegen chinesische Atomtests. Laut John Liu, dauerte die Aktion allerdings keine 45 Sekunden, dann wurden die Aktivisten gestoppt und in das nächste Flugzeug außer Landes gesetzt. „They had no effect.", so sein Urteil. Die Greenpeacer waren sich dabei durchaus bewusst, dass nach dem chinesischen Versammlungsgesetz Kundgebungen nur gestattet sind, wenn sie zuvor angemeldet und genehmigt werden. Ausländer benötigen sogar eine besondere Genehmigung und bei Verstoß gegen das Gesetz drohen bis zu 15 Tage Haft. Da die Aktivisten eine Genehmigung durch die chinesische Regierung für unmöglich hielten, beriefen sie sich auf die Menschenrechte, zu denen das Versammlungsrecht laut Artikel 21 des Internationalen Pakts über bürgerliche und politische Rechte gehört. Abgesehen davon ging Greenpeace davon aus, dass Atomtest auf See keine nationale Frage sind. Keiner Regierung ist es völkerrechtlich ge-

---

[835] vgl. o.V.: Date Content, www.greenpeace-china.org.hk, 25.06.2002

stattet, Menschen in anderen Ländern durch Atombombenversuche zu belasten oder zu gefährden. Die Banner wurden übrigens vor Ort im Hotelzimmer gemalt.[836] Obwohl sie mit solchen Aktionen in China nicht wirklich landen können, finden Greenpeace-Aktivisten auf diese Weise Nachfolger unter den jungen Chinesen.[837] Die Greenpeace-Aktivitäten zur Verhinderung der Atomtests im Pazifik wurden von der chinesischen Presse gut abgedeckt. Wen Bo, der weiter oben bereits zitierte Umweltschützer, meinte dazu, es klang nach „jeder Menge Spaß".[838]

16.3.2.2.2. Kampagne gegen den Einsatz von Gentechnik

Innerhalb der Kampagne gegen den Anbau von genmanipulierten Pflanzen beschuldigte Greenpeace Nestlé der Doppelstandards. Gentechnisch verändertes Saatgut wurde in Sojamilch und Bohnenpaste entdeckt. Dabei bevorzugen laut einer Greenpeacestudie über 60% der chinesischen Konsumenten genetisch nicht veränderte Lebensmittel.[839] Weiterhin hielt Greenpeace zusammen mit der Chinese Society of Agro-Biotechnology und dem Nanjing Institute of Environmental Science (unter der SEPA) bereits Seminare, die über die Langzeitgefahren genetisch veränderter Pflanzen aufklären sollten.[840]

---

[836] vgl. Greenpeace (Hrsg.) Das Greenpeace Buch – Reflexionen und Aktionen, München 1996, 70ff
[837] vgl. McCarthy, Terry; Florcruz, Jaime A.: World Tibet Network News, (01.03.1999), www.tibet.ca, 19.03.2002
[838] ebd.
[839] vgl. o.V.: Greenpeace accuses Nestle of double standards in China, (03.11.1999), www.greenpeace.org, 28.03.2002
[840] vgl. o.V.: GM cotton damages environment, (04.06.2002), www.1china-daily.com.cn, 25.06.2002

16.3.2.2.3. Weitere Aktivitäten

- Im August 1999 veröffentlichte Greenpeace China seinen ersten chinesischen Umweltbericht.[841]

- In Hongkong machte Greenpeace u.a. auf den dioxinverseuchten Boden auf dem Gelände des Disneylands und die Vergiftung von Grundwasser durch Industrieabwässer aufmerksam.[842]

- Es gab natürlich auch Kampagnen von Greenpeace International, die China berührten: Zum Klimagipfel in Berlin 1995 entwarf Greenpeace ein Plakat, auf dem die damaligen Regierungschefs Deutschlands (Helmut Kohl), der USA (Bill Clinton) und Chinas (Jiang Zemin) mit kurzen Beinen[843] folgenden Satz sagen: „Wir tun alles zum Schutz des Klimas."[844]

- Dadurch, dass sich Greenpeace weigerte, den innerhalb seiner „Greenfreeze"-Kampagne erfundenen FCKW-freien Kühlschrank patentieren zu lassen, brachte es die Technologie auch auf den chinesischen Markt.[845]

- Im Rahmen der Greenpeace-International-Kampagne zum Waldschutz der „Magnificent Seven" in Afrika, Russland, Amazonas, Asien-Pazifik, Nordamerika, Südamerika und Europa appellierten Greenpeacer auch an die chinesische Regierung, den Wald entlang der Chinesischen Mauer zu schützen.[846]

---

[841] vgl. o.V.: China's Environmental Problems threaten World's Future, (27.08.1999), http://archive.greenpeace.org, 15.02.2002

[842] vgl. o.V.: Date Content, www.greenpeace-china.org.hk, 25.06.2002

[843] Eine Anspielung auf das deutsche Sprichwort „Lügen haben kurze Beine."

[844] vgl. Greenpeace (Hrsg.) Das Greenpeace Buch – Reflexionen und Aktionen, München 1996, 22

[845] vgl. Trumpbour, John: Greenwash and globalization, Monthly Review, 03/1999, 53ff

[846] vgl. o.V.: Greenpeace calls on Governments to protect Forests at China's Great Wall, (24.03.2002), www.greenpeace.org, 28.03.2002

16.3.3 Zusammenfassung

Greenpeace Hongkong hat keinen bedeutenden Einfluss auf gesamtchinesische Umweltprobleme. Auf der einen Seite ist „direct action" der Aktionsstil, der von der chinesischen Regierung politisch nicht akzeptiert werden kann, auf der anderen verstößt es gegen die Prinzipien von Greenpeace in einem Land zu agieren, in dem die Gruppe bzw. ihre Handlungen illegal sind. Auch kulturell entspricht diese Form des Umweltprotests den Vorstellungen westlicher Länder. Das Besondere an Greenpeace ist die Begeisterung, die es unter jungen Chinesen verbreiten kann, obwohl es in China selbst nur sehr beschränkt aktiv wird. Neue Medien wie das Internet machen für viele Chinesen den „Blick über den Tellerrand" möglich, bringen neue politische und kulturelle Konzepte nach China. Dabei liegt der Reiz für die jungen Chinesen möglicherweise gerade in der Tatsache, dass Greenpeace auf „radikale" Art und Weise aktiv wird und dies in China verboten ist.

In vielerlei Hinsicht ist der World Wide Fund for Nature alles andere als „radikal", er kooperiert mit Politik und Wirtschaft auf allen Ebenen und handelt pragmatisch. Eine Grundeinstellung, die besser nach China passt, wie im nächsten Abschnitt klar werden wird.

16.4 Der World Wide Fund for Nature (WWF)

16.4.1 Der WWF International

Der World Wide Fund for Nature wurde 1961 unter dem Namen World Wildlife Fund von dem Biologen Julian Huxley in Zürich in der Schweiz gegründet. Dort liegt auch heute noch das Hauptquartier des WWF International. Er ist eine private internationale Naturschutz-Organisation mit 28 Zweigniederlassungen und 4 Verbindungsorganisationen weltweit. Der WWF arbeitet eng mit der International Union for Conservation of Nature and Natural Resources (IUCN) zusammen. Seit 1985 hat der WWF mehr als 1.165 Millionen US$ in mehr als 11.000 Projekte in 130 Ländern investiert. Die meisten Landesvertretungen sind von der Zentrale finanziell und organisatorisch unabhängige Sub-Organisationen.[847]

16.4.1.1 Ziele

Oberziel des WWF ist die Erhaltung bzw. Wiederherstellung der Artenvielfalt auf dem Planeten und die Gestaltung einer Zukunft, in der die Menschen in Harmonie mit der Natur leben. Der WWF versucht dies zu verwirklichen durch

- den Schutz von genetischer, Spezies- und Ökosystemvielfalt,

- die Sicherung der Nutzung erneuerbarer Energien,

- die nachhaltige Nutzung natürlicher Ressourcen sowohl jetzt als auch langfristig für das Wohl allen Lebens auf der Erde,

- die Förderung von Aktionen zur Eindämmung von Verschmutzung und abfallreicher Ausbeutung und Konsum von Ressourcen und Energie auf ein Minimum.

Konkrete Arbeitspunkte beinhalten den Erhalt von Wäldern, Waldland, Feuchtland und Küstenregionen und der Kampf gegen grenzüberschreitende Luftverschmutzung. Der WWF publiziert die WWF-News, Newsletter, Special Reports und Position Papers.

16.4.1.2 Funding

Der WWF finanziert sich durch nationale Verbindungen, Mitgliederbeiträge und kommerzielle Aktivitäten.[848] Zu 53% bestehen die finanziellen Ressourcen des WWF aus Beiträgen von Einzelpersonen. Die Organisation lässt sich auch von Unternehmen sponsern und arbeitet bewusst mit der Wirtschaft zusammen, weshalb sie bereits in die Kritik geraten ist. In einer multinationalen Studie der 90er kam heraus, dass

---

[847] vgl. o.V.: A History of WWF, www.panda.org, 17.09.2002

[848] vgl. Deziron, Mireille; Bailey, Leigh: A Directory of European Environmental Organizations, 2. Aufl., Oxford 1993, 195

der WWF mit 19 Unternehmen liiert war, die auf der Liste der 500 schlimmsten Umweltverschmutzer der National Wildlife Federation auftauchten.[849] Das Jahresetat des WWF 1999/2000 betrug 314,7 Millionen US-Dollar.[850]

16.4.1.3 Organisationsstruktur

Nationale Organisationen in 28 Ländern und 42 Büros weltweit unterstützen die Arbeit des WWF.[851] Seine starke Organisationsstruktur ermöglicht es dem WWF durch diese großen Einfluss auf die Landesregierungen auszuüben.[852] Auf fünf Kontinenten verfügt der WWF über etwa fünf Millionen Förderer.[853]

16.4.1.4 Besonderheiten des WWF

Laut Maffi ist der WWF eine Organisation, die die Bedürfnisse von Urvölkern berücksichtigt.[854] Auf der anderen Seite ist sie ein typisches Beispiel für das westliche Konzept von Naturliebhabern, die besonders die Schönheit der Natur, ihre Wildnis, Vielfalt und Persönlichkeit schätzen.[855] Ganz im Gegensatz zu den Interessen von Urvölkern, deren einzige Lebensgrundlage womöglich in der sie umgebenden Natur liegt. Wie an anderer Stelle bereits erwähnt, nutzt der WWF die

---

[849] vgl. Trumpbour, John: Greenwash and globalization, Monthly Review, 03/1999, 53ff

[850] vgl. o.V.: WWF International im Überblick, www.wwf.at, 27.09.2002

[851] vgl. Deziron, Mireille; Bailey, Leigh: A Directory of European Environmental Organizations, 2. Aufl., Oxford 1993, 195

[852] vgl. Kalland, Arne; Persoon, Gerard (Hrsg.): Environmental Movements in Asia, Richmond 1998, 27

[853] vgl. o.V.: Der World Wildlife Fund (WWF), 1961, http://nachhaltigkeit. aachener-stiftung.de, 17.09.2002

[854] vgl. Maffi, Luisa E.: Linking Language and Environment – A Coevolutionary Perspective, in: Crumley, Carole L.: New Directions in Anthropology and Environment Intersections, Oxford 2001, 26

[855] vgl. Milton, Kay: Loving Nature – Towards an Ecology of Emotion, London u.a. 2002, 112

Weltreligionen, um eine breitere Akzeptanz für seine Arbeit zu erlangen und seine Ziele zu verwirklichen.[856] Das Konzept der Zusammenarbeit ist für den WWF Handlungsgrundlage. Mit der Regierung kooperiert er und engagiert sich gleichzeitig im Lobbyismus. Seit der Konferenz von Rio 1992 versucht der WWF verstärkt, mit der Geschäftswelt zusammenzuarbeiten. Sowohl auf nationaler als auch auf internationaler Ebene unterstützt der WWF andere Umweltschutzorganisationen und arbeitet mit ihnen gemeinsam an Projekten.[857]

16.4.1.5 Das Logo des WWF

Milton bemerkte in ihrem Buch „Loving Nature", dass einige Spezies als „Flaggschiffe" für Umweltschutzorganisationen dienen, da sie öffentliche Sympathien eher gewinnen können als andere. Die Wahl solcher Tiere wird so getroffen, dass wir uns gut mit ihnen identifizieren können. Das heißt es handelt sich entweder um Tiere, die mit uns verwandt sind, oder Tiere, die uns ähnlich sind bzw. Tiere, die zumindest ähnliche Gesichter wie wir Menschen haben. Ein Beispiel hierfür ist der Riesenpanda des WWF. Er ist laut Milton als Logo vor allem deshalb besonders effektiv, weil ihn die schwarzen Flecken um seine Augen traurig aussehen lassen – genau der richtige Gefühlsausdruck für eine vom Aussterben bedrohte Spezies.[858] Es ist sicherlich auch nicht zu weit hergeholt in Chinas Akzeptanz der Arbeit des WWF eine moralische Verpflichtung des Landes gegenüber der Umweltschutzorganisation zu sehen, die Chinas bekannteste endemische Tierart, den Riesenpanda, zu ihrem Maskottchen machte.

---

[856] vgl. Kalland, Arne; Persoon, Gerard (Hrsg.): Environmental Movements in Asia, Richmond 1998, 21

[857] vgl. o.V.: A History of WWF, www.panda.org, 17.09.2002

[858] vgl. Milton, Kay: Loving Nature – Towards an Ecology of Emotion, London u.a. 2002, 118

16.4.2 Der WWF in China (Shijie Ziran Jijin Hui)

> *„Wichtig ist, dass wir zuhören, auf die Bedürfnisse eingehen und schauen, welchen Beitrag wir leisten können, damit das Leben hier besser wird für die Menschen und dabei der Artenreichtum erhalten bleibt. "*
>
> Simone Stammbach, WWF Schweiz[859]

Nicht ganz zu Unrecht wird der WWF in einer Reportage von 3sat als „einzige ausländische NGO" in China bezeichnet.[860] Die anderen großen internationalen Umweltschutzorganisationen mit NGO-Charakter wie das oben beschriebene Greenpeace oder Friends of the Earth gibt es bisher nur in Hongkong, aber nicht auf dem Festland. Ihr Einfluss dort ist gering und höchstens von indirekter Natur. Seit 1996 hat der WWF ein Büro in Beijing und weitere Projektbüros in Changsha, Lhasa und Kunming. Er beschäftigt mehr als 30 Mitarbeiter und arbeitet an über 20 Projekten.[861]

16.4.2.1 Inhalte von WWF-Kampagnen in China

WWF-Kampagnen in China sind sowohl von präventiver Natur, d.h. sie helfen mit, weitere Umweltzerstörung zu vermeiden, als auch von Wiedergutmachung geprägt, indem bereits entstandene Umweltschäden „repariert" werden. Der WWF engagiert sich so u.a.

- in der Umweltbildung auf allen Ebenen, sowohl für Kinder als auch für Erwachsene,

- im Tierschutz und der Vermehrung vom Aussterben bedrohter Tier- und Pflanzenarten,

---

[859] o.V.: Umweltsensibilisierung in China. Zukunftsweisende Ansätze zum Naturschutz, www.3sat.de, 11.06.2002
[860] ebd.
[861] vgl. o.V.: FAQ: What has WWF China achieved?, www.wwfchina.org, 29.09.2002

- in der „Wiederbelebung" wichtiger ehemals artenreicher Landschaftsgebiete Chinas,

- in der Umweltbewusstseinsschaffung in der privaten Wirtschaft, wo der WWF auch finanzielle Unterstützung erbittet.

16.4.2.2. Einige Aktionen im Kurzüberblick

16.4.2.2.1 Schutz des Riesenpanda

Bereits 1980 gab es ein gemeinsames Projekt des WWF und chinesischer Pandaexperten im Wolong Nature Conservation Park 136 km westlich von der Stadt Chengdu in der Provinz Sichuan. Der WWF-Gruppe gehörten die ersten Ausländer an, die diesen Teil Chinas besuchen durften. Sie wurde geleitet von WWF-Gründer und Vorsitzendem Sir Peter Scott, der das Symbol für den WWF, den Riesenpanda kreierte. Das Projekt umfasste drei Millionen Dollar und war das erste dieser Art in China.[862] Die Organisation statteten die Lokalregierungen in Sichuan sowie Gansu und Shaanxi mit High-Tech-Labors aus, die zur Erforschung des Lebensraums des Panda gedacht waren.[863]

16.4.2.2.2 Umweltbildung

Der WWF unterstützt im Rahmen der von BP-Amoco gesponserten „Environmental Educators Initiative" die Umweltbildung. In einem Zeitraum von 6 Jahren, beginnend 1997, wurden Ausbildungszentren für Grundschullehrer an der East China Normal University in Shanghai, der Beijing Normal University und der South West China Normal University in Chongqing eingerichtet. Inzwischen ist die Initiative, die Umweltbildung in verschiedene Schulfächer integrieren soll, bereits auf

---

[862] vgl. Qu, Geping; Lee, Woyen (Ed.): Managing the Environment in China, Dublin 1984, 82

[863] vgl. Bechert, Stefanie: Die Volksrepublik China in internationalen Umweltregimen – Mitgliedschaft und Mitverantwortung in regional und global arbeitenden Organisationen der Vereinten Nationen, Münster 1995, 122 Fußnote

20 Standorte landesweit ausgeweitet worden. Das Programm betont aktives Lernen. Dabei ist das Ziel nicht die alleinige Wissensübertragung, sondern die Förderung einer aktiven, umweltverantwortlichen Haltung der chinesischen Bürger.[864] Die Ergebnisse dieses Projekts werden über die Zeitschrift „Environmental Educators Initiative" publiziert, außerdem wird innerhalb des Vorhabens ein Materialband für die Lehrer erstellt.[865] Vor einem Jahr gelang es dem WWF endgültigen Einfluss auf die Gestaltung der Schulbücher und Lehrpläne an chinesischen Schulen landesweit zu nehmen. Über 200 Millionen Schulkinder wurden mit dem ersten Lehrmittel zu Umweltschutz und Nachhaltigkeit in China ausgerüstet.[866] Finanziell unterstützt der WWF auch die studentischen Umweltschutzvereinigungen höherer Bildungseinrichtungen.[867]

Um die Umwelterziehung auf allen Ebenen zu verbessern, hilft der WWF aber nicht nur den Bildungseinrichtungen, sondern auch Bauern und Religionsgemeinschaften. Problematisch ist dabei immer wieder das Tempo, das mit der rasanten Entwicklung kaum Schritt halten kann, sowie die Finanzierung von benötigter technischer Ausstattung. Die Anschaffung der Technik für die Gewinnung und Nutzung von Biogas auf dem Lande als Alternative zur Verwendung von Kohle ist so ein Beispiel. Es gehört zum besonderen Verdienst des WWF, dass er die Landbevölkerung Chinas, die immerhin den Großteil der Menschen ausmacht, in eine Reihe von Projekten einbezieht. Eines dieser Pilotprojekte wurde in Yongdui durchgeführt, wo jede Gemeinde sich um die Pflege von 50 Bäumen kümmert.[868]

---

[864] vgl. Liu, Yunhua: WWF Environmental Educators Initiative goes nationwide, China Development Brief, Sommer 2001, 10
[865] vgl. o.V.: Strukturen der Umweltbildung in China, www.umweltschulen.de, 15.03.2002
[866] vgl. o.V.: Umweltsensibilisierung in China. Zukunftsweisende Ansätze zum Naturschutz, www.3sat.de, 11.06.2002
[867] vgl. o.V.: Higher Education Student Environmental Associations in China, www.greensos.org, 27.03.2002
[868] vgl. o.V.: Umweltsensibilisierung in China. Zukunftsweisende Ansätze zum Naturschutz, www.3sat.de, 11.06.2002

Internationale Organisationen wie der WWF helfen mitunter auch dabei, das Umweltbewusstsein von Regierungsvertretern zu steigern. 1994 zum Beispiel arbeitete der WWF mit Chinas Forstwirtschaftsministerium zusammen, um ein Audit über Chinas Naturreservate zu erstellen. Dabei wurden viele Lücken festgestellt, die der Regierung übermittelt wurden.[869] Das 1993 gegründete Beijing Energy Efficiency Centre wurde teilweise mit Geldern des WWF finanziert, ein Forscher an diesem Institut wird von der Umweltschutzorganisation gestellt.[870]

16.4.2.2.3 Corporate Club

Seit Oktober 2001 gibt es in China einen „Corporate Club" unter der Leitung von Ding Jing, dem Corporate Partnership Manager des WWF in China. 20 Firmen wurden als Gründungsmitglieder geladen. Eine lange Liste von Vorteilen der Mitgliedschaft z.B. eine Imageverbesserung, soll in China ansässige Unternehmen dazu bewegen, den WWF bei seinen Aktivitäten zu unterstützen. Darunter zu finden sind der Artenschutz, der Waldschutz, der Schutz von Süßwassersystemen, der Klimaschutz, die Lebensraumschaffung, die Hilfe für die Lokalbevölkerung, die Steigerung des Umweltbewusstseins, die Sicherung der Umwelt für die Kinder und das Vorgeben eines beispielhaften Umweltverhaltens.[871]

16.4.2.2.4 Wiederherstellung von Feuchtland am Yangtze-Fluss

Der WWF China hilft dabei am Yangtze den Urzustand von Feuchtland und Seen wiederherzustellen, um die Schwammfunktion bei den jahreszeitlichen Überschwemmungen zu gewährleisten. Diese Initiative wird wahrscheinlich eine halbe Million Menschen umsiedeln müssen, wobei

---

[869] vgl .Ma, Xiaoying; Ortolano, Leonardo: Environmental Regulation in China – Institutions, Enforcement and Compliance, Oxford 2000, 73
[870] vgl. Young, Nick: Analysis: Notes on environment and development in China, www.hku.hk, 28.06.2002
[871] vgl. o.V.: WWF Club in China, China Contact, 12/2001, 27 (Reklame)

ca. 20.000 Quadratkilometer Feuchtland in Zentralchina wiederherge-
stellt werden sollen. Besonders bemüht ist man um die Vögel, die dort
normalerweise ihren Lebensraum haben wie etwa der Weiße Storch
oder der Sibirische Weiße Kranich. Der WWF China hat unter der
Leitung von Jim Harkness gemeinsam mit den lokalen Behörden sechs
Pilotprojekte für 5 Millionen Renminbi (ca. 610.000 US$) in den Pro-
vinzen Hunan, Hubei und Jiangxi gestartet. Dort sollen für die Bauern
Alternativen für den Lebensunterhalt gefunden werden, um eine nachhaltige Nutzung des Feuchtlandes zu gewährleisten, darunter der Ökotourismus. Erste Erfolge konnten bereits verzeichnet werden, einige
Tierarten haben die Gebiete wieder besiedelt.[872]

16.4.3 Zusammenfassung

Der WWF ist in China auf vielen Ebenen aktiv. Einzigartig sind seine
Bemühungen um chinesische Bauern und Umweltschutz auf dem Lande. Die meisten chinesischen Umweltschutzorganisation werden in den
Städten gegründet und beschäftigen sich auch mit städtischen Problemen. Dennoch lebt die Mehrzahl der Chinesen auf dem Land und trägt
zu einem nicht unwesentlichen Teil aus Unwissenheit und der Erman-
gelung von Alternativen für eine andere Lebensweise zur Umweltzerstörung bei. Durch seine gute Beziehung zur chinesischen Regierung
hat der WWF weitreichende Handlungsmöglichkeiten, durch sein Funding mit Hilfe von Unternehmen genügend finanzielle Mittel. Die dadurch entstehende Abhängigkeit von Wirtschaft und Regierung scheint
in dieser Phase nicht kontraproduktiv. Im Gegensatz zu Greenpeace
deckt der WWF Umweltprobleme nicht in erster Linie auf, sondern
versucht etwas dagegen zu unternehmen. Probleme lösen, statt Konfrontation suchen, entspricht, wenn die Annahmen aus dem Kapitel
über Kultur richtig sind, viel eher dem chinesischen Ideal.

---

[872] vgl. Murphy, David: Just go with the flow, Far Eastern Economic Review,
19.07.2001, 35f

17 Schlussbetrachtung

„It is a matter of values, it is a matter of how you behave."
Liang Congjie über die Zukunft des Umweltschutzes in China[873]

Da Chinas Umweltbewegung noch sehr jung ist, war es nicht einfach Literatur zu diesem Thema zu finden. Eines jedoch wurde bei der Recherche offensichtlich: Die Entwicklung von Chinas Zivilgesellschaft blieb auch von ausländischen Wissenschaftlern nicht unbemerkt. Umweltschutzorganisationen sind ein Teil dieser Entwicklung, ihre Ideen sind dabei genauso neu für China wie das Konzept der Nichtregierungsorganisationen.

Der politische Rahmen hat einen großen Einfluss auf die Umweltbewegung in China. Dass keine Wunder in Hinsicht auf den Umweltschutz geschehen, wenn sich das politische Umfeld ändert, hat das Beispiel Taiwans gezeigt. Zwar verfügen Umweltschutz-NGOs über einen relativ engen Handlungsspielraum, jeder Einzelne hat in China aber dennoch die Gelegenheit, sich nach seinen Möglichkeiten durch persönliches Verhalten für den Umweltschutz zu engagieren. Die Bedeutung des kulturhistorischen Hintergrundes der chinesischen Gesellschaft scheint größer.

Die chinesische Regierung bereitet durch ihre Politik ein nachhaltiges China vor und auch die Kultur bietet Ansätze, die es wahrscheinlich leichter machen, die Bevölkerung von einer „grünen" Lebensart zu überzeugen. Dieser gesellschaftliche Wandel lässt sich jedoch nicht von heute auf morgen herbeiführen. Auch wenn die chinesische Regierung eine aktive Zivilgesellschaft nach wie vor fürchtet, scheint sie erkannt zu haben, dass die Zukunft Chinas nicht nur in ihren Händen liegt und sie allein gar nicht in der Lage ist, alle Probleme der riesigen Nation zu lösen. Parallel zum Problem der Umweltzerstörung – und auch dies sollte die Arbeit verdeutlichen – muss China weitere Konflikte klä-

---

[873] o.V.: China's ‚friends of nature' join the Tibetan antelope on the list of endangered species; World Tibet Network News (22.11.1998), www.tibet.ca, 19.03.2002

ren. Entwicklung und Umweltschutz sind untrennbar miteinander verbunden. Soziale Fragen tauchen genau dort auf, wo die Umweltzerstörung am dramatischsten ist.

Dank meiner Erfahrungen in China *und* der intensiven Beschäftigung mit der Thematik kann ich jetzt verstehen, warum es so wichtig ist, der chinesischen Bevölkerung zunächst erst einmal bewusst zu machen, was Umwelt ist, welche Zusammenhänge in der Natur bestehen, welche Möglichkeiten es überhaupt gibt, nachhaltig zu leben. Als ich zu Beginn davon las, dass sich chinesische Umweltschutzorganisationen mit Vogelbeobachtungen befassen, erschien mir das in Anbetracht der enormen Umweltprobleme wie der sprichwörtliche Tropfen auf den heißen Stein. Inzwischen habe ich begriffen, dass die chinesische Umweltbewegung ganz am Anfang steht. Ihre Vertreter haben freilich höhere Ideale und sind dabei dem Westen mitunter voraus. Sie haben es gleichzeitig aber extrem schwer, ihre Ideen in die Tat umzusetzen – aus verschiedenen Gründen politischer, gesellschaftlicher und kulturhistorischer Natur.

China kann aus seiner Geschichte lernen und seine Umweltpolitik zeigt bereits Ansätze dazu. Ich stimme mit Liang Congjie darin überein, dass die chinesische Kultur, die chinesischen Werte und Verhaltensweisen, die wohl größte Herausforderung für Chinas Umweltschützer bilden. Angesichts der Tatsache, dass es für das Überleben der Menschen und der Steigerung ihrer Lebensqualität weltweit nur ein Miteinander mit der Umwelt geben kann, ist die Annahme dieser Herausforderung eine notwendige Voraussetzung.

Literatur & Quellen

Ash, Robert; Draguhn, Werner (Ed.): Chinas Economic Security, Richmond 1999

Bastian, Uwe: Greenpeace in der DDR – Erinnerungsberichte, Interviews und Dokumente, Berlin 1996

Bastian, Uwe: Zur Genesis ostdeutscher Umweltbewegung unter den Bedingungen des totalitären Herrschaftssystems, in: Bastian, Uwe: Greenpeace in der DDR – Erinnerungsberichte, Interviews und Dokumente, Berlin 1996, 58-94

Bechert, Stefanie: Die Volksrepublik China in internationalen Umweltregimen – Mitgliedschaft und Mitverantwortung in regional und global arbeitenden Organisationen der Vereinten Nationen, Münster 1995

Benewick, Robert u. Wingrove, Paul (Ed.): China in the 1990s, London 1995

Bessoff, Noah: One Quiet Step at a Time, (03/2000), www.beijingscene.com, 02.09.2002

Bessoff, Noah: Teacher's pet: Antelope Car drives home environmental lessons, (19.06.2000), www.chinaonline.com, 15.02.2002

Blasum, Holger: Report on environmental awareness of middle school and university students 1996, www.blasum.net, 15.02.2002

Boltz, Dirk-Mario: Konstruktion von Erlebniswelten – Kommunikations- und Marketingstrategien bei CAMEL und GREENPEACE, Berlin 1994

Bond, Michael: A new environment for Greenpeace, Foreign Policy, 11-12/2001, 66-67

Bos, Amelie van den: Global Village of Beijing, (03.03.2000), www.gristmagazine.com, 28.06.2002

Bruhn, Manfred; Tilmes, Jörg: Social Marketing, 2. Aufl., Stuttgart u.a. 1994

Cai, Fang u. Mei, Bing: Should Environmental Quality Reports No Longer Be Kept Secret? (Sanlian Shenghuo Zhoukan, 1997, 26-27), www.usembassy-china.org.cn, 11.06.2002

Caldwell, Malcom: The Wealth of Some Nations, London 1977, 98ff

Cannon, Terry (Ed.): China's Economic Growth – The Impact of Regions, Migration and the Environment, London u.a. 2000

Chambers, Simone; Kymlicka, Will (Ed.): Alternative Conceptions of Civil Society, Princeton 2002

Chan, Deborah The Environmental Dilemma in Taiwan, Journal of Northeast Asian Studies, 1993, 51

Chen, Hanne: Kulturschock China, 4. Aufl., Bielefeld 2001

Cheng, Lucie u. Rosett, Arthur L.: Contract with a Chinese Face: Socially Embedded Factors in the Transformation from Hierarchy to Market, 1978-88, Journal of Chinese Law 1991, 224

Chinese Ministry of Civil Affairs, Artikel 2 Regulations for Registration and Management of Social Organisation, 25.09.1998, 3

Chinese Ministry of Civil Affairs, Artikel 9-13 Regulations for Registration and Management of Social Organisations, 25.09.1998, 7-10

Chiu, Yu-tzu: Same war, different battles, (21.04.2001), www.taipeitimecom, 25.06.2002

Clunas, Craig: Superfluous Things – Material Culture and Social Status in Early Modern China, Cambridge 1991

Cockburn, Alexander: The Green Racket, New Statesman and Society, 1990, 22-3

Crumley, Carole L.: New Directions in Anthropology and Environment Intersections, Oxford 2001

Daentzer, Anne u. Hui, Zhao: Umweltschutzrecht im Rahmen des Rechts für ausländische Investitionen, Rechtliche Rahmenbedingungen des chinesischen Umweltrechts & Möglichkeiten für ausländische Investitionen, www.ahk-china.org, 15.08.2002

Dai, Qing; Vermeer, Eduard B.: Do Good Work, But Do Not Offend the „Old Communists" – Recent Acitivities of China's Non-governmental Environmental Protection Organizations and Individuals, in: Ash, Robert; Draguhn, Werner (Ed.): Chinas Economic Security, Richmond 1999, 142-162

Dai, Qing (Hrsg.): Changjiang! Changjiang! Sanxia Gongcheng Lunzheng, Guiyang 1989

Deziron, Mireille; Bailey, Leigh: A Directory of European Environmental Organizations, 2. Aufl., Oxford 1993

Diekmann, Andreas; Franzen, Axel (Hrsg.): Kooperatives Umwelthandeln – Modelle, Erfahrungen, Maßnahmen, Zürich 1995

Diekmann, Andreas; Jaeger, Carlo C. (Hrsg.): Umweltsoziologie, Kölner Zeitschrift für Soziologie und Sozialpsychologie, Sonderheft 36, Opladen 1996

Diekmann, Andreas; Preisendörfer, Peter (Ed.): Umweltsoziologie – Eine Einführung, Hamburg 2001

Dunn, Seth: King coal's weakening grip on power, World Watch, 09-10/1999, 10-19

Eberhard, Wolfram: Lexikon chinesischer Symbole – Geheime Sinnbilder in Kunst und Literatur, Leben und Denken der Chinesen, Köln 1983

Economy, Elizabeth C.: Reforming China, Survival, Herbst 1999, 21-42

Edmonds, Richard Louis (Ed.): Managing the Chinese Environment, Oxford u.a. 2000

Elvin, Mark: The Environmental Legacy of Imperial China, in: Edmonds, Richard Louis (Ed.): Managing the Chinese Environment, Oxford u.a. 2000, 9-32

Endrukaitis, Edgar: „Lang ersehnter Beitritt mit Folgen – Segen oder Fluch für die Umwelt?", China Contact, 12/2001, 11-13

Epstein, T. Scarlett (Ed.): A Manual for Culturally-adapted Social Marketing – Health and Population, London u.a. 1999

Feng, Ling: The Beijing Global Village Environmental Culture Centre, in: Ming Wang (Hrsg.): Zhongguo NGO Yanjiu, Beijing 2000, 148-50

Finger, Matthias: NGOs and transformation: Beyond social movement theory, in: Princen, Thomas; Finger, Matthias: Environmental NGOs in World Politics – Linking the local and the global, New York u.a. 1994, 48-65

Galtung, Johan: The Green Movement: A Socio-Historical Exploration, (1986), in: Redclift, Michael; Woodgate, Graham (Ed.): The Sociology of the Environment Volume 1, Hants (UK) 1995, 352-367

Gille, Hans-Werner: 5000 Jahre China (II) Wirtschaft: Big boom – der Griff nach den Sternen, (14.08.2000), www.br-online.de, 30.01.2002

Gittings, John: Green Dawn, Via@e-p-r-f.org, 11.06.2002

Gluckmann, Ron: Nature's Friend, (04.04.2000), www.asiaweek.com, 05.09.2002

Goyder, Jane; Lowe, Philip: Environmental Groups in Politics, London u.a. 1983

Greenpeace (Hrsg.) Das Greenpeace Buch – Reflexionen und Aktionen, München 1996

Gu, Limian: Friends of Nature (Sommer 1996), www.fon.org.cn, 19.03.2002

Hamid, P. Nicholas; Cheng, Sheung-Tak: Predicting Anitpollution Behavior: The Role of Moral Behavioral Intentions, Past Behavior, and Locus of Control, Environment & Behavior, 09/95, 679-699

He, Bochuan: China on the Edge: The Crisis of Ecology and Development, San Francisco 1991

He, Sheng: Lighting a path to cleaner air, www.1chinadaily.com.cn, 22.05.2002

Heggelund, Gørild: China's Environmental Crisis – The Battle of Sanxia, Oslo 1993

Heilmann, Sebastian: Das politische System der VR China im Wandel, Mitteilungen des Instituts für Asienkunde, Hamburg 1996

Hintz, Miriam: Eine Stadt macht mobil, China Contact, 2001, 10-11

Ho, Peter: Greening Without Conflict? Environmentalism, NGOs and Civil Society in China, Development and Change, 2001, 893-921

Holland, Lorien; Lawrence, Susan V.: China: The People's Republic at 50: Past and Presents, Far Eastern Economic Review, 07.10.1999, 70

Howell, Jude: Civil Society, in: Benewick, Robert u. Wingrove, Paul (Ed.): China in the 1990s, London 1995, 73-82

Hsiao, Hsing-Huang Michael; Weller, Robert P.: Culture, Gender and Community in Taiwan's Environmental Movement,, in: Kalland, Arne; Persoon, Gerard (Ed.): Environmental Movements in Asia, Richmond 1998, 83-107

Hsiao, Hsin-Huang Michael; Milbrath, Lester W. und Weller, Robert P.: Antecedents of an Environmental Movement in Taiwan, Capitalism. Nature. Socialism. A Journal of Socialist Ecology, 23.09.95, 91-104

Huang, Wei: Daughters of the Earth, Beijing Review, 14.04.2000, 19-20

Hwang, Jim: Es grünt so grün, www.gio.gov.tw, 30.01.2002

Jahiel, Abigail R. The Organization of Environmental Protection in China, in: Edmonds, Richard Louis (Ed.): Managing the Chinese Environment, Oxford u.a. 2000, 33-63

Johnson, Todd M.; Liu, Feng; Newfarmer, Richard: Clear Water, Blue Skies – China's Environment in the New Century, The World Bank, Washington D.C. 1997

Jun, Jing: Environmental Protest in Rural China, 145, in: Perry, Elizabeth J.; Selden, Mark (Hrsg.): Chinese Society: Change, Conflict and Resistance, London 2000, 143-160

Kalland, Arne; Persoon, Gerard (Hrsg.): Environmental Movements in Asia, Richmond 1998

Kampmann, Achim: Reportage Deutschland (2000), www.arte-tv.com, 07.02.2001

Khondker, Habibul Haque: Environment and the Global Civil Society, Asian Journal of Social Science, 2001, 53-71

Kiernan, Denise: N.G.O. No Go, Village Voice, 18.07.95, 12-16

Kim, Sunyuk: Democratization and Environmentalism: South Korea and Taiwan in Comparative Perspective, Journal of Asian and African Studies, 2000, 287-302

Knup, Elizabeth: Environmental NGOs in China: An Overview, (Herbst 1997), http://ecsp.si.edu, 16.05.2002

Koch, Fridolin: Zwei Jahre warten, Internationale Wirtschaft, 10/2001, 31

Kotler, Philip; Roberto, Eduardo: Social Marketing, Düsseldorf u.a. 1991

Kuckartz, Udo: Umweltbewusstsein in Deutschland 2000, Berlin 2000

Langner, Alexandra, Jaeckel, Ulf: Globalisierung und Umwelt – Integration von Umweltaspekten in die Weltwirtschaftsordnung, Studie im Auftrag des Bundesumweltministeriums für Umwelt, Naturschutz und Reaktorsicherheit, Berlin 2000

Langner, Tilman: Einige Umwelt-Lernorte in Beijing, www.umweltschulen.de, 15.03.2002

Lappin, Todd: Can Green mix with Red?, (14.02.1994), www.fon.org, 17.09.2002

Lau, Stephen Shek-lam: Changing Consumer Value in a New Business Environment, in: Yau, Oliver H.M.; Steele, Henry C. (Ed.): China Business: Challenges in the 21st Century, Hongkong 2000, 151-176

Lehning, Percy B.: „Towards a Multi-Cultural Civil Society: The Role of Social Capital and Democratic Citizenship in Civil Society and International Development", in: Bernard, Amanda; Helmich, Henry u. Lehning, Percy B. (Hrsg.): Paris 1998, 27-42

Li, Fugen: The Yangtze Is Not the Second Yellow River, China Today, 08/1997, 10-12

Li, Xia: Can China Achieve Sustained Development?, China Today 08/1997, 15-18

Li, Xia: China Should Take the Road of Sustainable Development, China Today, 08/1997, 13-14

Lin, Gan: World Bank Policies, Energy Conservation and Emissions Reduction,, in: Cannon, Terry (Ed.): China's Economic Growth – The Impact of Regions, Migration and the Environment, London u.a. 2000, 184-209

Liu, Binyan, China's Crisis China's Hope, Essays from an Intellectual in Exile, Massachusetts 1990

Liu, Lydia H.: Translingual Practice: Literature, National Culture, and Translated Modernity – China, 1900-1937, Stanford 1995

Liu, Yunhua: WWF Environmental Educators Initiative goes nationwide, China Development Brief, Sommer 2001, 10

Lo, Carlos Wing Hung; Leung, Sai Wing: Environmental Agency and Public Opinion in Guangzhou: The Links of a Popular Approach to Environmental Governance, The China Quarterly, 09/2000, 677-704

Ma, Xiaoying; Ortolano, Leonardo: Environmental Regulation in China – Institutions, Enforcement and Compliance, Oxford 2000

Madsen, Richard: Confucian Conceptions of Civil Society 193f., in: Chambers, Simone; Kymlicka, Will (Ed.): Alternative Conceptions of Civil Society, Princeton 2002, 190-204

Maffi, Luisa E.: Linking Language and Environment – A Coevolutionary Perspective,, in: Crumley, Carole L.: New Directions in Anthropology and Environment Intersections, Oxford 2001, 24-44

Mao, Yang: The China Forum of Environmental Journalists (CFEJ), www.oneworld.org, 11.06.2002

Mao, Yang: The Present State of Environment („Trans-Century Environmental Protection in China", SEPA 1998), www.oneworld.org, 11.06.2002

Marks, Robert B.: Tigers, Rice, Silk and Silt – Environment and Economy in Late Imperial South China, Cambridge u.a. 1998

McCarthy, Terry; Florcruz, Jaime A.: World Tibet Network News, (01.03.1999), www.tibet.ca, 19.03.2002

Meffert, Heribert; Marketing – Grundlagen marktorientierter Unternehmensführung, Wiesbaden 1998

Metzner, Ulrich: Chinas Grüne Umweltverschmutzung, China Contact, 2001, 22-25

Milton, Kay: Environmentalism and Cultural Theory – Exploring the role of anthropology in environmental discourse, London u.a. 1996

Milton, Kay: Loving Nature – Towards an Ecology of Emotion, London u.a. 2002

Möller, Hans-Werner: Umweltschutz in der sozialen Marktwirtschaft, Köln 1993

Moore, Rebecca R.: China's fledging civil society: A force for democratization, World Policy Journal, Frühling 2001, 56-66

Morell, Virginia: Chinas Hengduan-Gebirge, National Geographic, 04/2002, 155-160

Murphy, David: Just go with the flow, Far Eastern Economic Review, 19.07.2001, 35-36

Naumann, Jörg: Von der Umweltbewegung der DDR zu Greenpeace-Ost, in: Greenpeace (Hrsg.) Das Greenpeace Buch – Reflexionen und Aktionen, München 1996, 50-63

Ng, Mei: Message from Mei Ng, Director of Friends of the Earth (HK), www.foe.org.hk, 11.06.2002

o.V.: „Grenzen der Machbarkeit", Internationale Wirtschaft, 10/2001, 12-13 o.V.: „Umweltbewusstsein in Deutschland 2000" – Ergebnisse einer repräsentativen Bevölkerungsumfrage des Bundesministeriums für Umwelt, Naturschutz und Reaktorsicherheit im Auftrag des Umweltbundesamtes, Berlin, 2000

o.V.: A Heap of Concerns over Great Wall Garbage, Christian Science Monitor, 13.09.2000, 7

o.V.: Concerning NGOs, China had a point, Christian Science Monitor, 21.09.95, 19

o.V.: Deutsche Technologie für die Umweltschutz-Industrie, China Contact, 2001, 26-27

o.V.: China's Environmental Problems Threaten World's Future, (27.08.1999), http://archive.greenpeace.org, 28.03.2002

o.V.: China: State of the Environment 2001, http://greennature.com, 25.06.2002

o.V.: Environmental Activism in China: Forming Non-governmental Organizations (NGOs), http://greennature.com, 25.06.2002

o.V.: Der World Wildlife Fund (WWF), 1961, http://nachhaltigkeit.aachener-stiftung.de, 17.09.2002

o.V.: China's Great Green Wall, (03.03.2001), http://newbbc.co.uk, 24.09.2002

o.V.: Magsaysay Award 2000, http://rmaf.xorand.com, 05.09.2002

o.V.: Individuals Changing the World, Beijing Review, 14.08.2000, 12-18

o.V.: WWF Club in China, China Contact, 12/2001, 27 (Reklame)

o.V.: NGOs work to increase environment awareness, www.1chinadaily.com, 25.04.2000

o.V.: Capital city cleaning up its act for Olympics, (25.08.2000), www.1chinadaily.com.cn, 25.06.2002

o.V.: China's most active environmental NGOs, (30.10.2000), www.1chinadaily.com.cn, 25.06.2002

o.V.: Environment key to future survival, (29.05.2000), www.1chinadaily.com.cn, 25.06.2002

o.V.: Environment tops list of concerns, (23.10.2000), www.1chinadaily.com.cn, 25.06.2002

o.V.: Environmental fruits of ‚green' efforts now seen, (30.10.2000), www.1chinadaily.com.cn, 25.06.2002

o.V.: Environmentalists not so wild about Spring Festival, (21.01.2000), www.1chinadaily.com.cn, 25.06.2002

o.V.: Globalization at odds with efforts to protect earth, (23.02.2000), www.1chinadaily.com.cn, 25.06.2002

o.V.: GM cotton damages environment, (04.06.2002), www.1chinadaily.com.cn, 25.06.2002

o.V.: Greener Beijing fit to greet great Olympics, (04.09.2000), www.1chinadaily.com.cn, 25.06.2002

o.V.: In Brief, 3, (09.08.2000), www.1chinadaily.com.cn, 25.06.2002

o.V.: Love nature and create a green culture, (15.09.2000), www.1chinadaily.com.cn, 25.06.2002

o.V.: Making greener communities, (13.03.2000), www.1chinadaily.com.cn, 25.06.2002

o.V.: Male sex problems rising, experts warn, (28.10.2000), www.1chinadaily.com.cn, 25.06.2002

o.V.: Minister says pollution persists despite efforts to stop it, (06.06.2000), www.1chinadaily.com.cn, 25.06.2002

o.V.: Nation makes progress on human rights, Bericht des Informationsbüros des Staatsrats „Progress in China's Human Rights Cause in 2000", (10.04.2001), www.1chinadaily.com.cn, 25.06.2002

o.V.: Nature reserves key to biodiversity in China, (23.05.2002), www.1chinadaily.com.cn, 25.06.2002

o.V.: NGOs helpful, (21.05.2002), www.1chinadaily.com.cn, 25.06.2002

o.V.: NGOs work to increase environment awareness, (25.04.2000), www.1chinadaily.com.cn, 25.06.2002

o.V.: Report on the State of the Environment 2001, www.1chinadaily.com.cn, 01.06.2002

o.V.: What they are saying: Laws can help nature, (24.04.2000), www.1chinadaily.com.cn, 25.06.2002

o.V.: China wünscht sich denkende Bürger – Stures Pauken und Frontalunterricht passé, www.3sat.de, 05.02.2002

o.V.: Umweltsensibilisierung in China. Zukunftsweisende Ansätze zum Naturschutz, www.3sat.de, 11.06.2002

o.V.: Shanghai, wie es stinkt und kracht, www.abendblatt.de, 30.01.2002

o.V.: China Green Student Forum, www.adb.org, 11.06.2002

o.V.: Geschichtliche Entwicklung des Umweltrechts/Das System des Umweltrechts, www.ahk-china.org, 15.08.2002 o.V.: Umweltschutz und Industrie aus Sicht der Bürger in China, www.ahk-china.org, 15.08.2002

o.V.: Beijing to Introduce New Standards of Exhaust Emissions, (Shanghai Info-Flash 07/2002), www.ahk-china.org.cn, 05.08.2002

o.V.: China's disguised failure, (Shanghai InfoFlash 07/2002), www.ahk-china.org.cn, 05.08.2002

o.V.: China: No improvement in human right The imprisonment of dissidents in 1998, www.amnesty.ca, 04.06.2002

o.V.: China: Environmental and Social Data, (Angabe des World Resource Institute von 1994), www.animalinfo.org, 04.06.2002

o.V.: Action Plan for the Green Olympics, www.beijing-olympic.org.cn, 24.09.2002

o.V.: Race to Save the Tibetan Antelope, www.beijingscene.com, 28.06.2002

o.V.: China veröffentlicht Umweltjahresbericht, www.china.org.cn, 04.06.2002

o.V.: Chinesische Städte erheben Müllbeseitigungsgebühren, www.china.org.cn, 12.07.2002

o.V.: Survey on Environmental Reporting in Chinese Newspapers (1995). Friends of Nature (FON) April 1996, www.chinaenvironment.net, 11.06.2002

o.V.: William Lindesay Challenges the Unconcern for Cultural Heritage, (15.04.2000), www.culturalheritagewatch.org, 25.06.2002

o.V.: Nature finds an independent ally, (South Morning Post, 02.04.1994), www.fon.org.cn, 19.03.2002

o.V.: Cyberaktivist Community, www.greenpeace.org, 11.06.2002

o.V.: Greenpeace calls on Governments to protect Forests at China's Great Wall, (24.03.2002), www.greenpeace.org, 28.03.2002

o.V.: Greenpeace accuses Nestle of double standards in China, (03.11.1999), www.greenpeace.org, 28.03.2002

o.V.: Date Content, www.greenpeace-china.org.hk, 25.06.2002

o.V.: Umweltschützer in China haben es schwer. Sie müssen ihre Worte wägen, so wie Yang Xin. Der ehemalige Buchhalter kämpft von Kindesbeinen an für „seinen" Fluss: den Yangtse. Ein Porträt, (2000), www.greenpeace-magazin.de, 07.03.2002

o.V.: Higher Education Student Environmental Associations in China, www.greensosorg, 27.03.2002

o.V.: What is GreenSOS?, www.greensosorg, 27.03.2002

o.V.: 2002 Year, www.gvbchina.org, 30.04.2002

o.V.: Auto Makers Benefit from Tax Reduction, (12/2001), www.harbour.sfu.ca, 05.09.2002

o.V.: China Promotes Eco-Tourism, (12/2001), www.harbour.sfu.ca, 05.09.2002

o.V.: China's Environmental Challenge & CCICED Role, www.harbour.sfu.ca, 25.06.2002

o.V.: Environmental Science Development in the Tenth Five-Year-Plan, (12/2001), www.harbour.sfu.ca, 05.09.2002

o.V.: A History of WWF, www.panda.org, 17.09.2002

o.V.: China in the Grip – Pollution, Deforestation, Desertification, (04/2000), www.satyamag.com, 28.06.2002

o.V.: Through a Green Light: Environmental Activism Puts Down Roots of China, (04/2000), www.satyamag.com, 28.06.2002

o.V.: China's ‚friends of nature' join the Tibetan antelope on the list of endangered species, (22.11.1998), www.tibet.ca, 19.03.2002

o.V.: Verhaltenshinweise, www.tibetfocucom, 30.01.2002

o.V.: Empfehlungen für Ihre Tibetreise, www.tibet-genf-net, 30.01.2002

o.V.: Strukturen der Umweltbildung in China, www.umweltschulen.de, 15.03.2002

o.V.: China's Year 2000 "State of the Environment" Report – A June Report from U. Embassy Beijing, www.usembassy-china.org.cn, 25.06.2002

o.V.: Chinese Environmentalist Liang Congjie on NGO Life, www.usembassy-china.org.cn, 28.05.2002

o.V.: Global Village of Beijing, www.usembassy-china.org.cn, 25.06.2002

o.V.: He Qinglian on Population, the Economy and Resources, www.usembassy-china.org.cn, 28.05.2002

o.V.: www.weforum.org Protecting the Environment: Defining Priorities and Taking Action, 20.04.2002

o.V.: Health Effects from Ambient and Indoor Air Pollution, www.wri.org, 15.08.2002

o.V.: Health Implications: Access to Safe Drinking Water is Key to Protecting Public Health, www.wri.org, 15.08.2002

o.V.: Overview Water Pollution, www.wri.org, 15.08.2002

o.V.: Poor Ambient Air Quality Prevails, www.wri.org, 15.08.2002

o.V.: WWF International im Überblick, www.wwf.at, 27.09.2002

o.V.: FAQ: What has WWF China achieved?, www.wwfchina.org, 29.09.2002 o.V.: Chinas Ströme – Chinas Zukunft, www.zdf.de, 30.08.2002

o.V.: Environmental Laws in China, www.zhb.gov.cn, 26.08.2002

o.V.: Book promotes nature reserves, (14.03.2000), www.1chinadaily.com.cn, 25.06.2002

Palmer, Michael: Environmental Regulation in the People's Republic of China: The Face of Domestic Law, in: Edmonds, Richard Louis (Ed.): Managing the Chinese Environment, Oxford u.a. 2000, 64-84

Perry, Elizabeth J.; Selden, Mark (Hrsg.): Chinese Society: Change, Conflict and Resistance, London 2000

Princen, Thomas: NGOs: Creating a niche in environmental diplomacy, in: Princen, Thomas; Finger, Matthias: Environmental NGOs in World Politics – Linking the local and the global, New York u.a. 1994, 29-47

Princen, Thomas; Finger, Matthias u. Manno, Jack P.: Translational linkages,, in: Princen, Thomas; Finger, Matthias: Environmental NGOs in World Politics – Linking the local and the global, New York u.a. 1994, 217-236

Princen, Thomas; Finger, Matthias: Environmental NGOs in World Politics – Linking the local and the global, New York u.a. 1994

Qu, Geping; Lee, Woyen (Ed.): Managing the Environment in China, Dublin 1984

Quong, Andrea: Green NGOs proliferate in China's most biodiverse province, China Development Brief, Sommer 2001, 11

Raffeé, Hans: Marketing und Umwelt, Stuttgart 1979

Redclift, Michael; Woodgate, Graham (Ed.): The Sociology of the Environment Volume 1, Hants (UK) 1995

Ross, Lester: China: Environmental Protection, Domestic Policy Trends, Patterns of Participation in Regimes and Compliance with International Norms, in: Edmonds, Richard Louis (Ed.): Managing the Chinese Environment, Oxford u.a. 2000, 85-111

Ryle, Martin: Socialism in an Ecological Perspective, 1988,, in: Redclift, Michael; Woodgate, Graham (Ed.): The Sociology of the Environment Volume 1, Hants (UK) 1995, 525-556

Saich, Tony: Negotiating the State: The development of Social Organizations in China, The China Quarterly, 03/2000, 124-141

Schirk, Kirsten; Schneidereit, Rolf: Was Menschen zum Spenden bewegt – Tiefenpsychologische Forschung im Social Marketing und Fundraising, Heft 2 Fachschriften der BundesAG Socialmarketing e.V., Bietigheim-Bissingen 1997

Schmitt, Stefanie: Politics and Plans and Laws: Shanghai hält auch 2002 an ökonomischer Vorreiterrolle für China fest – Geldgeber für zahlreiche Infrastrukturprojekte gesucht/Transport und Umweltschutz im Vordergrund, bfai Shanghai, (01/2001)

Schwarz, Hans-Peter: Die neue Weltpolitik am Ende des 20. Jahrhunderts – Rückkehr zu den Anfängen vor 1914?, in: Kaiser, Karl; Schwarz, Hans-Peter (Hrsg.): Die neue Weltpolitik, Bonn 1995

Shapiro, Judith: Mao's War Against Nature, Cambridge u.a. 2001

Shi, Qi: Abgasemissionsprognose des Straßenverkehrs in China, Fortschritt-Berichte VDI, Reihe 12 Verkehrstechnik/Fahrzeugtechnik, Wien 2000

Shi, Tianjian: Cultural Values and Democracy in the People's Republic of China, The China Quarterly, 06/2000, 540-559

Smil, Vaclav: China's Environmental Crisis: An Inquiry into the Limits of National Development, Armonk, New York 1993

Sternfeld, Eva: Umwelterziehung in China, www.umweltschulen.de, 15.03.2002

Sun, Lina: China's Role in the 21st Century, China Today, 08/1997, 18-19

Sutton, Philip W.: Explaining Environmentalism – In Search of a New Social Movement, Ashgate, Aldershot 2000

Tang, Shui-Yan; Tang Ching-Ping: Democratization and the Environment: Entrepreneurial politics and interest representation in Taiwan, The China Quarterly, 06/1999, 350-366

Tolba, Mostafa K. (Hrsg.): The World Environment 1972-1992. Two Decades of Challenge, Nairobi u.a. 1992

Trumpbour, John: Greenwash and Globalization, Monthly Review, 03/1999, 53-60

Tu, Wei-Ming: Heart, Human Nature, and Feeling: Implications for the Neo-Confucian Idea of Civil Society, Harvard 1998

UNEP-Informationsstelle für Übereinkommen (Hrsg.): Finanzierung der in der Konvention vorgesehenen Maßnahmen, 07/1999

Union of International Associations, Yearbook of International Organizations 1988/89 Munich, 1988

Vakil, Anna C.: „Confronting the Classification problem: Toward a Taxanomy of NGOs", World Development, 11/1997, 2060, in: Tuijl, Peter van: Sources of Justice and Democracy, Journal of International Affairs, Frühjahr 1999, 493ff.

Weizsäcker, Ernst Ulrich von: Erdpolitik: ökologische Realpolitik an der Schwelle zum Jahrhundert der Umwelt, Darmstadt 1992

Weller, Robert P.: Alternate Civilities – Democracy and Culture in China and Taiwan, Oxford 1999

Woo, Amy: First Ever NGO Challenges Traditions, (18.03.1997), http://forest.org, 05.09.2002

Xu, Zhiquan: Chiru's Guardian Angels Shedding Blood, Tears (18.01.2001), www.china.org.cn, 28.05.2002

Yau, Oliver H.M.: Chinese Cultural Values: Their Dimensions and Marketing Implications, , in: Yau, Oliver H.M.; Steele, Henry C. (Ed.): China Business: Challenges in the 21st Century, Hongkong 2000, 133-150

Yau, Oliver H.M.; Steele, Henry C. (Ed.): China Business: Challenges in the 21st Century, Hongkong 2000

Yearley, Steven: The Green Case – A sociology of environmental issues, arguments and politics, London 1991

Young, Nick: Green groups explore boundaries of advocacy, China Development Brief, Sommer 2001, 7-10

Young, Nick: Searching for Civil Society, China Development Brief, 2001, 9-19

Young, Nick: Analysis: Notes on environment and development in China, www.hku.hk, 28.06.2002

Zheng, Yisheng; Qian, Yihong: Shendu you huan – dangdai zhongguo de kechixu fazhan wenti, Beijing 1998

Internationale Märkte

Herausgegeben von Prof. Dr. Herbert Strunz

Die Schriftenreihe „Internationale Märkte" veröffentlicht Monographien und Sammelbände, die sich der marktbezogenen Analyse von Ländern, Branchen und entsprechenden Aspekten des internationalen Managements widmen und wendet sich an ein am aktuellen Geschehen auf verschiedenen Märkten interessiertes Publikum. Autoren, die an einer Veröffentlichung interessiert sind, werden gebeten, sich mit dem Herausgeber der Reihe oder dem Verlag in Verbindung zu setzen.

Band 1 Herbert Strunz: Irak. Wirtschaft zwischen Embargo und Zukunft. 1998.

Band 2 Diana Kowalski: Die Erschließung des Marktes in der Tschechischen Republik. Instrumente, Probleme, Perspektiven. 1999.

Band 3 Herbert Strunz / Monique Dorsch: Libyen. Zurück auf der Weltbühne. 2000.

Band 4 Herbert Strunz / Monique Dorsch: Internationalisierung der mittelständischen Wirtschaft. Instrumente zur Erfolgssicherung. 2001.

Band 5 Herbert Strunz / Monique Dorsch: Algerien. Krise und Hoffnung. 2002.

Band 6 Rica Staiger: Tunesien. Aufstieg zwischen Orient und Okzident. 2003.

Band 7 Herbert Strunz / Monique Dorsch: Sicherheitspolitik und Wirtschaft. 2003.

Band 8 Kati Fleischmann: Schattenseiten des Marketing. Der Kampf um Märkte und Verbraucher heute. 2003.

Band 9 Susanne Klein: Umweltschutz in China. 2004.